新工科教育系列教材
EMERGING ENGINEERING EDUCATION SERIES
天津大学"十四五"规划教材

KEXUE YIQI ZHONG DE JINDAI WULI JICHU

科学仪器中的近代物理基础

◎张学智　张德龙　主编
◎崔　亮　吴　亮　周笑艳　副主编

天津大学出版社
TIANJIN UNIVERSITY PRESS

图书在版编目（CIP）数据

科学仪器中的近代物理基础 / 张学智，张德龙主编；崔亮，吴亮，周笑艳副主编. -- 天津 ：天津大学出版社，2025. 2. -- （新工科教育系列教材）（天津大学“十四五”规划教材）. -- ISBN 978-7-5618-7945-0

Ⅰ. 04

中国国家版本馆CIP数据核字第202541SF04号

KEXUE YIQI ZHONG DE JINDAI WULI JICHU

出版发行 天津大学出版社
地　　址 天津市卫津路92号天津大学内（邮编：300072）
电　　话 发行部：022-27403647
网　　址 www.tjupress.com.cn
印　　刷 北京虎彩文化传播有限公司
经　　销 全国各地新华书店
开　　本 787mm×1092mm　1/16
印　　张 14.25
字　　数 295千
版　　次 2025年3月第1版
印　　次 2025年3月第1次
定　　价 42.00元

前言

在人类历史中,不断进步的科学技术扮演着至关重要的角色。尤其是21世纪以来,能源、材料以及信息技术被视为现代文明社会的三大核心支柱,它们深刻地影响和改变着人们的生活方式。谈及信息技术,人们往往会联想到计算机、微电子、通信、自动化、网络等领域,而鲜有人提及仪器,或思考人类若失去仪器将会面临怎样的境况。

仪器,作为对事物的组成、结构、相互作用机理、变化规律及趋势等进行检测和表征,并获取相关科学数据、图像等信息的工具,在指导科学研究和生产实践中发挥着不可或缺的作用。仪器不仅是创新驱动发展的引领者,更是建立标准的基石。有了标准,测量才能有基础,人们对客观世界的认识才能更加准确。中国仪器仪表学会指出:仪器科学与技术是一门专门研究、开发、制造、应用各类仪器,以延伸人的感觉、思维和体能器官的学科,它使人类具备更强的感知能力和操作工具的能力,以更优化或接近最优化的方式发展生产力、进行科学研究、预防和诊疗疾病以及参与社会活动。

《论语》中有言:“工欲善其事,必先利其器。”基础研究和产业技术的重大突破往往以实验仪器和技术方法的革新为先导。例如,天文望远镜的诞生开启了天文学研究的新纪元; X射线衍射仪的发明使人们得以认识DNA的双螺旋结构;而基因测序仪的不断升级换代,则将原本耗时耗资巨大的完整人类基因组序列图谱绘制工程转变为如今一项日常的简单工作。在当代科学研究活动中,仪器设备的作用愈发凸显。

马克思曾说过:“制造和使用工具是人区别于动物的根本标志。”人类在制造和使用工具的过程中不断加快了对世界和自身的认识与改造进程。在漫长的进化和社会发展历程中,仪器仪表作为直接扩展人类感知与操作能力的工具,在改变人类生活环境和自身的过程中发挥了重要作用,为人类开展科学研究、扩大生产规模创造了有利条件。

在科学研究的广阔天地里,科学仪器犹如科学家的眼睛,无论是芯片的研发,还是未知领域的探索,都离不开科学仪器的有力支撑。科学仪器的重要性不言而喻,正如中国仪器仪表事业的奠基人之一王大珩院士所言:“仪器仪表是工业生产的‘倍增器’,科学研究的‘先行官’,军事上的‘战斗力’和社会生活中的‘物化法官’。”科学仪器与科技进步之间具有相互促进、紧密相连的关系。

仪器仪表的发展历程可大致划分为机械式、电磁式、光电式以及量子式四个阶段。

机械式仪器仪表主要基于力学、热力学等基本物理学规律研制而成。其典型代表是计时仪器，从早期的刻漏、水运仪象台到摆钟的出现，其发展阶段跨越了人类早期文明并持续至今。16—18世纪是其发展的巅峰时期，基于新原理的计时、温度及压力等一系列机械式仪器仪表的出现，引发了第一次工业革命。

电磁式仪器仪表则主要基于电磁学等物理学基本原理研制而成。一方面，仪器仪表的巧妙应用为电磁学奠定了理论基础；另一方面，基于电磁学理论的各类电磁式仪器仪表的蓬勃发展直接孕育了第二次工业革命，加速了科学技术前进的步伐，并深刻改变了人类的日常生活方式。

光电式仪器仪表基于光学基本原理研制而成。人类早期文明即已巧妙地开展了各种光学测量。随着20世纪中叶以计算机、光纤、激光器、大规模集成电路等为代表的第三次工业革命浪潮席卷全球，“光”与“电”的结合日益紧密，光电式仪器仪表的发展进入了黄金时期，并逐渐应用于科学研究、工程实践及日常生活中的各个领域。

量子式仪器仪表则源于量子物理的发展。一方面，从普朗克尝试解释黑体辐射与紫外灾难开始，量子物理的发展对新理论实现了巧妙的测量与验证；另一方面，量子理论的进步又提供了新的测量选择，两者相辅相成、共同进步。量子式仪器仪表的发展日新月异，展现了出巨大的发展潜力和广阔的发展空间。

科学技术的发展不仅深化了我们对客观世界的理解，还为研制更高水平的仪器提供了可能。恩格斯在《在马克思墓前的讲话》中曾指出：“在马克思看来，科学是一种在历史上起推动作用的、革命的力量。”回顾人类科技革命的发展历程，这一观点得到了充分验证。维萨里、哥白尼、牛顿等科学家的成就引领了第一次科学革命的高潮，进而催生了第一次技术革命的蓬勃兴起。随后，奥斯特、法拉第、麦克斯韦的理论突破掀起了第二次科学革命的高潮，并带来了第二次技术革命的深刻变革。爱因斯坦与普朗克的理论引发了新一轮物理学革命，推动了第三次科学革命浪潮席卷全球，研究对象扩展至整个宇宙，促进了各科学领域的相互渗透与交叉融合，也全面改变了人类的生活方式。可以说，科学革命与技术革命相辅相成、紧密相连。

科学仪器被形象地称为科学家“窥视世界原始信息数据的眼睛”。在当代科学研究中，拥有先进的仪器就意味着掌握了探索和发展的主动权，同时也意味着掌握了人民健康的保障权、商业标准的制定权以及突发事件的主动控制权。

科学仪器是科学技术领域中用于检查、测量、分析、计算和显示被测对象各种性质的器具或装置，如光谱仪、色谱仪、质谱仪等是采集信息的源头和认识世界的工具。科学仪器在基础研究、应用开发、工业生产、生活消费、医疗保障、社会管理、国防安全等活动中都扮演着不可或缺的角色。

科学仪器设备是多学科交叉综合作用下的高技术创新产物，它涵盖了精密机械、电子学、光学、计算机技术、材料科学、物理学、化学、生物学等多个学科。这些仪器在生命科学、医学、生态环境保护、食品安全监测、进出口检疫检测、工业安全生产、公共安全等多个领域发挥着不可替代的作用。

科学仪器产业的水平在一定程度上反映了一个国家工业发展的总体水平，同时各种新型仪器设备的诞生和应用也为各行业的发展提供了重要的技术支撑和推动作用。先进的科学仪器不仅是技术创新和知识创新的前提，也是创新研究的主体内容之一和创新成果的重要体现形式。科学仪器的创新往往成为最具价值、活力和竞争力的研究领域，拥有广阔的发展前景。

仪器科学的进步是推动科学技术发展和促进科技文明繁荣兴盛的关键力量。反之，科技文明的繁荣又促使新的科学技术不断涌现，这些新技术在仪器领域的应用无疑将进一步推动仪器科学的进步。两者相辅相成，共同推动彼此的发展。正因如此，仪器行业被视为隐形的军工行业，成为世界各国竞相争夺的领域。据统计，截至 2020 年，在诺贝尔物理学奖、化学奖、生理学或医学奖中，直接因科学仪器而获奖的项目总数高达 42 项，约占总数的 12.7%；同时，有 68.4%的物理学奖、73.6%的化学奖和 90%的生理学或医学奖的研究成果是借助各种先进仪器完成的。

众多科学家因在科学仪器方法和技术方面的直接成果而获得诺贝尔自然科学奖，其中不乏在电子显微镜、质谱仪、CT 断层扫描仪、X 光物质结构分析仪、光学相衬显微镜以及扫描隧道显微镜等科学仪器方面有杰出贡献的科学家。特别值得一提的是，2002 年的诺贝尔化学奖全部授予了在分析仪器研究领域有杰出贡献的三名分析化学家；而 2005 年的诺贝尔物理学奖则授予了为极宽频带的高准确计量激光仪（光频梳）发展奠定重要基础的三名物理学家。

然而，与芯片和光刻机相比，核磁波谱仪、液质联用仪、X 射线衍射仪等科研仪器设备却鲜为人知。尽管这些设备不为大众所熟知，但它们却是科研中最重要、也是最关键的一环。据统计，我国 90%的高端科学仪器依赖进口，并被国外公司垄断，这说明我国的科研实际上在仪器设备方面受到了以美国为首的西方国家的制约。一旦他们切断仪器供应，我国的科技发展将会受到极大的阻碍甚至停滞。这并非危言耸听，因为仪器仪表工业虽然总产值只占工业总产值的 4%，但它对国民经济的影响却高达 66%。

当前，科学仪器设备发展呈现出多样化趋势，已远远超出以往“光机电一体化”的内涵。除引入计算机技术外，还需融入纳米、MEMS、芯片网络、自动化、免疫学、仿生学、基因工程等高新技术。同时，一些高精尖的军用技术已逐步向民用技术转移，极大地提高了科学仪器的技术水平和更新换代速度。

当今科学仪器的发展总体上呈现出以下趋势：常规科学仪器向多功能、自动化、智能化、网络化方向发展;生命科学仪器向原位、在体、实时、在线、高灵敏度、高通量、高选择性方向发展;用于复杂组分样品检测分析的科学仪器向联用技术方向发展;用于环境、能源、农业、食品、临床检验等国民经济领域的科学仪器向专门化、小型化方向发展;用于样品前处理的科学仪器向专用、快速、自动化方向发展;监控工业生产过程的科学仪器向在线、原位分析方向发展。

增强科学仪器设备研发能力,提升科学仪器设备产业的发展水平,以及加强自主创新能力,已成为我国刻不容缓的任务。我国著名科学家师昌绪先生曾强调,一个仪器从实验阶段到商品化至少需要 3~5 年,而此期间的大量开拓性工作早已发表,买来的设备往往已经过时,难以进行开创性的研究。尤为重要的是,核心技术是无法购买的,尤其在军事、纳米、生命科学等战略领域的高端科学仪器方面,发达国家一直对我国实施技术封锁。为了打破这一封锁,避免在关键领域受制于人,加强科学仪器的核心技术研发,特别是拥有自主知识产权的高新科学仪器的研发,已成为抢占科技战略制高点的关键举措。

发展国产高端科研仪器,不仅是打破外部技术封锁的重要举措,更是为我国高科技的未来发展奠定坚实基础的关键。在中国科学院第二十次院士大会、中国工程院第十五次院士大会和中国科协第十次全国代表大会上,习近平总书记明确指出,要从国家急迫需要和长远需求出发,在包括科学试验用仪器设备在内的多个关键核心技术领域全力攻坚,加快突破一批关键核心技术。

仪器科学与科技文明在人类历史的长河中始终相伴相生、相互促进、共同发展,为人类文明的发展及社会的进步奠定了坚实的基础。得益于国家自然科学基金、中国科学院知识创新工程、国家“863”计划、国家科技支撑计划,以及国家发展改革委设立的科学仪器高技术产业化专项等一系列专项资金和科技计划的支持,我国科学仪器自主创新工作取得了显著成就。我国攻克了一批共性关键技术,研制出了一批具有自主知识产权的科学仪器设备,打破了跨国公司的垄断,提升了我国的科学研究装备水平,并推动了科学仪器设备产业的发展。

然而,尽管近年来我国在科学仪器设备领域取得了很大进步,但仍无法满足科技经济快速发展的需求,这在一定程度上仍然制约着我国科学技术的快速发展。科学仪器的研发是一场漫长的马拉松,而人才则是创新的根本。当前,制约我国科学仪器行业快速发展的最大瓶颈正是缺乏优秀的研发人才。这一问题的成因主要有两方面:一方面,由于我国科学仪器设备生产企业的经济基础和研发基础相对薄弱,长期以来难以吸引优秀人才投身到这个行业,导致有经验的仪器设备研发及应用工程师和技术专家十分稀缺;另一方面,学科设置缺乏针对性,难以培养出仪器行业急需的人才。科学仪器精密复杂,研发不确定性强,涉及光学、机械、电子、物理、化学、生物、材料以及软件算法等多门学科，需要专业人才对相关知识进行长期积累。然而，目前关于仪器研制的专业主要分散于物理、化学、机械等领域，既懂研发又懂应用的复合型人才非常缺乏，严重制约了我国科学仪器的创新发展。

天津大学精密仪器与光电子工程学院是我国仪器科学领域的领航者。学院不仅拥有雄厚的师资力量和先进的科研设施，还持续在精密仪器设计、光电子技术以及测控技术等方面取得突破性进展。学院注重理论与实践相结合，培养了大批高素质、创新型的仪器科学人才，是推动我国仪器科学事业发展的重要力量，也为我国科技进步和产业升级做出了重要贡献。

基于天津大学精密仪器与光电子工程学院在仪器专业人才培养工作方面的丰富经验，本书围绕科学仪器的研究、开发、管理等工作，精心遴选了原子物理、量子力学、固体物理和半导体物理领域与之相关的基础知识。在讲授物理知识的同时，本书还穿插介绍了利用这些物理原理研制开发的科学仪器，如光谱仪、电子显微镜、热成像仪等。希望通过有针对性地选取与科学仪器相关的物理知识，并结合科学仪器的工程化开发过程，搭建起一座连接科学研究与仪器开发的桥梁，为读者后续深入学习其他仪器类课程，从事科学仪器的研究与开发工作，解决相关领域的复杂工程问题打下坚实的基础。

目录

第1章　物质的波粒二象性

第 1 章

物质的波粒二象性

自 1900 年德国物理学家马克斯·普朗克提出“量子”概念并建立黑体辐射公式以来，量子力学已经历了 100 多年的发展历程，而且量子理论在众多科学和技术领域取得了巨大的成功。今天我们应当如何深入理解和掌握这门重要学科的核心思想与基本原理呢？法国著名的实证主义哲学家奥古斯特·孔德曾指出：“要了解一门科学，必须知道它的历史。”如果我们只注重横向地了解一门科学，而忽略了追踪这门科学的纵向演化过程，这无疑是存在缺憾的。因为不了解一门科学的历史，就不可能透彻理解它的现状。因此，本章将详细介绍量子力学的产生、发展和完善的历史过程，这些背景知识对于量子理论体系的建立具有十分重要的意义。

1.1　黑体辐射与普朗克量子假说

经典物理学的辉煌成就曾让物理学家们沉浸在一片喜悦和满足之中。1871 年，麦克斯韦受命筹建剑桥大学第一所物理实验室卡文迪许实验室，并在就任演说中表达了他无比自豪和自信的心情：“在未来几年中，所有重要的物理常数都将被近似估计出来，留给科学界的只是如何提高这些常数观察值的精确度。”据统计，1890—1900 年，发表于各种物理学期刊的论文几乎不涉及“科学上的探索”，而主要是原子光谱数据及各种物质属性的测量结果，如黏度系数、弹性系数、电导率、热导率、膨胀系数、折射系数等。这些“研究”本质上都是经验性的。

然而，这样的沉静在 1900 年底被彻底打破，这一变革起始于一个对物理学“公理”的反叛。

1.1.1　黑体辐射

仔细考察会发现，整个经典物理学实际上隐含了一个基本公理：能量与物质的变化是连续的。确实，物体在辐射能量时，其能量的增减可以是任意的微小量，这个“微小”的量可以无限趋近于零，意味着能量是连续变化的。同样，物质也被视为连续的，如剪短一根绳子时，可以随意选择剪断的位置；从杯子里喝水时，也可以随意决定喝多少。总体来说，能量与物质都被认为是具有连续性的，即它们可以任意分割，且理论上可以无限分割。这一公理似乎如此基本，以至于从未有人尝试去证明它，也仿佛根本不需要去证明，它更像是一个哲学上的理念。

实际上，“物质无限可分”的思想在中国古代就已存在。早在 2 000 多年前的战国时期，道家学派的代表人物庄子就曾说过：“一尺之棰，日取其半，万世不竭。”然而，这种物质无限可分的哲学理念在微观世界的深处遇到了挑战，取而代之的是“量子”这一最小单元的概念。

历史上首次用物理学语言提出“量子”这一概念是在 1900 年 12 月 14 日德国物理学会

举行的一次年会上，提出者是德国物理学家马克斯·普朗克。作为大学教授的普朗克是一个典型的严谨的德国人，他循规蹈矩且小心谨慎。当普朗克向柏林的物理学家们宣布他不得不引入“量子”这一概念时，他感觉自己就像是在上演一出“绝望的戏剧”。这不禁让人回想起三年前的伦敦，当时剑桥大学的教授汤姆孙也是“极不情愿地”报告说电子的存在是一个无可置疑的事实。科学上的许多发现在最初问世时，不但难以获得他人的相信，就连发现者自己往往也会感到“惴惴不安”。

普朗克的研究领域聚焦于黑体辐射的光谱分布，这一研究具有深刻的社会背景。那么，究竟什么是黑体辐射呢？为了构建关于黑体辐射的概念，我们可以从自然界的辐射现象谈起。在众多自然辐射中，与人类活动最为贴近的莫过于太阳辐射。当太阳光照射到地球上时，人们观察到它实际上是七彩缤纷的（图 1.1-1），并且太阳辐射展现出具有峰值的光谱分布特征。

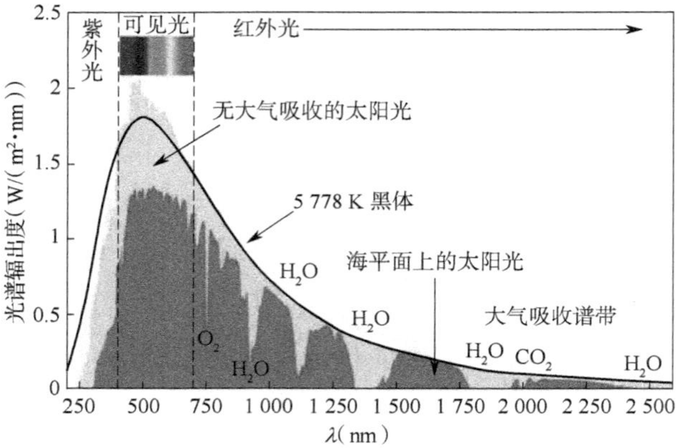

图1.1-1　太阳辐射光谱分布示意图（横坐标λ为波长，纵坐标光谱辐出度为单位波长间隔的能量）

太阳辐射光谱为什么不是单调变化的呢？如何理解太阳辐射的物理实质？其实太阳辐射在物理上是一种“黑体辐射”。实验表明，包括太阳在内的任何物体，只要其热力学温度不是零，就会发射电磁波，这种现象称为热辐射（图 1.1-2），并且不同温度下物体发出电磁波的成分不尽相同。热辐射发出的电磁波的波长或频率是连续分布的，但是会以某一个波段的成分为主，如室温下的物体主要发射红外线。随着温度的升高，热辐射发出的电磁波的主要成分向短波方向移动。当温度达到 800 K 时，物体开始发射部分暗红色的可见光；当温度大约达到 1 800 K 时，物体发出白光。

为了描述物体发射电磁波的本领，需要定义一个物理量——辐出度，用 $e(T)$表示。辐出度是单位时间内从辐射源表面单位面积发射出的辐射能量，单位是 W/m²；对应某一特定波长的辐出度称为单色辐出度，用 $e(\lambda,\ T)$表示，其意义是单位时间内从辐射源表面单位面积发射出的单位波长间隔内的辐射能量，即有

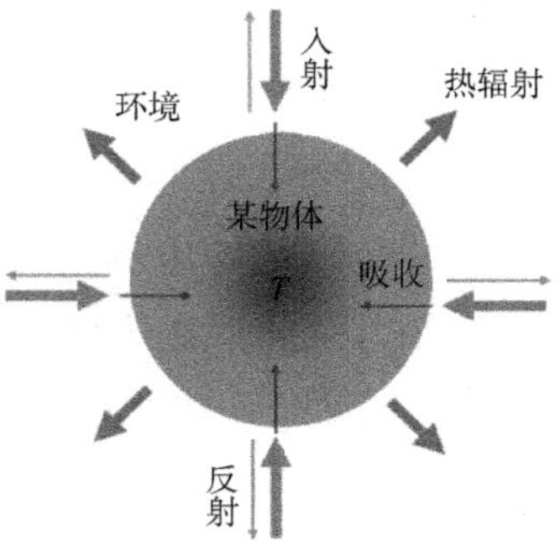

图1.1-2　物体热辐射示意图

$$e(\lambda,T)=\frac{\mathrm{d}e(T)}{\mathrm{d}\lambda} \tag{1.1-1}$$

总辐出度与单色辐出度有以下关系：

$$e(T)=\int_0^{+\infty}e(\lambda,T)\mathrm{d}\lambda \tag{1.1-2}$$

单色辐出度多用在科学理论研究中，单一频率的波由于能量很少，在实际测量和应用过程中很难探测到，所以如辐射测温仪等测定的都是一定波长范围内的辐出度。

物体在发射光波的同时，也在吸收和反射照射到物体上的光波。假如照射到物体上的光是白光，我们看到的物体颜色实际上是反射光的颜色，其他的成分被物体吸收了。如果物体呈现白色，则表明物体几乎不吸收任何波段的光波，白光几乎被完全发射；如果物体呈现黑色，则表明物体吸收电磁波或者光波的能力很强，而反射的能力很弱。描述物体吸收能力的物理量称为吸收系数，定义为吸收能量 $Q(\lambda, T)_{吸}$ 与入射能量 $Q(\lambda, T)_{入}$ 的比值。物体的吸收系数与物体的温度和入射波的波长都有关系，物体在波长 λ~$\lambda+\mathrm{d}\lambda$ 范围内的吸收系数称为单色吸收系数，用 $\alpha(\lambda, T)$ 表示。物体的反射系数与物体的温度和入射波的波长也都有关系，物体在波长 λ~$\lambda+\mathrm{d}\lambda$ 范围内的反射系数称为单色反射系数，用 $\rho(\lambda, T)$ 表示。单色吸收系数和单色反射系数之和为 1，即有

$$\alpha(\lambda,T)+\rho(\lambda,T)=1 \tag{1.1-3}$$

其中 $\alpha(\lambda,T)=\dfrac{Q(\lambda,T)_{吸}}{Q(\lambda,T)_{入}}, \rho(\lambda,T)=\dfrac{Q(\lambda,T)_{反}}{Q(\lambda,T)_{入}}$

通常，把能够完全反射所有波长光波的物体称为白体，白体的吸收系数 $\alpha(\lambda, T)=0$，反射系数 $\rho(\lambda, T)=1$；把能够完全吸收所有波长光波的物体称为黑体，黑体的吸收系数 $\alpha(\lambda, T)=1$，反射系数 $\rho(\lambda, T)=0$；介于两者之间的物体称为灰体，灰体的吸收系数满足 $0<\alpha(\lambda, T)<1$。有一些物体只对某些波长或者某一波段的光波有明显的吸收，对其他波长吸收很少或者不吸收，这样的物体称为选择性吸收体。在实际中，那些有色反光物就属于选择性吸收体。

黑体辐射的概念由德国物理学家基尔霍夫在 1859 年提出。要了解什么是黑体辐射，我们需先了解什么是黑体。黑体是一个理想的物理模型，它并不等同于黑色的物体，因为黑色的物体也会少量地反射电磁波，吸收系数并不是绝对等于 1。在现实生活中，绝对的白体和绝对的黑体并不存在，但是我们可以设计出理想的黑体。例如，在一个不透明的空腔内，如果在腔壁上开一个小洞（图 1.1-3），那么射进小洞的光线会在腔壁上经多次反射后被吸收，最终不会有光线从该小洞射出。这样的装置可以被当作理想黑体或者绝对黑体。通常在阳光明媚的白天，当我们观察建筑物的窗口时，会感觉到它们是黑洞洞的，这就是因为进入建筑内的光线经过多次反射和吸收，几乎没有什么光线从窗户反射出来。

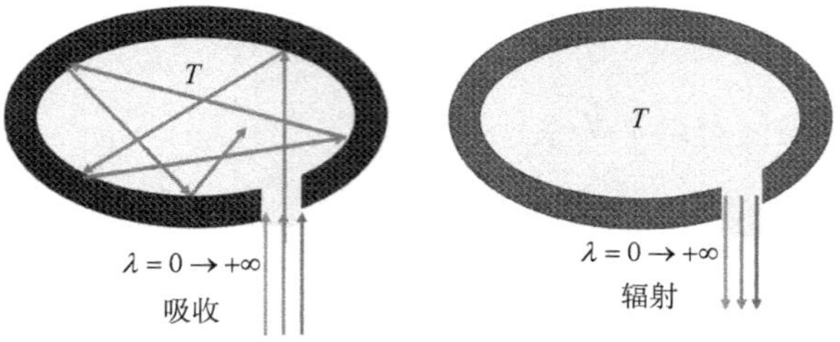

图1.1-3　黑体的物理模型（小口空腔）

研究表明，吸收能力越强的物体，其辐射本领越强。若一个密闭的容器内有多个物体存在，并且这些物体相互远离，经过一段时间以后，这些物体以及器壁可以达到相同的温度，即处于热平衡状态。这一现象表明，容器内的每一个物体在单位时间内吸收和辐射的能量相同。也就是说，在相同温度条件下，辐出度大的物体，吸收系数也大；辐出度小的物体，吸收系数也小。1859 年，德国物理学家基尔霍夫将这一现象总结为一条定律：在相同温度条件下，任何物体的单色辐出度与吸收系数的比值都相同，都等于黑体的单色辐出度，即

$$\frac{e_1(\lambda,T)}{\alpha_1(\lambda,T)}=\frac{e_2(\lambda,T)}{\alpha_2(\lambda,T)}=\cdots=e_0(\lambda,T) \tag{1.1-4}$$

式中：$e_0(\lambda,\ T)$为黑体的单色辐出度，它只是波长和温度的函数。

可以看出，黑体是一个“物理模型”，具有一些特别的电磁学和热力学特性：①黑体能够完全吸收外来的电磁波；②黑体不会反射电磁波；③黑体在任何高于绝对零度的情况下会辐射电磁波；④在相同温度下，黑体的辐射比其他任何物体都强。简而言之，黑体以最强的能力吸收和辐射电磁波，并处于吸收和辐射的热平衡。

黑体辐射的物理机制是只要物体温度高于绝对零度，物体中的电子、质子等带电粒子就有热振动，而带电粒子的振动则形成电偶极子，并向外界辐射电磁波（就像天线振子辐射电磁波一样），而且带电粒子的温度越高，振动速度越快，辐射强度越强。可见，黑体辐射与辐射体的温度有关，因此黑体辐射也经常被称为热辐射。带电粒子的能量服从玻尔兹曼分布，因而它们所具有的能量是连续分布的。带电粒子振动的幅度与取向也是连续变化的，因此

黑体辐射呈现连续谱分布（与原子跃迁产生的分立谱不同），如图 1.1-4 所示。

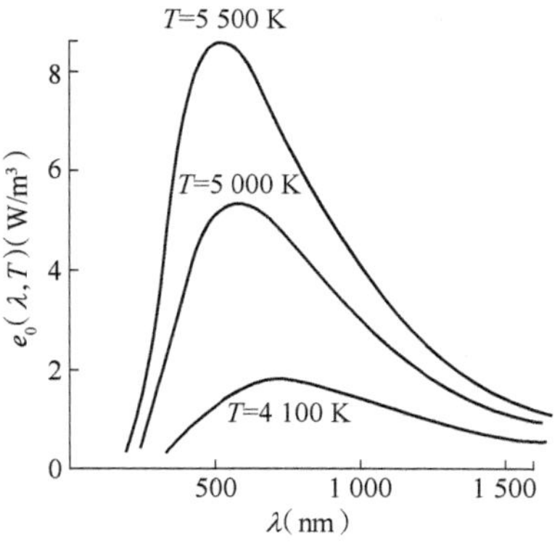

图1.1-4　黑体辐射曲线

为什么要研究黑体辐射？研究黑体辐射有怎样的社会背景？研究黑体辐射的驱动力是什么？其实，研究黑体辐射有着深刻的社会背景，它的直接驱动力是钢铁工业的需要。19 世纪，欧洲的钢铁工业迅速崛起和发展，需要用科学的方法对冶炼过程进行严格的控制和细致的分析。铁块的辐射是典型的黑体辐射，即当加热铁块时，起初看不出它有明显的发光。随着温度不断升高，铁块逐渐变成暗红色、赤红色、橙黄色甚至黄绿色等，这说明在不同温度下，铁块的热辐射具有不同的辐射波长。确切地说，当铁块温度升高时，其辐射峰向短波方向移动，因此铁块的热辐射信号可以反映冶炼过程的细节。可见，钢铁工业的发展推动了黑体辐射的研究（它决定着所有的制造业，特别是军工制造业）。

1.1.2　黑体辐射的实验规律

从科学的角度来看，黑体辐射（热辐射）的研究历史可以追溯到 1800 年。这一年英国天文学家赫歇尔首次观察到了太阳的红外辐射。在之后的 100 年间，经过基尔霍夫、维恩、斯特藩、玻尔兹曼、瑞利、琼斯等众多科学家的研究，人们在黑体辐射方面积累了非常丰富的实验知识，先后建立了不同形式的理论模型。

1879 年，奥地利物理学家斯特藩由实验数据归纳出一个重要的结果：单位体积黑体辐射的总能量与辐射体绝对温度的 4 次方成正比。1884 年，这一关系由玻尔兹曼利用电磁理论和热力学方法加以证明，这就是斯特藩-玻尔兹曼定律，即

$$E(T) = \int_0^{+\infty} \rho_\lambda \mathrm{d}\lambda = \sigma T^4 \tag{1.1-5}$$

其中，且有 σ 是斯特藩常量，

$$\sigma = 5.67 \times 10^{-8}\ \mathrm{J/(m^2 \cdot s \cdot K^4)} \tag{1.1-6}$$

式（1.1-5）对于估算黑体辐射的总能量是非常有用的。例如，图 1.1-5 所示是光电倍增

管的热噪声随其绝对温度变化的关系示意图。可以看出，冷却光电倍增管不但能起到降低噪声幅度 E 的作用，而且能压缩噪声起伏 ΔE。

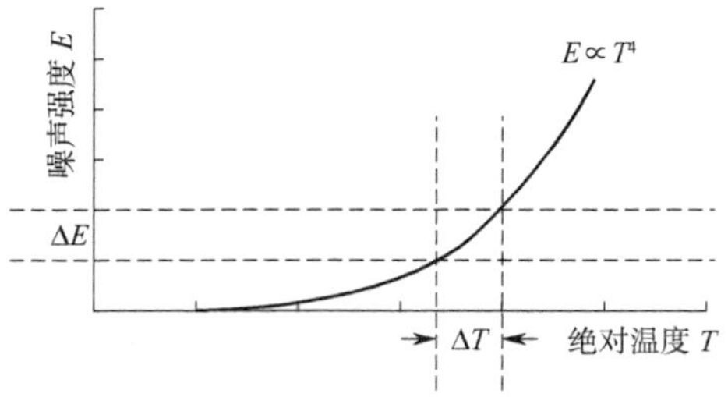

图1.1-5　光电倍增管的热噪声随其绝对温度变化的关系示意图

1893 年，德国物理学家维恩在总结实验数据的基础上，发现了黑体辐射的峰值波长 λ_{max} 与辐射体温度 T 之间的关系，即

$$\lambda_{max} \cdot T = b \tag{1.1-7}$$

式(1.1-7)称为维恩位移定律。它表明，辐射体温度升高时，辐射的峰值波长变短，而两者的乘积保持为常数，该常数 $b = 2.897\,8 \times 10^{-3}$ m · K。随着温度的升高，单色辐射能量最大的波长向短波方向移动。我们利用太阳辐射的峰值波长 $\lambda_m \approx 475$ nm(图 1.1-1)，可以计算出太阳表面的温度，即

$$T = \frac{b}{\lambda_m} = \frac{2.897\,8 \times 10^{-3}}{475 \times 10^{-9}} = 6\,101\ \text{K}$$

类似地，利用人体表面温度 37 ℃，可以计算出人体热辐射的峰值波长，即

$$\lambda_m = \frac{b}{T} = \frac{2.897\,8 \times 10^{-3}}{273 + 37} = 9\,348\ \text{nm}$$

显然，人体热辐射的峰值波长在红外波段，是不可见的。

例 1-1　已知地球单位表面积上接收到的某恒星辐射功率 P=1.2 × 10⁻⁸ W/m²，该恒星到地球的距离 S=4.3 × 10¹⁷ m，该恒星辐射的中心波长 λ_m=0.573 nm，求该恒星的半径 R。

解　由恒星的辐射总功率=地球上接收到的总辐射功率 × 地球到恒星中心的距离，可得

$$W_0 = P \times 4\pi(R + S)^2$$

由恒星的辐射总功率=总辐出度 × 恒星表面积，可得

$$W_0 = E(T) \cdot \sum\nolimits_{\text{恒星}}$$

加之式(1.1-5)、式(1.1-7)和 $\sum_{\text{恒星}} = 4\pi R^2$，可以求得该恒星的半径 R=7.88 × 10⁹ m。

1.1.3　黑体辐射理论

在发现黑体辐射实验规律的基础上，众多科学家又进一步从不同的角度进行了理论研究，并建立了描述黑体辐射光谱分布的表达式，其中最典型的是维恩公式和瑞利-金斯公式。

维恩从热力学理论出发，把黑体辐射现象用分子的行为进行类比，认为辐射按频率的分布类似于分子按速率的分布，即黑体辐射服从麦克斯韦速率分布律。在分析实验数据的基础上，维恩于 1896 年给出了一个关于黑体辐射光谱分布的公式，即

$$e(\lambda,T)=\frac{C_1}{\lambda^5}\exp\left(-\frac{C_2}{\lambda T}\right) \quad (1.1\text{-}8)$$

式中：C_1 和 C_2 是经验参数，可通过与实验曲线的拟合来确定。

式（1.1-8）称为维恩公式，这是一个半经验公式，它的曲线如图 1.1-6 所示。

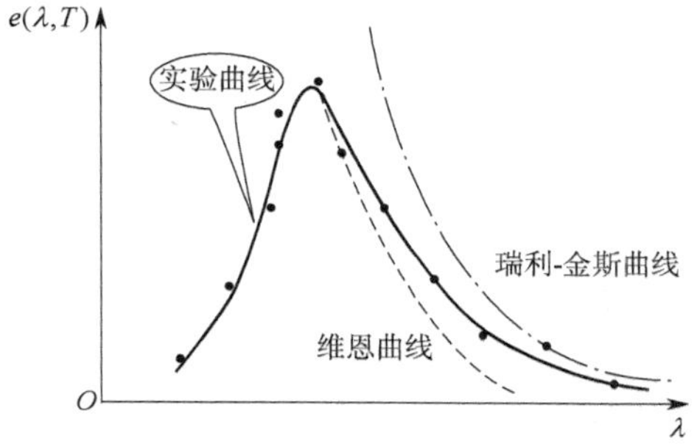

图1.1-6 维恩曲线（式（1.1-8））和瑞利-金斯曲线（式（1.1-9））与实验曲线的比较（T=1 646 K）（实线是实验数据的拟合曲线，即普朗克线）

上述结果显示了维恩公式（1.1-8）的正确性。维恩以他在热辐射研究中的卓越贡献荣获 1911 年诺贝尔物理学奖。维恩的研究成果在经典物理学与量子物理学之间架起了一座桥梁。正像 1914 年诺贝尔物理学奖得主劳厄所说：“他为我们打开了通往量子物理学的大门。”

1900 年，英国物理学家瑞利和金斯发表论文，他们认为黑体辐射是由带电粒子的振动引起的，当系统处于热平衡状态时，将器壁看作一个由许多振子组成的系统，并发出连续频率的电磁波，并由此得到了空腔辐射的辐出度按波长分布的规律，称为瑞利-金斯公式，即

$$e(\lambda,T)=\frac{2\pi C}{\lambda^4}kT \quad (1.1\text{-}9)$$

维恩公式（1.1-8）和瑞利-金斯公式（1.1-9）是关于黑体辐射光谱分布的两个理论结果，将它们与实验曲线相比（图 1.1-6）可以看出，维恩曲线可以描述短波情况，而在长波部分与实验曲线有明显偏离；而瑞利-金斯曲线在长波部分与实验曲线符合较好，但在短波部分与实验曲线完全相反，显示出一种“紫外发散”现象。事实上容易估算，如果黑体辐射能量密度真的像瑞利-金斯公式所预言的那样，当人的眼睛盯着壁炉里的火光看时，火光的紫外线会刺瞎人的眼睛，这显然是荒谬的。“紫外发散”现象预示着经典物理学面临一场“紫外灾难”。

维恩公式在理论上不够严格（它是一个半经验公式），与实验结果不完全符合是可以理解的。瑞利-金斯公式是严格按照经典统计物理学理论和经典电磁场理论推导出来的，然而

它在短波部分与实验结果出现了极端尖锐的矛盾，这给物理学带来极大的困惑。事实上，瑞利-金斯公式作为一个"悖论"，颠覆了经典物理学的普适性。

1.1.4 普朗克黑体辐射公式

普朗克用了6年时间试图寻求一个普遍适用的公式来刻画黑体辐射的光谱分布，但是一直未能找到。直到1900年，他发现如果建立一个非常奇怪的假设，该想法就能获得成功。这个假设就是黑体辐射的能量不是连续变化的，而是量子化的，即以 $h\nu$ 为单位一份一份地变化，即

$$0, h\nu, 2h\nu, 3h\nu, \cdots, nh\nu, \cdots \tag{1.1-10}$$

其中

$$h=6.626\times 10^{-34}\ \mathrm{J\cdot s} \tag{1.1-11}$$

是一个普适常量，也就是众所周知的普朗克常量，$h\nu$ 称为"作用量子"。

该假设反映在普朗克的计算中，就是将瑞利-金斯公式推导中表征能量连续变化的积分用分立变化的求和代替，即

$$\langle\varepsilon\rangle = \frac{\sum_{n=0}^{\infty} nh\nu \exp\left(-\frac{nh\nu}{k_B T}\right)}{\sum_{n=0}^{\infty} \exp\left(-\frac{nh\nu}{k_B T}\right)} \tag{1.1-12}$$

为了计算单个振子的平均能量 $\langle\varepsilon\rangle$，令 $\beta = \frac{1}{k_B T}$，则有

$$\langle\varepsilon\rangle = \frac{\sum_{n=0}^{\infty} nh\nu \exp(-nh\nu\beta)}{\sum_{n=0}^{\infty} \exp(-nh\nu\beta)} = -\frac{\partial}{\partial\beta}\ln\left[\sum_{n=0}^{\infty}\exp(-nh\nu\beta)\right] \tag{1.1-13}$$

令 $x=\exp(-h\nu\beta)$，利用级数展开式 $\sum_{n=0}^{\infty} x^n = \frac{1}{1-x}(|x|<1)$，式(1.1-13)可变为

$$\langle\varepsilon\rangle = -\frac{\partial}{\partial\beta}\ln\left[\frac{1}{1-\exp(-h\nu\beta)}\right] = \frac{h\nu}{\exp(h\nu\beta)-1} = \frac{h\nu}{\exp\left(\frac{h\nu}{k_B T}\right)-1} \tag{1.1-14}$$

结合振子密度表达式，可得

$$\rho_\nu(T) = \frac{8\pi\nu^2}{c^3}\frac{h\nu}{\exp\left(\frac{h\nu}{k_B T}\right)-1} \tag{1.1-15}$$

式(1.1-15)就是普朗克黑体辐射公式。它的得出似乎只是一个简单的由积分到求和的数学技巧，但本质上却包含非常深刻的物理含义——能量量子化。这是一个里程碑，标志着

一个新的物理学时代的开始。

德国物理学家普朗克在 1900 年确实得到了这样一个经验公式，现在称为普朗克公式，即

$$e(\lambda,T)=\frac{2\pi hc^2}{\lambda^5}\frac{1}{\exp\left(\frac{hc}{\lambda k_B T}\right)-1} \tag{1.1-16}$$

下面我们首先对普朗克黑体辐射公式进行直观的分析。利用关系式 $\rho_v(T)=\mathrm{d}v=\rho\lambda(T)\mathrm{d}\lambda$ 写出式（1.1-15）的波长表示形式，即

$$\rho_\lambda(T)=\frac{8\pi hc}{\lambda^5}\frac{1}{\exp\left(\frac{hc}{\lambda k_B T}\right)-1} \tag{1.1-17}$$

对于短波情况，即当 $\lambda k_B T \ll hc$ 时，有 $\exp\left(\frac{hc}{\lambda k_B T}\right)\gg 1$ 式（1.1-17）可变为

$$\rho_\lambda(T)=\frac{8\pi hc}{\lambda^5}\exp\left(-\frac{hc}{\lambda k_B T}\right) \tag{1.1-18}$$

式（1.1-18）正是维恩公式（1.1-8），而其中的常数确定为 $C_1=8\pi hc$ 和 $C_2=hc/k_B$。另外，对于长波（低频）情况，即当 $h\nu \ll k_B T$ 时，有 $\exp\left(\frac{h\nu}{k_B T}\right)\approx 1+\frac{h\nu}{k_B T}$，将其代入式（1.1-15）即可得到瑞利-金斯公式（1.1-9）。总之，普朗克黑体辐射公式在短波和长波情况下，可分别约化为与实验相符合的维恩公式和瑞利-金斯公式。

这里我们按照式（1.1-17）画出黑体辐射的能量密度随波长变化的曲线，如图 1.1-7 所示。至此可以清楚地看出，黑体辐射光谱只与辐射体的温度有关，而与辐射体的性质（材料、质量、尺度、形状等）无关。这是因为普朗克公式中不包含关于辐射体性质的参数，而只有 3

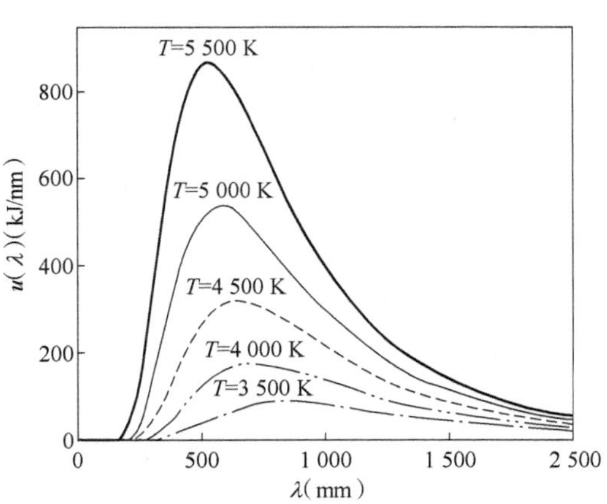

图1.1-7　普朗克黑体辐射公式（1.1-18）在不同温度下的辐射曲线

个物理学常数——c，k_B 和 h。这意味着只要处于相同的温度，任何辐射体的光谱都是相同的。例如，6 000 K 的铁水与太阳有近乎相同的辐射光谱。可见黑体辐射规律具有一种"绝对性"，这种不显示个体参数的公式反映了自然界的普遍规律。

在量子假设式（1.1-10）的基础上所得到的普朗克黑体辐射公式是一个完美的理论结果，它的正确性表明了量子假设的正确性。事实上，量子单元 $h\nu$ 是一个很小的数。现在我们可以对典型的可见光进行估算，若取 $\nu \approx 10^{14}$ Hz，则量子单元 $h\nu \approx 10^{-20}$ J，这在宏观上是一个很小的能量值。这意味着秉承能量连续性的经典物理学在能量的微观尺度走到了它的尽头，取而代之的是能量分立变化的量子理论。普朗克的"作用量子"概念为后来光量子概念的建立奠定了基础。普朗克因为量子假设和黑体辐射理论方面的贡献，获得了 1918 年诺贝尔物理学奖。

为了能从理论上推导出普朗克公式，普朗克修改了瑞利和金斯关于振子发出连续频率电磁波的假设，而给出了以下新的假设：空腔器壁上的谐振子的能量不能连续变化，只能取一些分立值，这些分立值是最小能量 ε 的整数倍，即 ε、2ε、3ε、…、$n\varepsilon$，其中 n 为正整数；而且假设频率为 ν 的谐振子的最小能量 $\varepsilon=h\nu$，此能量称为能量子。每一个振子的能量状态发生改变时会吸收或者发出光波，吸收和发射的能量也只能是能量子的整数倍。

普朗克的这一能量分立的假设在当时是无奈的选择。普朗克发现只要认为能量是连续的，无论如何也推导不出与实验曲线符合的数学公式。但是，由于能量分立的思想与经典物理学中能量连续的思想完全不同，所以当时人们无法理解这一假设的意义。直到 1905 年，爱因斯坦借助普朗克的能量子假设提出了光量子理论，并成功解释了光电效应后，量子的思想才逐渐被人们理解和接受。1900 年 12 月 14 日，普朗克在德国物理学会上正式提出了他的关于黑体辐射的公式，这一天也被后人定为量子论的诞生日。普朗克的这一发现成为整个 20 世纪物理学的研究基础。现在，量子理论更是渗透到了各个研究领域。

1.1.5 红外测温仪

在自然界中，一切温度高于绝对零度的物体都在不停地向周围空间发出红外辐射能量。物体的红外辐射能量的大小及其按波长的分布与物体的表面温度有着十分密切的关系，不同温度的辐射曲线永不会相交，如图 1.1-7 所示。随着温度增加，辐射能量增大，而峰值波长减小，即峰值波长与温度成反比。因此，通过对物体自身辐射的红外能量进行测量，便能准确地测定它的表面温度，这就是红外辐射测温所依据的科学原理。

红外测温仪（图 1.1-8）由光学系统、光电探测器、信号放大器及信号处理电路、显示输出等部分组成。其中，光学系统收集红外测温仪视场内目标红外辐射的能量，视场的大小由测温仪的光学元件参数及其位置确定，红外辐射能量聚焦在光电探测器上并转变为相应的电信号，该电信号经过信号放大器及信号处理电路，并按照仪器内部的算法和目标发射率校正后转变为被测目标的温度值，最后由显示输出部分显示。

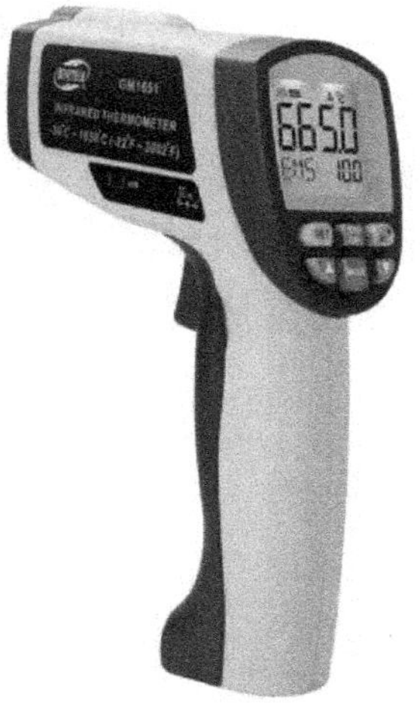

图1.1-8　红外测温仪照片

红外测温仪采用的测温法主要有全辐射测温法、单色测温法和双色测温法等 3 种。全辐射测温法是先测量物体整个光谱范围内的所有波长辐射的总能量，如图 1.1-7 所示黑体在各个温度的辐射规律，然后与标准黑体标定的实验进行比较来确定物体的温度。

由于在任何温度下黑体的辐射电磁波的波长分布范围都很大，全辐射测温法在实际应用中受限于没有能够吸收所有波长范围的光电探测器，所以可以说其是部分波长辐射测温法，即测量高温物体光谱辐出度在一定波长范围内的积分，计算出有相同辐出度积分的黑体温度并作为被测物体的辐射温度。

另外，理想黑体的发射率为 1，而对于一般的物体，其发射率是要小于 1 的，如图 1.1-9 所示。发射率为物体的辐射度与和该物体具有相同温度的黑体的辐射度之比(ε)，发射率决定了实际物体的红外辐射特性。不同物体的发射率与其组成材料成分、表面状态、温度等有关，发射率是影响全辐射测量误差的重要因素，也是实际应用中需要考虑的。

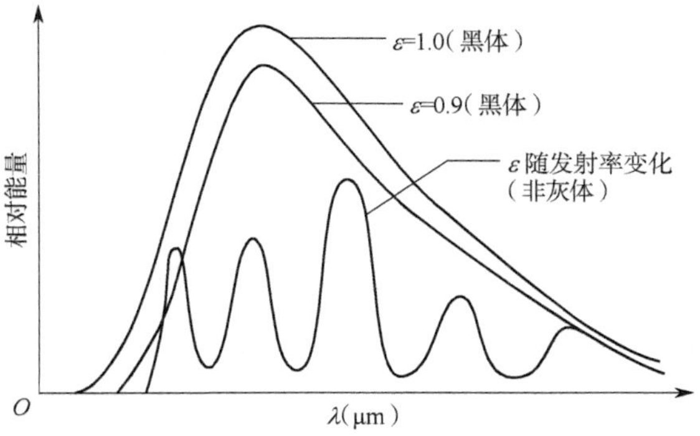

图1.1-9　物体发射率

1.1.6 红外热成像仪

红外热成像仪利用红外探测器、光学成像物镜和光机扫描系统来接收被测物体的红外辐射能量分布图像，并将其传递到红外探测器的光敏单元上。在光学系统和红外探测器之间，有一个光机扫描机构对被测物体的红外热像进行扫描并聚焦在探测单元或分光探测器上。探测器将红外辐射能量转换为电信号，经过放大处理和转换，生成标准视频信号，通过电视屏或监视器显示红外热图像。红外热成像仪工作原理如图 1.1-10 所示。

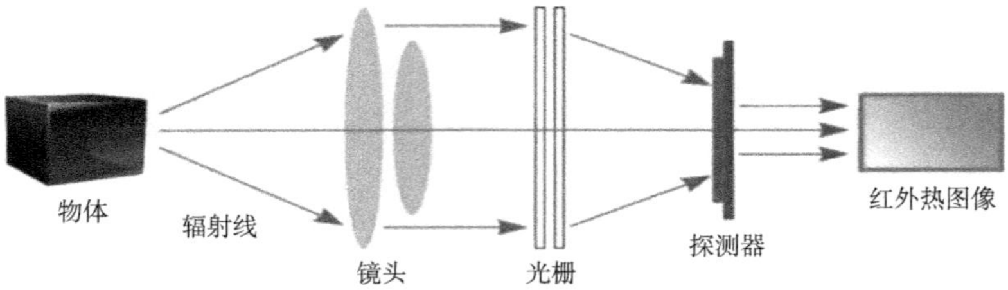

图1.1-10 红外热成像仪工作原理

红外热成像技术是一种对目标进行被动式、非接触式的检测与识别方法，具有良好的隐蔽性，不易被发现，因而可以提高操作者的安全性和检测的有效性。由于红外热成像技术利用的是热红外线，因此其不受电磁干扰的影响。采用先进热成像技术的红外搜索与跟踪系统可以远距离精确跟踪热目标，并且可以同时跟踪多个目标，使系统发挥最佳效能。红外热成像技术还可以实现精确制导，使制导武器具备较高的智能性和"发射后不用管"的能力，并能优先寻找并摧毁最重要的目标，大幅度提高弹药的命中精度和作战威力。

在自然界中，红外辐射的存在非常广泛，大气和烟云等可以吸收可见光和近红外线，但对 3~5 μm 和 8~14 μm 的红外线却是透明的，这两个波段被称为红外线的"大气窗口"。利用这两个窗口，可以在完全无光的夜晚或雨雪等恶劣环境下，清晰地观察到需要监控的目标。这使得红外热成像技术能够实现 24 h 全天候监控。

由于红外热成像仪依靠温差成像，而一般目标的温差较小，因此红外热图像的对比度低，细节分辨能力较差。目前，红外热成像仪的成本仍然较高，从而限制了其广泛使用。但非制冷红外焦平面阵列已成为一种以低成本获得高分辨率、高可靠性器件的有效手段。随着科技的进步和关键技术的突破，未来红外热成像仪的成本将会大幅降低。

红外热成像仪在军事和民用方面都有广泛应用，如图 1.1-11 所示。随着红外热成像技术的成熟和成本的降低，以及适用于民用的红外热成像仪的问世，它在国民经济各部门的作用越来越大。在工业生产中，许多设备通常在高温、高压和高速运转状态下工作，应用红外热成像仪对这些设备进行检测和监控，既能保证设备的安全运行，又能及时发现并排除异常情况。此外，红外热成像仪还可以用于工业产品质量的控制和管理。红外热成像仪在医疗、治安、消防、考古、交通、农业和地质等领域也有重要应用，如建筑物漏热查寻、森林火灾探测、火源寻找、海上救援、矿石断裂判别、导弹发动机检查、公安侦查以及各种材料和制品的无损检测等。

图1.1-11　红外热成像仪应用显示照片

1.2　光电效应与光子

1.2.1　光电效应

基于普朗克的“作用量子”假设，爱因斯坦提出了光量子概念，他明确指出：“量子是物理学的实体，而光子流就是一颗颗的粒子。”爱因斯坦认为，电磁辐射不仅在发射和吸收时以能量为 $h\nu$ 的微粒形式出现，而且按这种形式以速度 c 在空间传播。显然，“光量子”是“作用量子”概念的具体化。

按照光量子的概念，爱因斯坦建立了光电效应理论。光电效应是指光照射到金属上，从金属中激发出电子的现象，如图 1.2-1 所示。按照光的经典电磁理论，在光的照射下，金属内部的电子受到电磁波的作用而做简谐振动。入射光越强，电子振动的幅度就越大，电子就越容易从金属内部逃逸出来，产生的光电子也就越多。但实验中发现，当入射光的频率比较低时，无论入射光多强，照射时间多长，都无法激发出电子。爱因斯坦认为，光电效应中的入射光是一粒粒的光子，每个光子的能量为 $h\nu$。当一个光子与金属内部的电子作用时，必须把一部分能量转移给电子（对电子做功），使之能够克服金属离子的束缚而逸出金属表面，这部分能量称为逸出功。电子逸出后，可能还具有一定的动能，这样整个过程的能量守恒关系式为

$$h\nu = W + \frac{1}{2}mV^2 \qquad (1.2\text{-}1)$$

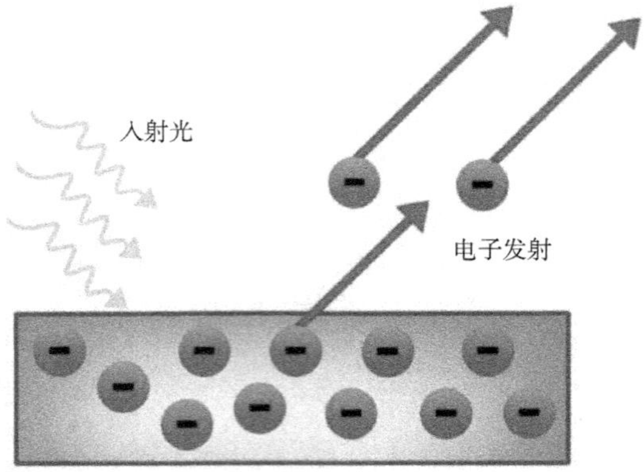

图1.2-1　光电效应——光照射到金属上有电子从金属表面逸出的现象

式(1.2-1)就是爱因斯坦的光电效应方程。其中,$h\nu$ 是入射光子能量，W 是逸出功,而 $\frac{1}{2}mV^2$ 则是逸出电子的动能。

由式(1.2-1)可以看出,只有当入射光的能量 $h\nu$ 大于逸出功 W,即入射光的频率 ν 大于确定值 W/h 时,才会有电子被激发出来。若 $\nu< W/h$,则无论入射光强度有多大,也无论照射时间有多长,都不会激发出电子。入射光的这一频率称为“红限频率”,表示为 $\nu_0=W/h$。另外,所逸出电子动能的大小也取决于入射光的频率,即入射光的频率越高,逸出电子的动能越大。在入射光频率高于红限频率($\nu>\nu_0$)的情况下,入射光子数决定逸出的电子数。光电效应理论不但圆满地解释了实验现象,而且为相关的实际应用提供了理论依据。爱因斯坦由此获得了 1921 年诺贝尔物理学奖。

例 1-2　设有一功率 $P = 1$ W 的点光源,在距离 $d = 3$ m 处有一钾薄片。假定钾薄片中的电子可以在半径 $r = 0.5\times10^{-10}$ m 的圆面积范围内收集能量,且已知钾电子的逸出功 $W = 1.8$ eV。试:

(1)按照经典电磁理论,计算电子从照射到逸出需要多长时间;

(2)如果点光源发出波长 λ=589.3 nm 的单色光(钠黄光),根据光电效应理论,求每单位时间打到钾薄片单位面积上的光子数目。

解　(1)$P' = \frac{\pi r^2}{4\pi d^2}P = \frac{\pi\times(0.5\times10^{-10})^2}{4\pi\times3^2}\times1 = 7\times10^{-23}\ \text{W}$

$$t = \frac{W}{P'} = \frac{1.8\times1.6\times10^{-19}}{7\times10^{-23}} \approx 4\,114\ \text{s}$$

(2)每个光子的能量为

$$\varepsilon = h\nu = \frac{hc}{\lambda} = 3.4\times10^{-19}\ \text{J} \approx 2.1\ \text{eV}$$

每单位时间打到钾薄片单位面积上的光子数为

$$N = \frac{I}{\varepsilon} = \frac{P/4\pi d^2}{\varepsilon} \approx 2.6\times10^{16}/(\mathrm{m}^2\cdot\mathrm{s})$$

1.2.2　光电倍增管

光电效应有非常广泛的应用，其中最重要的便是光电倍增管，其工作原理如图 1.2-2 所示。让入射光子射向光电倍增管的阴极，并在阴极上打出电子，电子聚焦后射向倍增极，并被逐级放大，最后抵达阳极。从阳极收集到的电子数比最初从阴极发射的电子数增加很多倍，通常一个光子最终会转换为 10^6~10^7 个电子，从而形成光电流。光电流的强度反映了入射光的强度。

光电倍增管主要用来探测微弱光信号。

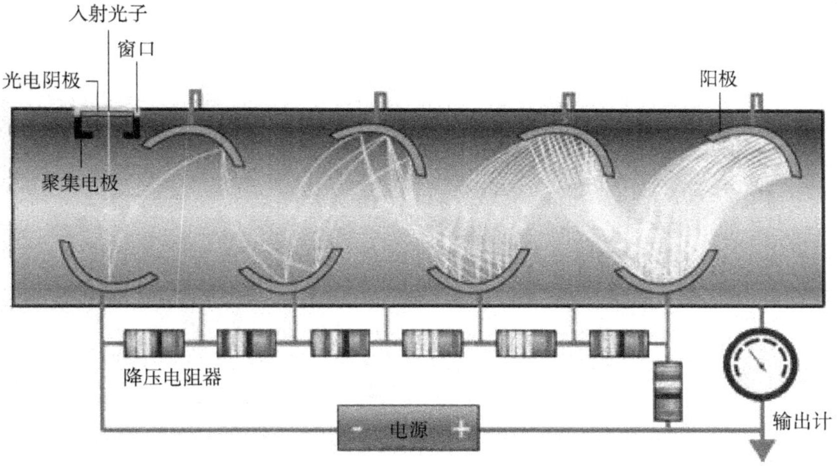

图1.2-2　光电倍增管工作原理

1.2.3　康普顿散射

美国物理学家康普顿在 1923 年发现了 X 射线被电子散射时所出现的奇异现象，这种现象直接验证了光的粒子性。康普顿在实验中发现，X 射线被电子散射后，其波长会有所增大，这就是所谓的康普顿效应。这种现象与经典电动力学是相矛盾的。按照经典电动力学理论，电磁波被散射后波长不应改变。康普顿把 X 射线被电子散射的过程看成 X 射线的光子与电子碰撞的过程，从而圆满地解释了实验现象。

为了描述光子与电子的碰撞，需要写出光子的能量、动量表达式。按照爱因斯坦的光量子概念，一个光子的能量为

$$\varepsilon = h\nu \tag{1.2-2}$$

关于光子的动量，由相对论可知，以速度 V 运动的粒子，其能量为

$$E = mc^2 = \frac{m_0 c^2}{\sqrt{1-\frac{V^2}{c^2}}} \tag{1.2-3}$$

式中：m_0 和 m 分别为粒子的静止质量和运动质量。

对于在真空中传播的光子，有 $V=c$，则式(1.2-3)的分母为零，而光子的能量 ε 是有限的，所以式(1.2-3)的分子也必须为零，即光子的静止质量 $m_0=0$。再由相对论的能量与动量关系

$$E^2=c^2p^2+m_0^2c^4 \tag{1.2-4}$$

即可得光子能量 ε 与动量 p 之间的关系为

$$\varepsilon=cp \tag{1.2-5}$$

由式(1.2-5)与式(1.2-2)，可得光子的动量为

$$p = \frac{h\nu}{c} = \frac{h}{\lambda} \tag{1.2-6}$$

利用 $\hbar = \frac{h}{2\pi}$，角频率 $\omega=2\pi\nu$ 和波矢量 $\vec{k} = \frac{2\pi}{\lambda}\vec{n}$（$\vec{n}$ 表示光子运动方向的单位矢量），式(1.2-2)和式(1.2-5)可分别写为

$$\varepsilon = \hbar\omega \tag{1.2-7a}$$

$$p = \hbar\vec{k} \tag{1.2-7b}$$

式(1.2-7)把光的二重性联系起来，等式左边的能量和动量是描述粒子性的，而右边的频率和波长是描述波动性的。在康普顿散射过程中，光子与电子的碰撞如图 1.2-3 所示。以 $h\nu_0$ 和 $h\nu$ 分别表示光子在碰撞前和碰撞后的能量，而电子在碰撞前（静止）和碰撞后的能量分别为 m_0c^2 和 γm_0c^2。其中，γ 是相对论因子，且有

$$\gamma = \frac{1}{\sqrt{1-\frac{V^2}{c^2}}} \tag{1.2-8}$$

式中：V 是电子在碰撞后的速度。

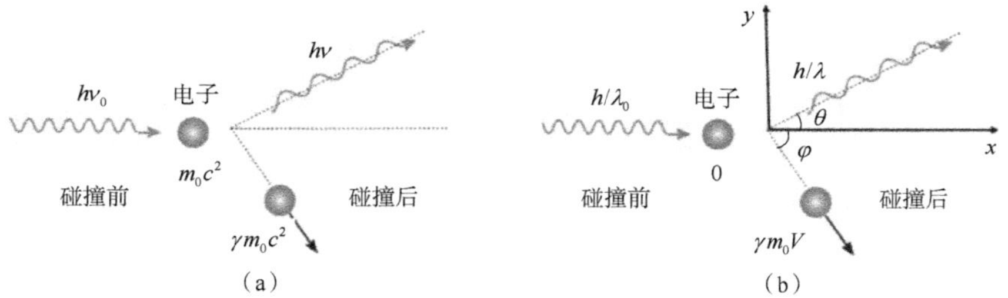

图1.2-3　康普顿散射

（a）能量守恒　（b）动量守恒

由碰撞前后系统的能量守恒（图 1.2-3a），可得

$$h\nu_0+m_0c^2=h\nu+\gamma m_0c^2 \tag{1.2-9}$$

另外，假设碰撞前光子沿 x 轴正方向运动（图 1.2-3b），以 h/λ_0 和 h/λ 分别表示光子在碰撞前和碰撞后的动量，而电子在碰撞前（静止）和碰撞后的动量分别为 0 和 γm_0V。按照动量守恒，在 x 方向和 y 方向分别有

$$\frac{h}{\lambda_0}=\frac{h}{\lambda}\cos\theta+\gamma m_0V\cos\varphi \tag{1.2-10a}$$

$$0=\frac{h}{\lambda}\sin\theta-\gamma m_0V\sin\varphi \tag{1.2-10b}$$

联立式（1.2-10a）和式（1.2-10b）消去 φ，可得

$$\left(\frac{h}{\lambda_0}\right)^2+\left(\frac{h}{\lambda}\right)^2-2\frac{h^2}{\lambda_0}\frac{h}{\lambda}\cos\theta=(\gamma m_0V)^2=(\gamma m_0c)^2-(m_0c)^2 \tag{1.2-11}$$

式（1.2-9）两边同时除以 c，可得

$$\gamma m_0c=\frac{h}{\lambda_0}-\frac{h}{\lambda}+m_0c \tag{1.2-12}$$

将式（1.2-12）代入式（1.2-11），并整理，可得

$$\lambda-\lambda_0=\frac{h}{m_0c}(1-\cos\theta) \tag{1.2-13}$$

这就是康普顿散射的理论结果。

康普顿散射的物理实质是光子将能量转移给电子。为了研究能量转移的细节，我们由式（1.2-13）写出

$$R=\frac{1}{1+r(1-\cos\theta)} \tag{1.2-14}$$

其中

$$R\equiv\frac{h\nu}{h\nu_0},\quad r\equiv\frac{h\nu_0}{m_0c^2} \tag{1.2-15}$$

式中：R 是散射光子能量与入射光子能量的比值（即散射光的相对能量）；r 是入射光子能量与电子静止能量的比值。

式（1.2-14）反映了相对能量 R 对 θ、r 的依赖关系。可以证明，r 值越大（即入射光子能量 $h\nu_0$ 越大），光子转移给电子的能量份额就越高。

式（1.2-13）中的常数因子

$$\frac{h}{m_0c}=\frac{hc}{m_0c^2}=\frac{1\,240\ \mathrm{eV\cdot nm}}{0.511\ \mathrm{MeV}}=2.4\times10^{-3}\,\mathrm{nm} \tag{1.2-16}$$

被称为（电子的）康普顿波长。式（1.2-13）显示，康普顿波长决定散射光的红移量（$\Delta\lambda=\lambda-\lambda_0$）。利用式（1.2-16）所示的康普顿波长的量值，我们可以分析一个问题，即康普顿散射的红移量

$\Delta\lambda$ 与入射波长 λ_0 无关,那么观察这一现象为什么要用 X 射线呢。我们对不同入射光波长进行估算(取 θ=180°),对于 λ_0=400 nm 的可见光,$\Delta\lambda$=4.8×10^{-3} nm,相对红移量为 $\Delta\lambda/\lambda_0\approx10^{-5}$,这样小的红移量使得观察散射光非常困难;而对于 λ_0=0.05 nm 的 X 射线,$\Delta\lambda$ 不变,但相对红移量为 $\Delta\lambda/\lambda_0\approx0.1$,这样观察散射光就要容易得多。从另一个角度来看,$r$ 值越大(即入射光子能量 $h\nu_0$ 越大),光子转移给电子的能量份额就越高,康普顿效应就越显著。

图 1.2-4 所示为康普顿散射的实验结果。实验中,先将 λ_0=71 Å 的 X 射线入射到散射体上,然后在不同的角度测量散射光的强度。当 θ=0° 时,只测量到波长为 λ_0 的光(这些光子在穿过散射体的过程中没有撞到电子)。当 θ=45°、90°、135° 时,除测量到波长为 λ_0 的光外,还观察到波长为 λ 的散射光($\lambda>\lambda_0$),其相对强度随散射角 θ 的增加而增大。特别是对于相同的散射角 θ,多种样品的散射光红移量 $\Delta\lambda=\lambda-\lambda_0$ 均相等,与散射体的材料无关。所有这些实验观察都与理论结果相符合。

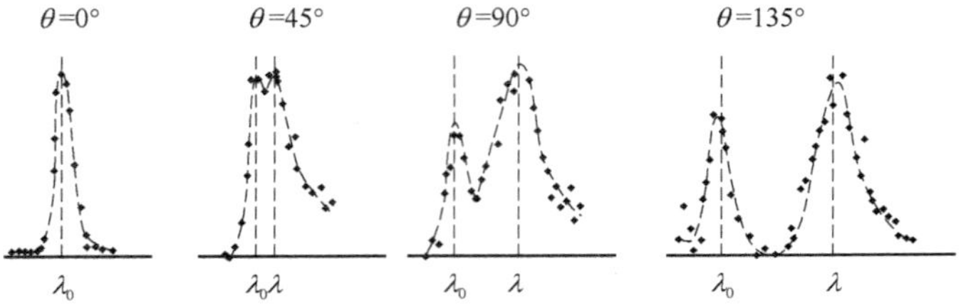

图1.2-4　康普顿散射的实验结果

康普顿散射实验结果与理论预言相符合,表明康普顿效应具有重要意义。

(1)把电磁波被电子的散射看作光子与电子的碰撞过程,这样的思路能解释并定量描述实验结果,这首先证明了光量子概念的正确性。

(2)证明了光子能量表达式 $\varepsilon=h\nu$ 及动量表达式 $p=h/\lambda$ 的定量正确性,因此实验中可以利用红移量 $\Delta\lambda$ 和散射角 θ 测定普朗克常量 h。

(3)普朗克常量 h 在康普顿散射中扮演着核心角色(散射红移量 $\Delta\lambda\propto h$),这意味着康普顿效应是一个量子现象。如果当 $h\to0$ 时,$\lambda=\lambda_0$,这就是经典散射理论的结果。而红移量 $\Delta\lambda$ 的典型值为康普顿波长(式(1.2-16)),它相对于宏观光散射现象而言是一个很小的量。

(4)在微观的单个粒子碰撞事件中,动量及能量守恒定律仍然是成立的。

简而言之,康普顿效应验证了普朗克与爱因斯坦的理论所揭示的光的粒子性的正确性。康普顿由此获得了 1927 年诺贝尔物理学奖。

例 1-3　波长 λ_0=0.02 nm 的 X 射线与静止的自由电子碰撞,现在从与入射方向成 90° 的方向去观察散射辐射,如图 1.2-5 所示。试求:

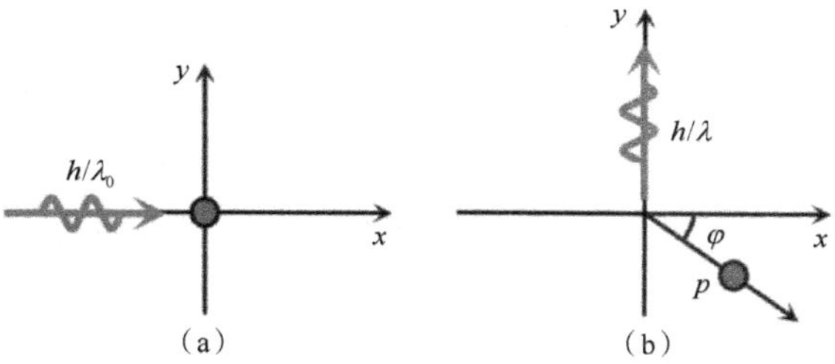

图1.2-5　康普顿散射前后示意图

(a)散射前　(b)散射后

(1)散射后 X 射线的波长；

(2)反冲电子的动能；

(3)反冲电子的动量；

(4)反冲电子的德布罗意波长。

解　(1)散射后 X 射线波长的变化量为

$$\Delta\lambda = \lambda - \lambda_0 = 2k\sin^2\frac{\theta}{2} = 0.002\,427\ \text{nm}$$

散射后 X 射线的波长为

$$\lambda = \lambda_0 + \Delta\lambda = 0.022\,427\ \text{nm}$$

(2)根据能量守恒，反冲电子获得的动能就是入射光子与散射光子能量的差值，即

$$\Delta\varepsilon = \frac{hc}{\lambda_0} - \frac{hc}{\lambda} = \frac{hc}{\lambda_0\lambda}\Delta\lambda = 7.53\times10^3\ \text{eV}$$

(3)根据动量守恒，有

x 方向：$\dfrac{h}{\lambda_0} = p\cos\varphi$

y 方向：$\dfrac{h}{\lambda} = p\sin\varphi$

利用 $\cos^2\varphi+\sin^2\varphi=1$，可以求得

$$p = h\sqrt{\frac{\lambda^2+\lambda_0^2}{\lambda_0^2\lambda^2}} = 4.44\times10^{-23}\ \text{kg}\cdot\text{m/s}$$

$$\varphi \approx 41^\circ\ 9'$$

(4)根据动量守恒，可得反冲电子的德布罗意波长为

$$\lambda_e = \frac{h}{p} = 1\Big/\sqrt{\frac{\lambda^2+\lambda_0^2}{\lambda_0^2\lambda^2}} = 0.014\,92\ \text{nm}$$

1.2.4　光的波粒二象性

光的粒子性并不否定光的波动性，因为光的波动性早已被干涉、衍射等现象所证实，而

且被麦克斯韦方程所描述。这样，光就具有微粒与波动的双重性质，这就是所谓的光的波粒二象性，即光可以像波一样传播，但与物质的相互作用却像粒子流一样。光表现出波粒二象性，因为有时它像波，有时它像由粒子组成。事实上，它既不是波，也不是粒子，但根据情况可以用适当的模型来描述它的行为，如对于干涉和衍射，将光视为波；而为了解释其他方面（光电效应和康普顿效应），将光视为由粒子组成。

1.2.5 正电子湮灭寿命谱仪

正电子湮灭寿命谱仪是一种通过测量正电子（电子的反粒子）在物质中的湮灭寿命，进而实现物质无损检测的精密仪器，如图 1.2-6 所示。正电子进入物质后，首先会迅速热化（约 10 ps），然后通过与电子的相互作用湮灭或形成正电子原子。正电子原子在物质中寻找孔隙，这些孔隙会限制正电子原子在壁上反弹，每次它们与壁碰撞时，正电子原子都有可能被湮灭，并释放出 γ 射线，这些 γ 射线可以用合适的探测器探测到。正电子的湮灭寿命是其进入物质到湮灭这一过程所经历的时间。

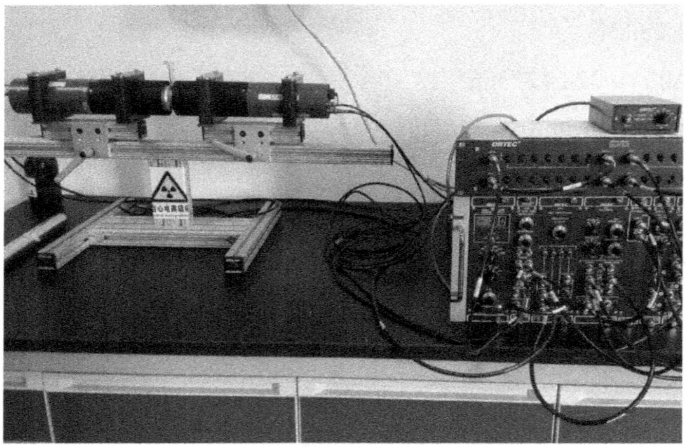

图1.2-6　正电子湮灭寿命谱仪

正电子湮没寿命谱仪（PALS）可以在原子尺度上研究各种现象和材料特性，如确定样品的孔径。其典型的应用是确定晶体、金属、半导体和聚合物中最小的原子缺陷，或流体和生物系统中的化学结构。

PALS 的典型结构包括放射性正电子源和两个或多个闪烁体探测器，其工作原理如图 1.2-7 所示。正电子源通常由放射性同位素衰变（如 22Na）或粒子加速器产生。在衰变过程中，放射性同位素会释放出正电子。正电子进入材料后，会与材料中的电子相互作用而失去能量，并最终与电子相遇而湮灭；同时会产生两个能量分别为 1.28 MeV 和 511 keV 的 γ 射线光子，这两个光子几乎朝着完全相反的方向发射。正电子湮灭寿命谱仪一般使用闪烁探测器或其他辐射探测器来检测这些 γ 射线，并通过时间分辨的方式记录从正电子注入到湮灭

产生 γ 射线的时间间隔。其中一个探测器使用与正电子源正电子同时发射的 γ 射线为时间相关单光子计数（TCSPC）模块生成“启动”信号；其他探测器用于探测样品湮灭过程发射的 γ 射线，然后可以分析所得直方图，以提取正电子的平均寿命。

根据材料的不同，正电子在湮灭前的寿命可以在微秒到纳秒量级。通过分析不同时间间隔的事件数量，可以得到正电子湮灭寿命的分布谱，该分布谱可以提供物质的微观结构信息，如缺陷、孔洞和化学环境等。这种技术在材料科学、物理学和化学等领域有着广泛的应用。正电子湮灭技术是一种灵敏度极高的非破坏性检测方法，能够提供材料内部微观结构的重要信息。

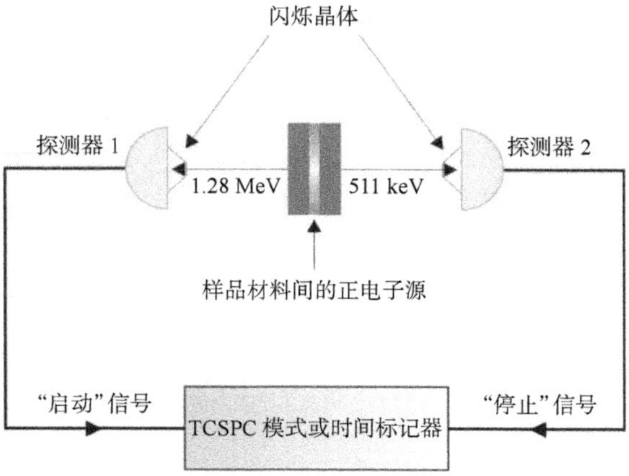

图1.2-7　正电子湮灭寿命谱仪工作原理

材料中存在的缺陷或孔隙会对电子分布产生扰动，使正电子在这些区域湮灭的可能性增加，改变正电子的湮灭寿命。通过测量正电子湮灭的寿命分布，可以推断出材料内部的缺陷和孔隙的位置、大小、分布以及密度。

正电子在不同化学环境中的湮灭行为也会有所不同。正电子湮灭时产生的 γ 射线的能量分布可以反映正电子湮灭前与电子的结合状态，从而提供有关材料化学环境的信息。这意味着通过正电子湮灭寿命谱分析，可以对材料的化学组成和化学状态进行一定程度的推测。

1.3　氢原子结构与玻尔理论

1.3.1　电子的发现

1858 年，德国科学家普鲁克在一个装有金制电极的玻璃管上施加高电压，以进行通电实验。当他把玻璃管内空气抽出，使玻璃管内压强降到 10^{-5} 大气压以下时，发现真空玻璃管内阴极附近的管壁上出现了绿色的辉光。后来确认这种辉光是由阴极所产生的某种射线形成的，于是这种射线被称为“阴极射线”。1897 年，英国物理学家、卡文迪许实验室教授汤姆孙发现，阴极射线在电场和磁场中的运动特征与负电荷一致。汤姆孙的实验装置如图 1.3-1 所示，阴极产生的粒子流在自然状态下以速度 V 沿水平方向直线行进，粒子流射到显示屏处会引起闪光，闪光的位置便记录下粒子的“径迹”。平行板 P、P′ 之间产生竖直方向的电场 E，在垂直于电场方向加一磁场 B。如果只施加电场，则粒子向下偏转；如果只施加磁场，则粒子向上偏转，这些现象都证明粒子带负电。

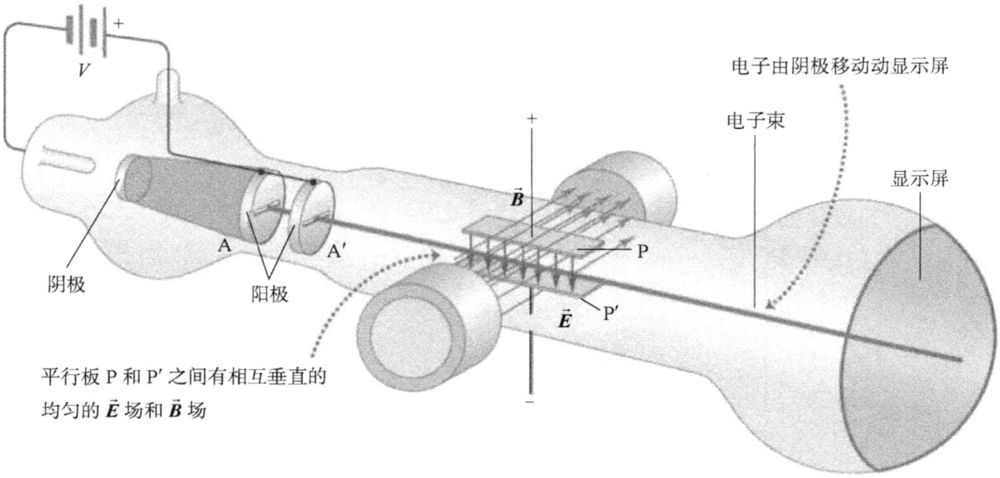

图1.3-1　汤姆孙的实验装置——测量阴极射线的性质和阴极射线粒子的荷质比

汤姆孙还进一步测量了带电粒子的荷质比。在实验中同时施加电场和磁场，并调节它们的强度，使粒子上、下的偏转互相抵消，仍做水平直线运动。这时粒子受到的电场力 $F_e=eE$ 和洛伦兹力 $F_m=-eVB$ 达到平衡，其中 e 是粒子的电量，则有

$$eE=eVB \tag{1.3-1}$$

由式（1.3-1），可得

$$V=\frac{E}{B} \tag{1.3-2}$$

然后撤去电场，粒子以速度 V 进入磁场后，以洛伦兹力 F_m 为向心力，在垂直于磁场的平面内做圆周运动，故有

$$m\frac{V^2}{R}=eVB \tag{1.3-3}$$

式中：R 是粒子做圆周运动的半径。

由式（1.3-2）和式（1.3-3）联立消去 V，可得荷质比为

$$\frac{e}{m}=\frac{E}{RB^2} \tag{1.3-4}$$

关于粒子做圆周运动半径 R 的确定，有一个简单而巧妙的方法。设平行板 P、P′ 的间距为 d，且两平行板在粒子运动方向上的长度为 L。实验中，首先只施加电场并调节其强度，使粒子流达到最大偏转（即贴着平行板的后端离开电场），测出此时的电场强度 E，随后保持 E 不变；然后施加磁场并调节其强度，使粒子流恢复水平直线行进，测出此时的磁感应强度 B，则粒子流的速度 $V=E/B$。至此，式（1.3-3）中的半径 R 能被完全确定。事实上，只施加电场时，从两平行板中央（高度为 $d/2$）进入的粒子受竖直向下的电场力 eE 的作用，以水平速度 E/B 做抛物线运动。设粒子在两平行板内运动的时间为 t，则粒子在水平和竖直方向的运动分别描述为

$$L=\frac{E}{B}t \tag{1.3-5a}$$

$$\frac{d}{2}=\frac{1}{2}\frac{eE}{m}t^2=\frac{1}{2R}\left(\frac{E}{B}t\right)^2 \tag{1.3-5b}$$

推导式（1.3-5b）时，利用了质点运动学公式 $S=\frac{1}{2}at^2$ 及式（1.3-3）。由式（1.3-5），可得

$$R=\frac{L^2}{d} \tag{1.3-6}$$

将式（1.3-6）代入式（1.3-4），可得

$$\frac{e}{m}=\frac{dE}{L^2B^2} \tag{1.3-7}$$

利用式（1.3-7）就可以计算出阴极射线粒子的荷质比。

汤姆孙测出的阴极射线粒子的荷质比是单价氢离子荷质比的 2 000 倍（现在知道准确值是 1 840 倍）。汤姆孙发现，如果用其他气体产生阴极射线，或者用不同的金属材料制作电极，都会测得相同的荷质比，这表明该阴极射线粒子是构成各种物质的共同粒子。之后，汤姆孙直接测量出阴极射线粒子的电荷，发现其与氢离子的电荷大小基本相等，这说明阴极射线粒子比任何一种原子的质量都小得多，从而确认了更小的物质单元的存在，将它定名为“电子”。

由于发现电子的杰出贡献，汤姆孙在 1905 年获得诺贝尔物理学奖，并就任卡文迪许实验室主任长达 35 年。

1.3.2　原子的结构

电子的发现大大激发了人们研究原子结构的热情。由于原子呈现电中性，既然电子带负电，那么原子内部一定还有带正电的部分。汤姆孙在发现电子的基础上进一步提出了关于原子结构的葡萄干布丁模型，如图 1.3-2 所示。该模型认为：①正电荷在原子中均匀分布，电子就像葡萄干一样镶嵌其中，电子的负电荷与正电荷相互抵消；②原子在受到激发时，电子会离开原子，形成阴极射线。汤姆孙的葡萄干布丁模型能够解释一些实验现象，如镶嵌在

原子中的电子在平衡位置附近做简谐振动，利用这样的物理图像可以定性地解释某些光辐射问题。

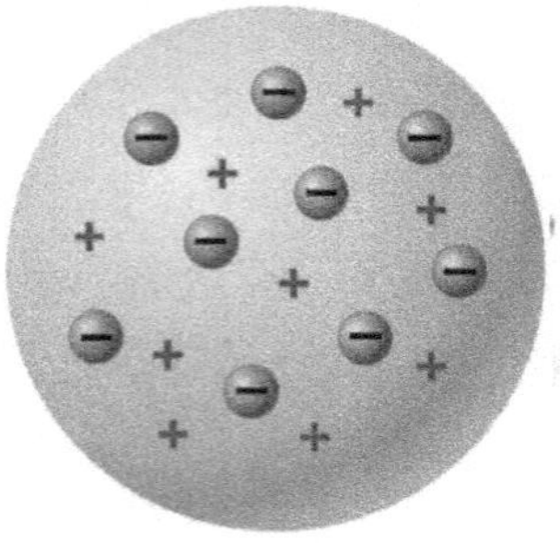

图1.3-2　原子的葡萄干布丁模型

不过汤姆孙的葡萄干布丁模型后来受到了强有力的挑战。1906 年夏天，卢瑟福在加拿大麦吉尔大学工作时的一个实验结果让他颇感意外，即一束细细的 α 粒子在通过薄薄的云母片后稍稍散开了一点（偏离 2°）。偏离 2° 似乎是小事一桩，但 α 粒子质量如此之大（是氢原子的 4 倍），飞行速度如此之快（从放射性物质中飞出时的速度为 1×10^4~2×10^4 km/s），为什么会发生偏转呢？什么作用能使它们偏离直线运动呢？因为 α 粒子带正电（是电子电荷的 2 倍），卢瑟福猜想是电磁作用的缘故。卢瑟福经过简单的计算得出了惊人的结果，即产生偏转作用的电场应为 100 000 V/cm（现在知道氢原子内部电场为 5×10^9 V/cm）。于是卢瑟福当时写道："这样的结果清楚表明，物质原子一定是极强电场的集中点。"

这样一个偶然的发现，开启了卢瑟福走向原子深处的旅程。高速行进的 α 粒子流垂直射到金箔靶面上，会发生散射。为了追踪散射的 α 粒子，在各个角度安置了荧光屏。当四下偏转的 α 粒子打在荧光屏上时，就会引起闪光。根据这些闪光的数目和位置，就能对散射的 α 粒子进行计数并确定它们的散射方向。以上实验装置如图 1.3-3 所示，且整个装置处于真空系统中。

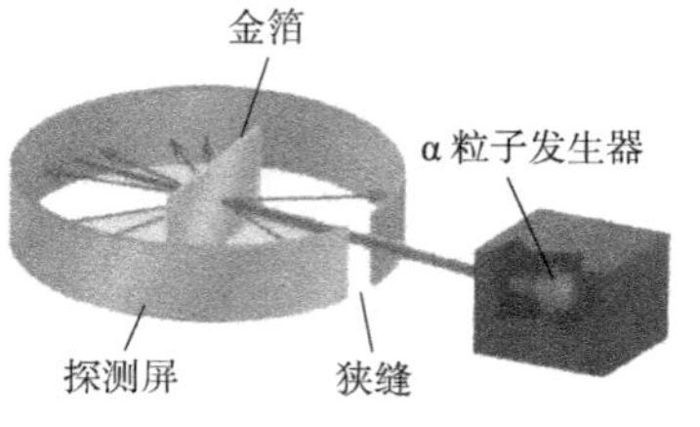

图1.3-3　α 粒子散射实验

该实验的结果是绝大多数 α 粒子穿过金箔后仍然沿入射方向前进，但有少数 α 粒子发生了较大的偏转，有极少数 α 粒子的偏转超过了 90°，有的甚至几乎达到 180°（大约 8 000 个粒子中有一个这样的粒子），这正是卢瑟福期待的结果。

如何理解 α 粒子散射的实验结果？α 粒子的大角度散射意味着什么？绝大多数 α 粒子很容易就穿透了金箔靶，这是汤姆孙模型所不能解释的。按照汤姆孙的葡萄干布丁模型，正电荷部分差不多具有整个原子的质量，它们均匀分布在原子内部。这样的话，α 粒子在穿透金箔靶时会均匀地被阻挡，就不会出现绝大多数 α 粒子轻易透过的现象。换而言之，绝大多数 α 粒子能穿透金箔靶，说明原子内部有“非常宽阔的空间”。

而 α 粒子被直接反弹回来意味着什么呢？能否是逐次偏转的结果，即 α 粒子在金箔靶内被偏转多次而返回呢？不言而喻，α 粒子在金箔靶内行进时是要穿过许多原子的。假若 α 粒子每穿过一个原子都偏转一点点，如 2°，那么第一次偏转 2°，第二次又偏转 2°，以此类推，穿过 90 个原子就可以积累到 180°，最终从金箔靶上反弹回来。这是大角度散射的答案吗？统计学当然不接受这样的答案。一个粒子始终进行一连串相同行为的偏转，这在实际上是不可能的。这相当于一个人在掷硬币时，一连掷了 90 次，每次都是有图案的那个面朝上。这种神话般的结果出现的概率小得无法想象，即 $(1/2)^{90}$。按照统计学的概率，α 粒子多次偏转不可能发生任何有倾向性的结果，因此多次偏转的机制绝不能解释粒子反弹的现象。

或者是多次偏转，或者是一次偏转，没有别的选择。如果把反向散射看成一个 α 粒子与一个原子碰撞的结果，那么原子既然是可以穿透的，为什么又能把 α 粒子反弹回来？原子内部轻飘飘的电子绝不能对抗沉重的 α 粒子。现在只剩下一种可能，即在原子内部有个沉甸甸的“核”，它能与 α 粒子进行一对一的对抗。既然原子差不多是空的，这个“核”的体积就应当很小，但它却集中了原子的主要质量以及全部的正电荷（与在外围区域游荡的电子的负电荷相平衡）。结论很清楚，只有当原子是一种核式结构时，才能同时出现绝大多数 α 粒子透过而只有极少数被弹回的现象。

现在，卢瑟福已经有足够的根据来构筑原子模型了，即中心是核，像太阳一样，外围是电子，像行星一样，而电子被核吸引，但不会落到核上，电子不停地绕核运动，像行星围绕太阳运转一样。总之，原子是巨大太阳系的一个精致的微观模型，而且根据大角度散射具有 1/8 000 概率的结果，还能想象出原子与原子核的比例。这意味着假如原子像足球场一般宽阔，那么原子核只是一颗小小的乒乓球。

原子的核式结构所带来的“灾难”也非常清晰地显现出来，即这个模型与经典物理学相抵触，根据经典物理学原理，这样结构的原子是不可能存在的。按照经典电动力学理论，带电粒子在做圆周运动（加速运动）时要产生电磁辐射并不断失去能量，运动半径将越来越小，最终电子必然落到核上，如图 1.3-4 所示。事实上，原子在旋转中必须保持稳定状态。那么，如何解释原子的稳定运转，这又是一个非常棘手的问题。

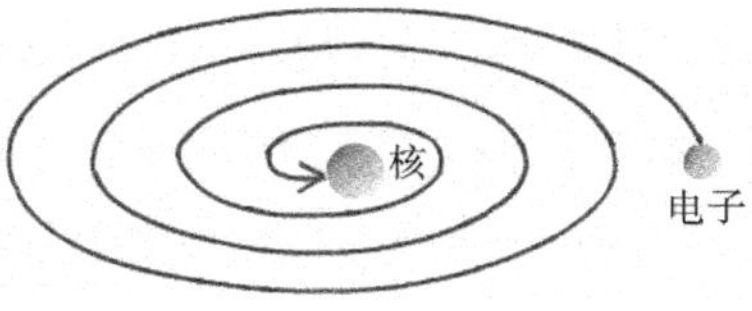

图1.3-4　按照经典电动力学理论的电子运动状态

卢瑟福的原子模型发表后，科学界有何反响呢？1911 年秋天，23 位欧洲著名的物理学家集聚布鲁塞尔，召开了第一次索尔维会议（会议的倡导者和组织者是庇护科学和艺术的大富豪索尔维）。与会者大谈普朗克的辐射和量子，但是没有人谈及原子的行星模型。原子行星模型的说法传到剑桥，卡文迪许实验室也没有人认真看待（也许大家觉得这个模型太荒唐了，而不屑一顾）。但是，有一个人例外，这就是刚刚获得博士学位，在卡文迪许实验室工作，来自丹麦的一个年轻人。他后来回忆说："我知道这个模型后立刻就相信了它。"这个人后来成为量子力学"哥本哈根学派"的领袖，他就是原子量子理论的创始人玻尔。

1.3.3　氢原子光谱特性

1885 年，瑞士的一位中学教师巴耳末在观察了氢原子的可见光谱图后，总结出了一个关于氢原子谱线波长的经验公式，后经里德伯改写为以下形式：

$$\tilde{\nu}=\frac{1}{\lambda}=R\left(\frac{1}{2^2}-\frac{1}{n^2}\right)\quad n=3,4,5,\cdots \tag{1.3-8}$$

式中：$\tilde{\nu}$ 称为波数，即波长的倒数；R 为氢原子的里德伯常量，其值为 $1.096\,775\,76\times10^7\ \text{m}^{-1}$。

式（1.3-8）所表达的一组光谱线称为巴耳末系。继巴耳末之后，莱曼、帕邢、布拉开等人又相继发现了分布在氢可见光区左、右两侧的紫外及红外光谱区的若干谱线系，这些谱线系可以用综合公式表示为

$$\tilde{\nu}=\frac{1}{\lambda}=R\left(\frac{1}{m^2}-\frac{1}{n^2}\right) \tag{1.3-9}$$

式中：m 也是正整数，而且 $m<n$。

各个谱线系对应的整数 m、n 的取值如下：莱曼系，$m=1$，$n=2,3,4,\cdots$；巴耳末系，$m=2$，$n=3,4,5,\cdots$；帕邢系，$m=3$，$n=4,5,6,\cdots$；布拉开系，$m=4$，$n=5,6,\cdots$。如何解释氢原子光谱的这些特点呢？玻尔在卢瑟福原子模型的基础上，加上普朗克的量子概念，成功解释了氢原子的光谱规律。

1.3.4　原子的玻尔理论

有一件事足以证明玻尔相信卢瑟福的原子模型，那就是 1912 年 3 月在卢瑟福原子模型无人问津（甚至连批评的话都没有）的时候，玻尔毅然地从剑桥转到了曼彻斯特，也就是从汤姆孙那里转到了卢瑟福那里。汤姆孙轻易地放走了这个丹麦人，可他不知道放走的是谁；卢瑟福也轻易地接受了这个丹麦人，但他也不知道他得到的是谁。卢瑟福不可能想到，这个刚得到博士学位的年轻人会成为他那个濒临绝境的原子模型的救星。

玻尔到曼彻斯特后的第一件事情，就是考虑卢瑟福无法解释的原子稳定性问题。玻尔的问题包括：如果原子是像太阳系那样构成的话，为什么它们能稳定运转？如果经典规律不

允许行星式的原子存在，那么究竟是什么样的规律支配原子的运动？

巴耳末公式是 1885 年发表的，正好是玻尔出生的那一年。所有资深物理学家早就熟悉巴耳末公式，但年轻的玻尔并不知道。就在当天，玻尔从文献堆里找到了这个公式。他刚看了这个公式一眼，就立刻意识到，巴耳末公式正是他苦苦寻找的行星式原子稳定性的证据。玻尔的学生、助手和青年朋友，比利时理论物理学家罗森菲尔德曾这样说："他不止一次对我说：'我刚一看见巴耳末公式，一切就在我眼前立即明朗起来！'"玻尔说过，巴耳末公式对他的理论构想来说，"就像是七巧板游戏中的最后一块"。这是因为巴耳末公式和他的原子稳定性理论是完全吻合的。此后不久，玻尔就发表了他那著名的三卷著作《论原子与分子的结构》，其中特别阐述了原子的量子理论。今天，我们知道玻尔的原子理论的要点如下（图 1.3-5）。

（1）原子中电子运动轨道量子化假设：电子只能在一些特定的轨道上运行而不辐射电磁波，这时原子处于稳定状态，简称定态。这些定态所具有的能量可以用 E_1、E_2、E_3、…表示。

（2）原子能级的跃迁假设：原子从一个定态"跃迁"到另一个定态时，原子辐射一定频率的光子，光子的能量由这两种定态的能量差决定，用数学表达式表示就是 $h\nu=E_n-E_m$。

（3）角动量的量子化假设：电子做圆周运动的角动量必须是 $\hbar$ 的整数倍，即

$$mVr = n\hbar \quad n = 1,2,3,\cdots \tag{1.3-10}$$

式中：m、V 和 r 分别为电子的质量、运动速度和轨道半径。

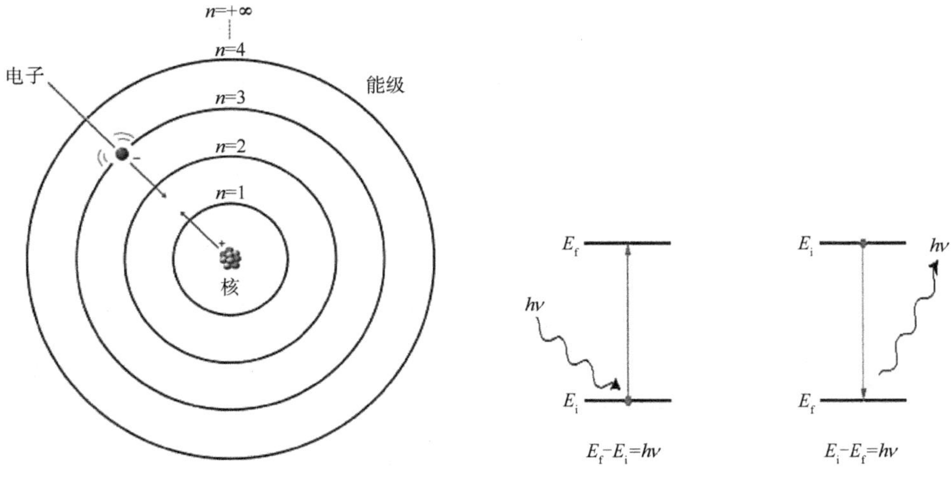

图 1.3-5　原子的定态运转——原子在定态之间跃迁时发射（或吸收）一个光子

很清楚，E_m 和 E_n 对应于巴耳末公式中的整数 m 和 n。至此人们清楚地看到，两个"灾难"（光量子和原子定态）被玻尔理论如此和谐地联系和统一起来。原子在两个定态之间的跃迁产生光子，这是一个多么简单、直观而合乎逻辑的结论。原来电磁量子辐射与原子行星结构是一个问题的两个方面，前者是对外的信号，后者是内在的机理，它们构成了一幅完整

美妙的物理图像。

玻尔理论的进一步表述是量子化条件，即电子做圆周运动时，电子受到原子核的库仑吸引力，也就是电子做圆周运动的向心力，即

$$\frac{e^2}{4\pi\varepsilon_0 r^2}=m\frac{V^2}{r} \tag{1.3-11}$$

式中：e 是电子电荷。

由式（1.3-10）和式（1.3-11）可以算出电子的轨道半径 r_n，即

$$r_n=n^2\left(\frac{\varepsilon_0 h^2}{\pi m e^2}\right)\quad n=1,2,3,\cdots \tag{1.3-12}$$

式中：r_n 取分立值，称为轨道半径量子化。

在诸多不连续的电子轨道中，有一个电子轨道是特殊的，那就是最为靠近原子核的轨道。这个轨道是悬在核上的，而核与这个轨道之间的空间是不允许电子存在的，因为该空间没有任何允许的能级，电子可以在这个轨道上无限期地旋转。这样一来，原子的这个状态就是能量最低的状态，且具有最大的稳定性，玻尔称之为“基态”。那么，原子处于基态时，电子轨道的半径就应该作为原子的正常尺度。当 n=1 时，最小轨道半径又称为玻尔半径，即

$$r_1=a_0=\frac{\varepsilon_0 h^2}{\pi m e^2}=5.29\times10^{-11}\ \text{m} \tag{1.3-13}$$

电子在第 n 个轨道上运动时的总能量为

$$E_n=\frac{1}{2}mV_n^2+\left(\frac{-e^2}{4\pi\varepsilon_0 r_n}\right)=-\frac{me^4}{8\varepsilon_0^2 h^2 n^2}\quad n=1,2,3,\cdots \tag{1.3-14}$$

这就是原子的能级，其中 n 为主量子数。

原子在定态 E_n 和 E_m 之间跃迁时向外辐射的光子频率为

$$\nu_{mn}=\frac{E_n-E_m}{h} \tag{1.3-15}$$

波数 σ 可表示为

$$\sigma=\frac{1}{\lambda}=\frac{\nu_{mn}}{c}=\frac{E_n-E_m}{hc}=\frac{me^4}{8\varepsilon_0^2 h^3 c}\left(\frac{1}{m^2}-\frac{1}{n^2}\right)=R\left(\frac{1}{m^2}-\frac{1}{n^2}\right) \tag{1.3-16}$$

式中：R 为里德伯常量，即

$$R=\frac{me^4}{8\varepsilon_0^2 h^3 c}=1.096\,373\times10^7\ \text{m}^{-1}$$

由式（1.3-16）可以得出里德伯常量的理论值。

而氢原子基态能由式（1.3-14），可得

$$E_1=-\frac{me^4}{2\hbar^2}=-13.6\ \text{eV} \tag{1.3-17}$$

该数值正好是氢原子的电离能，这验证了玻尔理论的正确性。玻尔以其建立原子量子理论的开创性工作获得了 1922 年诺贝尔物理学奖。

对于氢原子，低能级之间的能级间距比较大，而随着能级的升高，能级间距逐渐变小，当 $n\to+\infty$ 时，能级变成连续的。以上提到的莱曼谱系、巴耳末谱系、帕邢谱系和布拉开谱系分别对应高能态向 n=1，2，3，4 能态的跃迁，如图 1.3-6 所示。

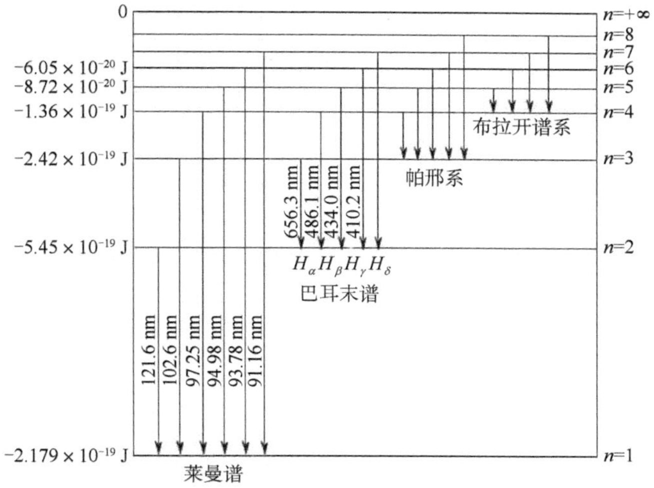

图 1.3-6　氢原子能级跃迁光谱图

玻尔理论已由光谱研究得到了部分的证实。但是，任何重要的物理规律都必须得到至少两种独立实验方法的验证。夫兰克和赫兹在玻尔的理论发表后不久，就用了一种不同于光谱研究的方法验证了玻尔理论。夫兰克-赫兹实验用电子束激发原子，如果原子只能处于某些分立的能态（量子态），那么实验一定会显示只有某种能量的电子才能引起原子的激发。

为什么用电子作为激发原子的手段呢？从前面的讨论可知，当电子与原子碰撞时，由于碰撞前后质心将保持匀速直线运动，真正能使原子激发的最大能量是碰撞前两粒子体系的质心系能量。在假定碰撞前靶原子可近似认为静止时，质心系能量 E_C 与入射电子的实验室动能 E_L 满足关系式 $E_C=[M/(M+m)]\cdot E_L$，其中 M 是原子质量。可见，用质量小的电子撞击时，可把全部动能转移给原子。因此，电子作为一种激发原子的手段是十分有效的。

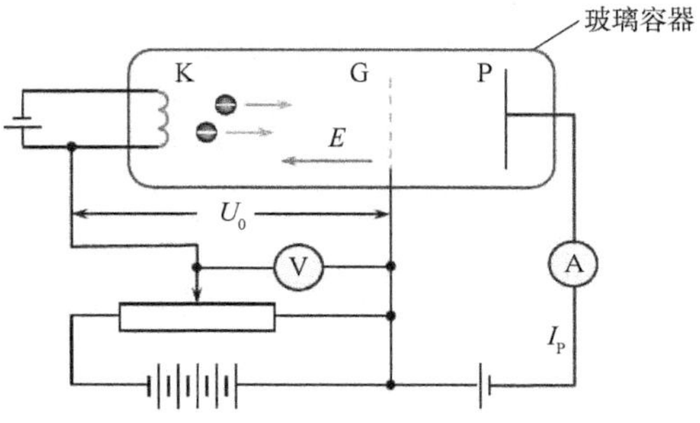

图1.3-7　夫兰克-赫兹实验示意图

1914 年,即玻尔理论发表的第二年,夫兰克和赫兹进行了电子轰击原子的实验,证明了原子内部能量确实是量子化的。夫兰克-赫兹实验的示意图如图 1.3-7 所示。在玻璃容器中充以待测气体,电子从容器内的热阴极 K 发出,经 K 与栅极 G 之间的电场加速,而在 G 与接收极 P 之间加−0.5 V 的反向电压,当电子通过 K-G 空间,而进入 G-P 空间时,若有较大能量,则就可以克服反电场而到达 P,成为通过电流计的电流。若电子在 K-G 区域与原子相碰,则把自己的能量转移给原子,那么电子剩下的能量就很小,以至于过 G 后电子的能量不再足以克服反向电压而抵达 P。若有数目很多的电子在 K-G 区域把自己的能量传递给原子,那么电流计的读数将明显减小。

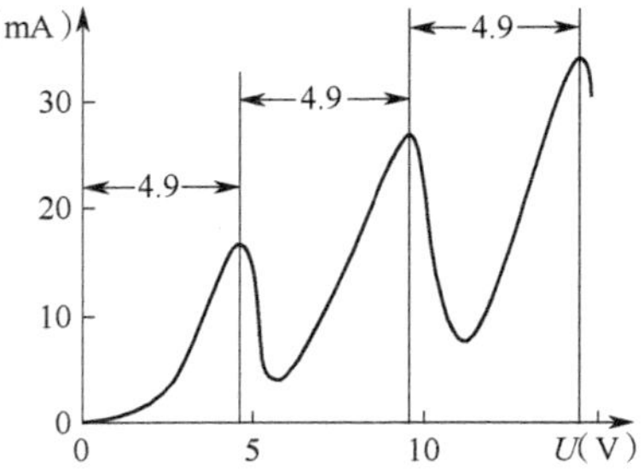

图1.3-8　P极电流随K、G间电压变化的曲线

夫兰克-赫兹实验最初研究的是水蒸气。实验时,将 K、G 间的电压逐渐增加,同时观察电流计的电流。图 1.3-8 所示为 P 极电流随 K、G 间电压变化的曲线,当 K、G 间的电压由零逐渐增加时, P 极电流不断地上升、下降,出现一系列的峰和谷,峰(或谷)间的距离大致相等,均为 4.9 V,即 K、G 间的电压为 4.9 V 的整数倍时,电流会突然下降。

当 K、G 间的电压低于 4.9 V 时,电子在 K、G 间加速而获得的能量不到 4.9 eV,此时若电子与汞原子碰撞,按经典的观点,电子应把能量几乎全部转移给汞原子,但现在的实验表明,汞原子不接收低于 4.9 eV 的能量。于是,电子仍具有足够的能量通过栅极,并克服反向电压而到达 P 极,对电流做出贡献。在电子能量低于 4.9 eV 的情况下,电子能量越高,就越容易抵达 P 极,电流也就越大。当 K、G 间的电压达到 4.9 V 时,若电子在 G 极附近与汞原子碰撞,就可能把能量全部传递给汞原子,使汞原子处于 4.9 eV 的激发态,此时电子就无力到达 P 极,因此电流大幅度下降。当 K、G 间的电压略超过 4.9 V 时,电子并不能像经典规律所预言的那样,把能量全部传递给汞原子,而只能转移给贡原子 4.9 eV 的能量,因此电子留下了一部分能量,足以克服反向电压而到达 P 极,电流又开始上升。当 K、G 间的电压两倍于 4.9 V 时,电子在 K-G 区内一次碰撞损失 4.9 eV 能量后,有可能再次获得 4.9 eV 能量,并与另一个原子发生非弹性碰撞进而耗尽能量,最终又出现电流下降的现象。同理,当 K、G 间的电压为 4.9 V 的 3 倍时,电子在 K-G 区内有可能发生三次碰撞而失去能量。这就清楚地证实了原子中量子态的存在。

夫兰克-赫兹实验在原子物理中占有相当重要的地位，它采用了与光谱研究相独立的方法，从另一个角度证实了原子体系量子态的存在，并且实现了对原子的可控激发。但是，夫兰克-赫兹实验在 1914 年所用的实验装置（图 1.3-7）有一个缺点，即电子的动能难以超过 4.9 eV；一旦电子被加速达到了 4.9 eV，就将与汞原于碰撞而失去能量。这样，就无法使汞原子受激到更高的能态，以至于只能证实汞原子的 4.9 eV 这一个量子态。

例 1-4　在气体放电管中，用能量为 12.5 eV 的电子通过碰撞使氢原子激发，试求受激发的原子向低能级跃迁时，能发射哪些波长的光谱线。

解　由

$$E_n - E_1 = -\frac{E_1}{n^2} - (-E_1) = 13.6 - \frac{13.6}{n^2} = 12.5\ \text{eV}$$

可得 $n^2 = \dfrac{13.6}{13.6-12.5} = 12.36$，即 n=3.5。因为 n 只能取整数，所以氢原子最高能激发到 n=3 的能级，当然也能激发到 n=2 的能级。于是，能产生 3 条谱线：

$$n=3 \to n=1 \qquad \tilde{\nu}_1 = R\left(\frac{1}{1^2} - \frac{1}{3^2}\right) = \frac{8}{9}R \qquad \lambda_1 = \frac{9}{8R} = 102.6\ \text{nm}$$

$$n=3 \to n=2 \qquad \tilde{\nu}_2 = R\left(\frac{1}{2^2} - \frac{1}{3^2}\right) = \frac{5}{36}R \qquad \lambda_2 = \frac{36}{5R} = 656.3\ \text{nm}$$

$$n=2 \to n=1 \qquad \tilde{\nu}_3 = R\left(\frac{1}{1^2} - \frac{1}{2^2}\right) = \frac{3}{4}R \qquad \lambda_3 = \frac{4}{3R} = 121.6\ \text{nm}$$

例 1-5　计算氢原子中的电子从量子数 n 的状态跃迁到量子数 $n-1$ 的状态时所发射的谱线的频率。试证明当 n 很大时，这个频率等于电子在量子数 n 的圆轨道上转动的频率。

解

$$\nu_{n-1,n} = \frac{me^4}{8\varepsilon_0^2 h^3}\left[\frac{1}{(n-1)^2} - \frac{1}{n^2}\right] = \frac{me^4}{8\varepsilon_0^2 h^3}\frac{2n-1}{n^2(n-1)^2}$$

当 n 很大时，有

$$\nu_{n-1,n} \approx \frac{me^4}{8\varepsilon_0^2 h^3}\frac{2}{n^3} = \frac{me^4}{4\varepsilon_0^2 h^3 n^3}$$

电子在圆轨道上转动的频率为

$$\nu = \frac{v_n}{2\pi r_n} = \frac{m v_n r_n}{2\pi m r_n^2} = \frac{nh}{4\pi^2 m r_n^2}$$

将 $r_n = n^2\left(\dfrac{\varepsilon_0 h^2}{\pi m e^2}\right)$，$n = 1, 2, 3, \cdots$ 代入上式，可得

$$\nu = \frac{nh}{4\pi^2 m}\left(\frac{\pi m e^2}{n^2 \varepsilon_0 h^2}\right)^2 = \frac{me^4}{4\varepsilon_0^2 h^3 n^3}$$

由此可见，经典情况是量子理论在大量子数下的近似。

玻尔的原子理论打开了认识原子结构及其运转机制的大门，取得了重大的成功。但玻尔理论存在明显的局限性，即对于简单程度仅次于氢原子的氦原子，其结果与实验不相符合。即使对于氢原子，玻尔理论也只能求出谱线的频率，而不能确定谱线的强度。究其原因，主要是用经典力学的规律描述微观粒子的运动并不自洽。从理论体系来讲，量子化条件与经典力学难以融为一体，因此它不可能是描述微观粒子运动规律的最终理论。直到 1924 年，德布罗意揭示出微观粒子的特性——波粒二象性后，才确立了研究微观粒子运动规律的正确途径。

1.3.5 光谱仪的基本工作原理

光谱仪又称为分光仪或分光光度计，在研究中通常被用来检测物质的化学成分及其浓度。光谱仪结合了光路结构、机械设计、电子印刷以及计算机系统等多种技术，以光学原理为基础，通过对光谱信号的分析与处理，从而得到物质的结构、成分以及浓度。光谱仪具有测量范围广泛、分析精度高以及处理速度快等特点，被广泛应用于工业生产、生物制药、医疗体系、农业生产、航天制造、军事侦察、宇宙探索、资源和水文探测等领域。

空间色散型光谱仪由光源和照明系统、准直系统、色散系统、成像系统、探测与显示系统等构成，如图 1.3-9 所示。

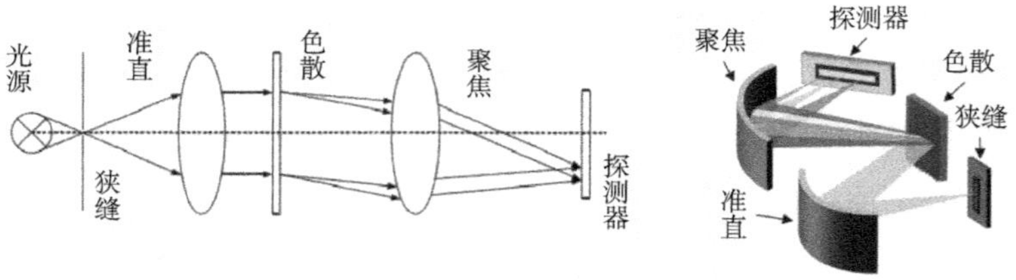

图1.3-9 空间色散型光谱仪基本结构

分光成像系统包括准直系统、色散系统和成像系统，其核心是能够分离复杂光的色散系统，色散元件前放置一个准直系统以保证光平行射入。一般而言，准直系统由入口狭缝和准直物镜共同构成，且准直物镜的焦点必须与入口狭缝对准；成像系统利用聚焦物镜将探测器放在聚焦物镜的焦平面上，聚焦物镜将各波长的光汇聚在焦平面上，由于波长不同，汇聚的狭缝并不处于同一位置。

探测与显示系统涵盖三个子系统，分别为频谱检测接收系统、信号处理系统和显示分析系统。频谱检测接收系统位于成像系统的焦平面上，通常为光电检测元件，将接收到的光能量转换为电信号，再上传到信息处理中心（PC 机、微控制器、FPGA 等）进行数据的进一步加工处理和分析。显示分析系统将信号处理系统处理过的电信号显示为光学图谱或者以其他方式输出显示，通过这些光谱数据可以分析被测样品的多种特性。

通常使用较多的光谱仪有傅里叶红外光谱仪（图 1.3-10）、原子吸收光谱仪（图 1.3-11）和荧光光谱仪（图 1.3-12）。

图1.3-10　傅里叶红外光谱仪

图1.3-11　原子吸收光谱仪

图1.3-12　荧光光谱仪

1.4　物质的波粒二象性

1.4.1　德布罗意物质波

至此，在作用量子（普朗克常量 h）的意义上，辐射的理论和原子的理论已经双双建立起来。这些理论的建立立即引起了新的问题，即微观世界究竟服从什么样的规律？应该怎样去刻画光子、电子、原子这些微观粒子的行为？也就是说，什么是量子世界的“力学”？

量子力学的建立有两根支柱，一根支柱是光的粒子性，另一根支柱则是实物粒子的波动性。光的粒子性是由普朗克、爱因斯坦和康普顿等建立和确认的，而实物粒子的波动性（即物质波）理论则是法国青年物理学家德布罗意的卓越贡献。

德布罗意虽然不见长于实验，但是他知识渊博、才思敏捷。1924 年，他完成了自己的博士论文——《量子理论的研究》。他的立论非常奇怪，即电子除“粒子性”外，还具有“波动性”。他写道：“整个世纪以来，在辐射理论上，与波动的研究方法相比，过于忽略了粒子的研究方法；在实物理论上，是否发生了相反的错误呢？是不是我们关于‘粒子’的图像想得太多，而过分地忽略了波的图像呢？”德布罗意甚至还将描述光的波粒二象性的表达式（式（1.2-7））

$$\varepsilon = \hbar\omega \tag{1.4-1a}$$

$$p = \hbar k \tag{1.4-1b}$$

推广到实物粒子。该等式的左边（能量和动量）是粒子性的标志，右边（频率和波长）是波动性的特征。将这两个公式应用于实物粒子时，看上去既优美又精彩，但是令人费解！几乎所有的评审者都怀疑德布罗意的理论。但是，在一片反对声中，有一个人却双手赞同，这个人就是独具慧眼的爱因斯坦。他高度评价了德布罗意的工作，说他“揭开了一个巨大面纱的一角”。爱因斯坦凭什么呢？凭他的物理知觉，即“自然界的对称性”。我们知道爱因斯坦有两个理念是他终生坚信不疑的：一个是“自然界的因果律”，另一个则是“自然界的对称性”。

前者驱使他与量子理论所主张的微观世界的概率解释做了至死不渝的对抗(正如他的名言:“I can't believe that God plays dice.”);后者促使他提携了德布罗意,从而客观上加快了量子力学建成的步伐。事实上,“自然界的对称性”是爱因斯坦在许多难题面前出奇制胜的法宝。他在孩提时就经常利用对称性的理念,通过最简捷的途径来求证几何学中的难题。而狭义相对论中的四维时空坐标的建立,则是把他对于对称性的理解和运用发挥到了极致。爱因斯坦对于德布罗意的支持是因为他顷刻之间就发现实物粒子的“波动性”与他自己所主张的“光的粒子性”在物理规律上是相互对称的,如图 1.4-1 所示。

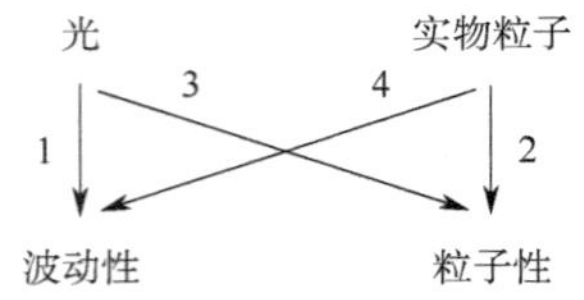

图1.4-1 物理规律的对称性

由于爱因斯坦的支持,德布罗意的博士论文答辩会于 1924 年深秋如期举行。在答辩会上,专家们的问题集中在“如何在实验上演示实物粒子的波动性”。德布罗意对此早有准备,他建议用电子流作用于晶体,他非常清晰地解释道:“当电子贯穿晶片时,要绕过晶体点阵上的原子而产生衍射图样,该图样与 X 射线产生的结果相同。”德布罗意的最后一句话不是没有根据的,因为按照他的公式人们立刻就能计算出来,对于普通的“实验室电子”(速度不太快也不太慢的电子),电子波的波长与 X 射线有相同的数量级,都是几埃(Å)。事实上,如果一个自由粒子的速度 $V \ll c$,其动能的非相对论近似为

$$E=\sqrt{m_0^2c^4+p^2c^2}-m_0c^2=\frac{1}{2}m_0V^2+\cdots \tag{1.4-2}$$

例如,动能 E=20 eV 的电子,其速度为

$$V=\sqrt{\frac{2E}{m_0}}=\sqrt{\frac{2\times 20\times 1.602\times 10^{-19}}{9.109\times 10^{-31}}}=2.67\times 10^{6}\ \text{m/s} \tag{1.4-3}$$

则电子的德布罗意波长为

$$\lambda=\frac{h}{m_0V}=\frac{6.626\times 10^{-34}}{9.109\times 10^{-31}\times 2.67\times 10^{6}}\ \text{m}\approx 3\ \text{Å} \tag{1.4-4}$$

其确实与 X 射线有相同的数量级。

第 1.3 节讲到玻尔认为电子做圆周运动的角动量必须是 $\hbar$ 的整数倍,即

$$mVr=n\hbar \quad n=1,2,3,\cdots \tag{1.4-5}$$

同时,电子的德布罗意波长为

$$\lambda=\frac{h}{p} \tag{1.4-6}$$

可以得到

$$2\pi r = n\lambda = n\frac{h}{mV} \qquad (1.4\text{-}7)$$

也就是说，只有当电子的物质波满足驻波条件时，电子才能在原子中稳定运行，如图 1.4-2 所示。后来，索末菲将玻尔量子化条件推广为

$$\oint p\mathrm{d}q = nh \qquad (1.4\text{-}8)$$

式中：q 为电子的广义坐标；p 为对应的广义动量。

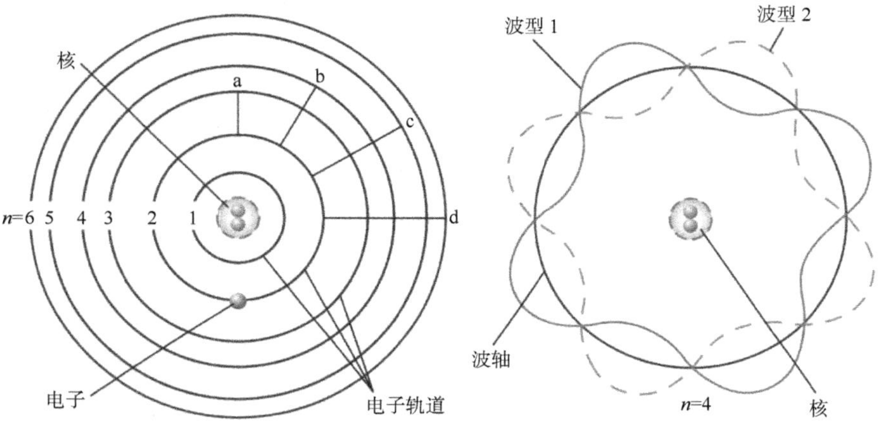

图1.4-2　原子结构模型和电子的物质波满足驻波条件

由于德布罗意在博士论文答辩中所提出的关于演示实物粒子波动性建议的准确性，仅 3 年后，实验科学家就观察到了电子衍射现象，德布罗意的预言得到了证实。瑞典皇家科学院也异常迅速地将 1929 年的诺贝尔物理学奖授予德布罗意。而将式（1.4-1）称为德布罗意关系式。

1.4.2　电子波动性的实验观测

1927 年，戴维逊和汤姆孙彼此独立地发现了电子的波动性。后来才知道，早在 6 年前，戴维逊用电子和镍晶片进行实验时，就观察到了电子衍射图样。但当时他不明白那奇怪的花纹是什么，他想不到他面对的是电子波的画面。爱因斯坦曾经说过：“只有理论才能决定我们可以观察到什么。”许多人觉得这话有点儿偏激，但它的正确性在此处得到了证实。而汤姆孙在进行那些精细的实验时，做了充分的准备。他预先就知道，根据德布罗意的理论，他应该看见什么。在实验中他成功地拍摄到了电子衍射的画面，这成为实物粒子波动性最有力的证据。物理学之神对汤姆孙家族是如此的厚爱，将发现电子粒子性和电子波动性的巨大荣耀给予了他们父子二人。戴维逊和汤姆孙共同获得了 1937 年诺贝尔物理学奖。

戴维逊和他的同事并没有用通常立方晶体的表面作为电子的入射面，而是对称地切去立方晶体的一个角后形成一个三角形平面，如图 1.4-3 所示。电子源是一支电子“枪”，由一

根发热的金属丝(金属丝发热后能把电子“蒸发”出来)和一个能把电子加速的电场组成。让一束电子经过电位差 U 加速后,以预先确定的速度 V 正对着这个三角形平面射入。而晶体本身则以入射电子束为轴转动,这样便可以测量被三角形平面衍射的电子束的平均强度。法拉第圆筒作为电子探测器,起到收集衍射电子束的作用。该探测器是可以转动的,以测量不同角度 φ 所对应的衍射强度。图 1.4-4 所示为晶体对电子的衍射过程,如果电子枪一次发射充分多的电子,即入射电子流强度充分大,则在接收屏上立即形成衍射图样。

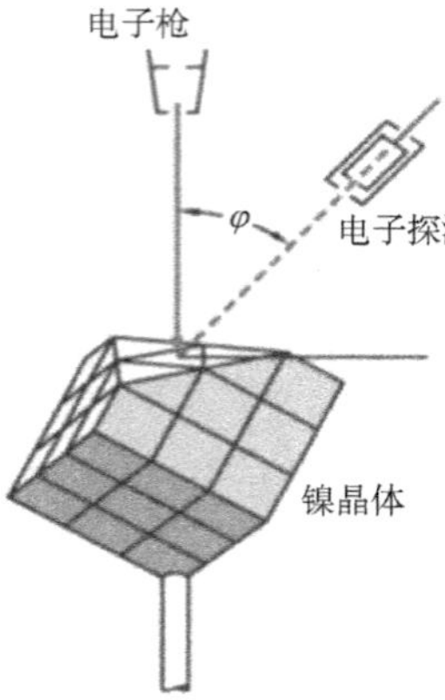

图1.4-3　电子在晶体表面的衍射

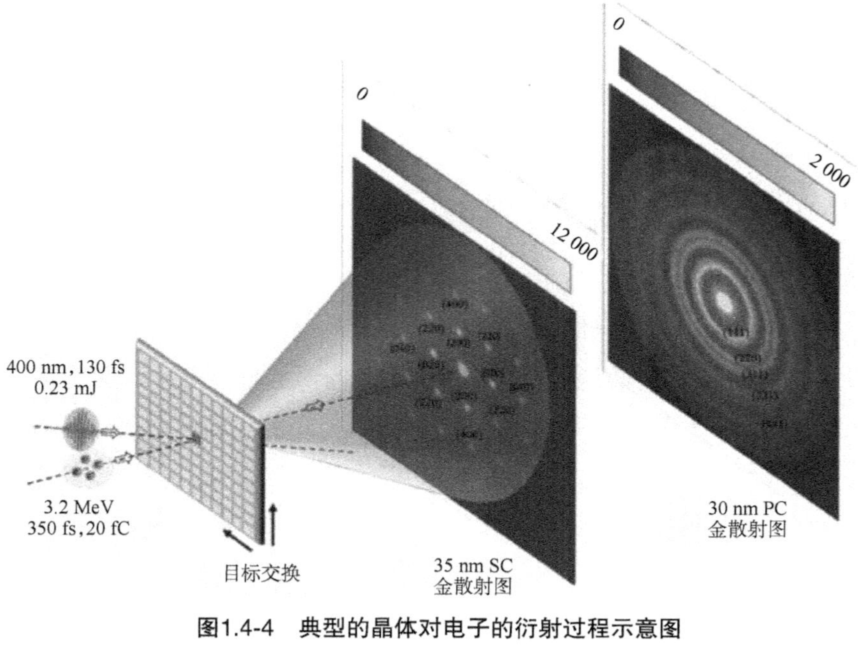

图1.4-4　典型的晶体对电子的衍射过程示意图

实验结果显示,当单调地增加加速电压时,电子探测器的电流并不是单调地增加,而是出现明显的选择性。衍射电子束的强度随角度 φ 而改变,当 φ =50°,加速电压 U=54 V 时,衍射强度有极大值。这与 X 射线的衍射现象相同，充分说明电子具有波动性。根据衍射理论，衍射强度极大值可由公式 $n\lambda=d\sin\theta$ 确定，其中 d 是原子晶格常数，λ 是电子波的波长，n 是衍射极大值序号。根据衍射强度极大值对应的角度便可以计算出电子波波长。实验发现，从衍射数据中求得的波长与按照德布罗意关系式 $\lambda=h/(mV)$（来自式（1.4-1b））计算出的波长一致，由此定量地证实了物质波理论的正确性。

如果减小入射电子流强度（甚至让电子一个一个地发射），开始时电子在接收屏上无规则地出现，但经过足够长的时间后，也可以形成规则的衍射图样。实验发现，一次发射充分多的电子与在充分长的时间内逐个地发射单电子，两种情况的衍射图样是完全相同的。这说明每个电子的衍射行为与其他电子无关，衍射图样不是由电子之间的相互作用而产生的。

1.4.3　不确定关系

在经典力学中，可以同时用确定的坐标和确定的动量来描述宏观物体的状态，或者说某时刻物体有唯一的位置及动量（如抛体运动、圆周运动等）。正因为如此，在经典力学中，物体宏观运动有确定的轨道。对于微观粒子，能否同时用确定的（唯一的）坐标与动量来描述它的状态呢？回答是否定的。下面以单缝衍射为例来进行研究，如图 1.4-5 所示。

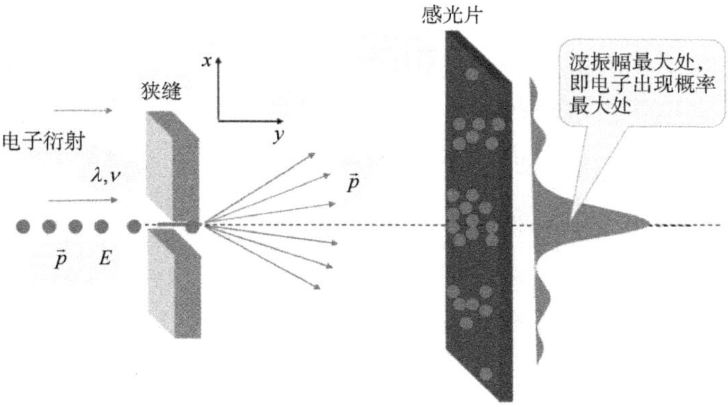

图1.4-5　单缝衍射实验示意图

由于电子的波粒二象性与光的衍射现象类似，电子在感光片上的分布也会呈现明暗相间的条纹。这样的衍射图样意味着电子通过狭缝时动量方向发生了改变，有多个可能的运动方向，或在 x 方向上有多个可能的动量分量值，而并非仅有唯一的一个值。

从直观来考虑，缝越宽，波的衍射特点越不明显，各级“条纹”越集中在与缝对应的幕的中部，即电子以较大的概率出现在幕的中部，或者说电子通过缝时发生的偏折小，在缝宽方向的动量会集中在一个较小的范围内。当缝足够宽时，波的衍射已很不明显，电子通过缝时的动量成唯一的确定值。反之，缝越窄，电子通过缝时，电子的位置就越准确。而从波动性来讲，缝越窄，波的衍射特征和效果就越明显，各级“条纹”会在幕上展开，且中央明纹也变宽，即意味着电子通过缝时，有多个可能的运动方向，动量会有多个值，动量的值变得很不确定，不仅可能发生小的偏折，也有可能发生大的偏折。此时，动量越没有准确的值，或者说无法确定电子通过缝时的动量，即动量也有一个不确定量。总之，狭缝的宽窄程度因电子的波粒二象性影响了电子过缝时动量所取可能值的范围，即狭缝的宽窄程度影响动量的不确定量。电子衍射简图如图 1.4-6 所示。

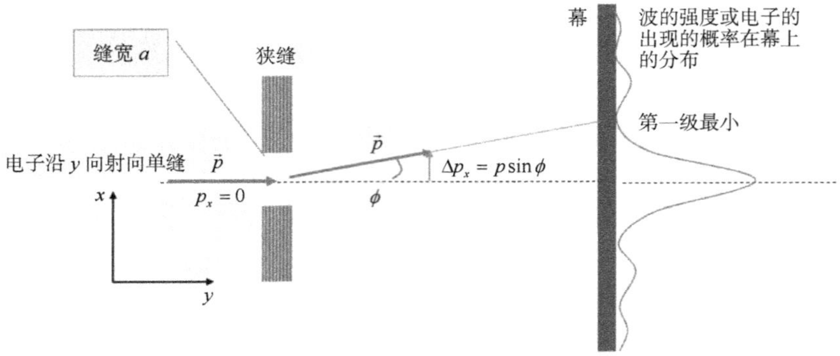

图1.4-6　电子衍射简图

电子通过狭缝时，在 x 方向上坐标（或位置）的不确定量为

$$\Delta x=(x+\Delta x)-x=a \tag{1.4-9}$$

在同一瞬时，由于衍射的原因，电子动量的方向有了变化。由衍射条纹可知，如果仅考虑一级衍射图样，即电子被限制在一级衍射条纹的范围内，在 x 方向上动量的不确定量（电子通过缝时，在 x 方向上的所有动量可能值的取值范围）为

$$0 \leqslant p_x \leqslant p\sin\phi \tag{1.4-10}$$

动量的不确定量又记为 $\Delta p_x=p\sin\phi-0=p\sin\phi$。

坐标的不确定量和动量的不确定量之积为

$$\Delta x\Delta p_x = ap\sin\phi = p(a\sin\phi) = \frac{h}{\lambda}\lambda = h \tag{1.4-11}$$

如果把衍射的其他级次也考虑进去，则有

$$\Delta x\Delta p_x \geqslant h \tag{1.4-12}$$

式（1.4-12）说明，沿某一方向（缝宽方向或 x 方向）同时测量粒子的坐标和动量时，坐标的不确定量 Δx 和动量的不确定量 Δp_x 之积不小于普朗克常数 h，即动量和坐标之间具有不确定关系。上述的不确定关系式给出了按经典的粒子概念（位置和动量同属于描述经典粒子的概念）去描述微观粒子时所要遇到的限制。当粒子的位置越接近于完全确定时，即缝很窄，Δx 很小时，相应的 Δp_x 越大（p_x 取值范围大）。此时，粒子的动量 p_x 将接近于完全不确定，也就是完全不能确定粒子通过缝时向哪个方向运动。反之，当粒子的动量接近于完全确定，即 Δp_x 很小时，它的位置将接近于完全不确定，即 Δx 很大。

既然如此，微观粒子因具有波粒二象性，故无轨道可言。例如，对沿 x 方向运动的自由粒子，动量有确定的值 px，且 $\Delta p_x \to 0$，由不确定关系式可得 $\Delta x \to \infty$，而坐标 x 则完全无确定的值，粒子可处在 $-\infty \leqslant x \leqslant +\infty$ 的任何位置，即 x 可取无穷多个可能值，粒子可在 x 轴上任意一点出现，且在各点出现的概率相同。而经典力学认为，沿直线运动的自由粒子（质点），在某一时刻有确定的动量和位置。微观粒子的坐标和动量不可能同时准确地测定。这不是仪器和测量的缺陷，而是由于微观粒子存在波粒二象性的结果。

例 1-6　实验测定原子核线度的数量级为 10^{-14} m，试应用不确定关系估算一个被束缚在原子核中的电子的动能，从而判断原子核是否可能由质子和电子组成。

解　取电子在原子核中位置的不确定量 $\Delta x \approx 10^{-14}$ m，则有

$$\Delta x \cdot \Delta p_x \geqslant h \Rightarrow \Delta p_x \geqslant \frac{h}{\Delta x} = \frac{6.626\times10^{-34}\ \mathrm{J\cdot s}}{10^{-14}\ \mathrm{m}} = 6.626\times10^{-20}\,\mathrm{kg\cdot m/s}$$

由于动量的数值不可能小于它的不确定量，故电子的动量 $\Delta p \geqslant 6.626\times10^{-20}$ kg·m/s。

电子的能量 $E=\sqrt{p^2c^2+m_0^2c^4}=2.0\times10^{-11}$ J，电子在原子核中的动能 $E_k=E-m_0c^2\approx2.0\times10^{-11}$ J =126 MeV。电子具有这样大的动能，足以把原子核击碎，从而证明原子核不可能由质子和电子组成。

例 1-7　已知子弹的质量为 0.01 kg，枪口的直径为 0.5 cm。试求子弹射出枪口时的横向速度的不确定量。

解

$$\Delta x \cdot \Delta p_x \geqslant h \Rightarrow \Delta V_x \geqslant \frac{h}{m\Delta x} = \frac{6.626\times10^{-34}\ \mathrm{J\cdot s}}{0.01\,\mathrm{kg}\times0.5\times10^{-2}\ \mathrm{m}} = 1.33\times10^{-29}\ \mathrm{m/s}$$

例 1-8　试求原子中电子速度的不确定量，取原子的线度约为 10^{-10} m。

解

$$\Delta x \cdot \Delta p_x \geqslant h \Rightarrow \Delta V_x \geqslant \frac{h}{m\Delta x} = \frac{6.626\times10^{-34}\ \mathrm{J\cdot s}}{9.11\times10^{-31}\ \mathrm{kg}\times10^{-10}\ \mathrm{m}} = 7.273\times10^{6}\ \mathrm{m/s}$$

例 1-9　一个电子做一维运动，同时测量这个电子的位置与动量，若位置的不确定值为 0.1 nm，试就以下两种情况估计动量不确定值与动量的比值 $\Delta p/p$：

（1）能量为 1 keV；

（2）能量为 1.6 J。

已知电子的质量 m_e=9.11 × 10^{-31} kg，1 eV = 1.60 × 10^{-19} J，h = 6.63 × 10^{-31} J·s，且取原子的线度约为 10^{-10} m。

解

$$\Delta x \cdot \Delta p \geqslant \hbar/2 \Rightarrow \Delta p \geqslant \frac{\hbar}{2\Delta x} = \frac{h}{4\pi\Delta x}$$

由于 $E_k = \frac{p^2}{2m_e}$，可得 $p = \sqrt{2m_e E_k}$，所以

$$\frac{\Delta p}{p} \geqslant \frac{h}{4\pi\Delta x}\frac{1}{\sqrt{2m_e E_k}}$$

将数据代入上式可得：

（1）E_k=1 keV，$\Delta p/p$ =0.031；

（2）E_k=1.6 J，$\Delta p/p$ =0.031 × 10^{-8}。

可以看出，随着能量的增加，不确定度逐渐减小。

1.4.4 透射电子显微镜

透射电子显微镜（Transmission Electron Microscope，TEM）是把经加速和聚焦的电子束投射到非常薄的样品上，电子与样品中的原子碰撞而改变方向，从而产生立体角散射，散射角的大小与样品的密度、厚度相关，因此可以形成明暗不同的影像，该影像经放大、聚焦后在成像器件（如荧光屏、胶片以及感光耦合组件）上显示出来。

由于电子的德布罗意波长非常短，透射电子显微镜的分辨率比光学显微镜要高很多，可以达到 0.1~0.2 nm，放大倍数为几万至几百万倍。因此，透射电子显微镜可以用于观察样品的精细结构，甚至可以用于观察仅有一列原子的结构，而光学显微镜所能够观察到的最小的结构比其大数万倍。透射电子显微镜在物理学、生物学相关的许多科学领域都是重要的分析仪器，如癌症研究、病毒学、材料科学以及纳米技术、半导体等领域。

透射式电子显微镜与投射式光学显微镜的原理很相近，图 1.4-7 所示为两者的简化光路图。可以看出，两者的光源、透镜虽不同，但放大和成像的方式却完全一致。

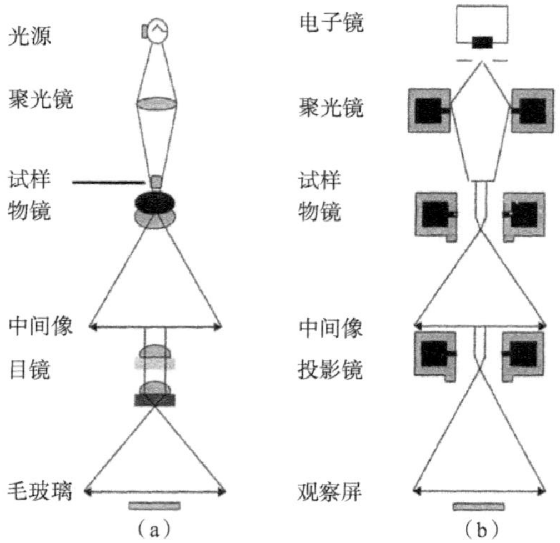

图1.4-7 透射式电子显微镜与投射式光学显微镜的光路对照图

（a）投射式光学显微镜 （b）透射式电子显微镜

在实际情况下，无论是光镜还是电镜，其内部结构都要比图示复杂得多，图 1.4-7（b）中的聚光镜、物镜和投影镜为光路中的主要透镜，实际制作中它们往往各是一组透镜（由多块透镜构成），在设计电镜时为达到所需的放大率、减少畸变和降低像差，通常在投影镜之上增加一至两级中间镜。

透射电子显微镜的总体结构包括镜体和辅助系统两大部分，镜体部分包含照明系统（电子枪、聚光镜）、成像系统（样品室、物镜、中间镜、投影镜）、观察记录系统以及调校系统，辅助系统包含真空系统（机械泵、扩散泵、真空阀、真空规）、电路系统（电源变换、调整控制）和水冷系统。图 1.4-8 所示为透射电子显微镜实体图，图 1.4-9 所示为透射电子显微镜结构图。

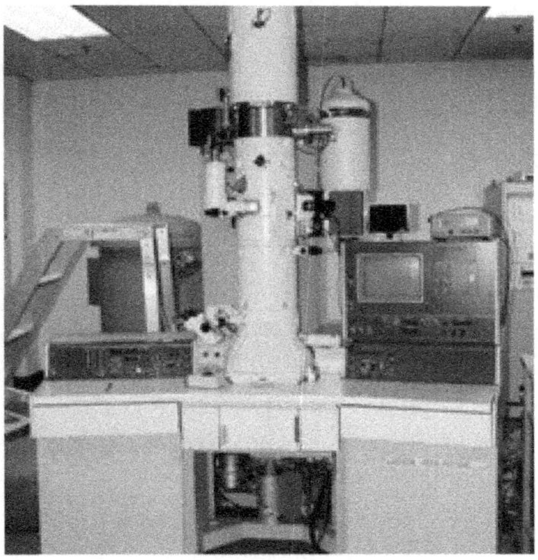

图1.4-8　透射电子显微镜实体图

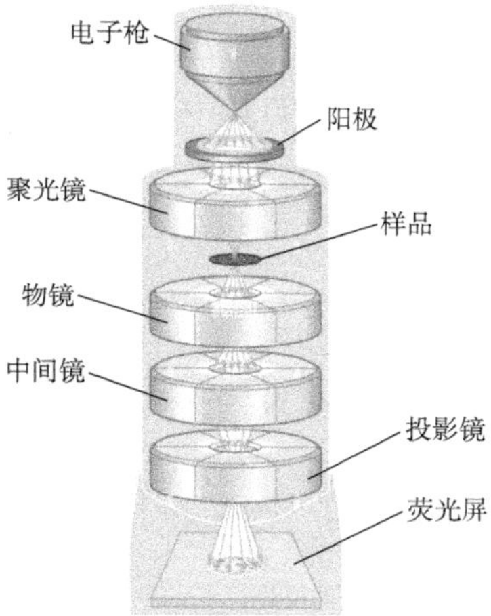

图1.4-9　透射电子显微镜结构图

第一台 TEM 由马克斯·克诺尔和恩斯特·鲁斯卡于 1931 年研制成功，该研究组又于 1933 年研制了第一台分辨率超过可见光的 TEM，而第一台商用 TEM 于 1939 年研制成功。

1.4.5　物质的波粒二象性

德布罗意的物质波理论使我们认识到微观粒子与宏观物体不同，它不但具有粒子性，还具有波动性，这与光的本性是一样的。总而言之，光与实物粒子都具有波粒二象性。粒子性的标志是有能量、动量（实物粒子和光子的能量都由 $E=mc^2$ 表示，而两者的动量都由 $E^2=c^2p^2+m_0^2c^4$ 决定）；波动性的标志是有频率、波长（经典光波和概率波都服从波的叠加原理，即 $\varphi=\varphi_1+\varphi_2$）。

但是从它们各自的宏观表现与微观特征来看，两者是恰好相反的，即光的宏观表现是波动性，粒子性是它的微观特征；而实物粒子的宏观表现是粒子性，波动性是它的微观特征。实物粒子和光子在被测量时都是完整出现的（当今的技术可以在相当确定的位置测量单电子和单光子）；而经典光波和概率波则都是弥漫于整个空间的（我们不能问：波在哪儿？）。波动性和粒子性不能同时被测量，如果要测量光与实物粒子的波动性，那么就不能测量到它们的粒子性；反之，如果要测量光与实物粒子的粒子性，就不能测量到它们的波动性。就像测量"薛定谔猫态"一样，只能测量到"活猫"或"死猫"，不能同时测量到两个状态。

例 1-10 一颗质量 m=0.05 kg 的子弹，以速率 V=300 m/s 运动，试求其德布罗意波长。

解 由德布罗意公式，可得

$$\lambda = \frac{h}{p} = \frac{h}{mV} = \frac{6.63\times10^{-34}\ \text{J}\cdot\text{s}}{0.05\ \text{kg}\times300\ \text{m/s}} = 4.4\times10^{-35}\ \text{m}$$

由此可见，对于一般的宏观物体，其物质波的波长是很小的，很难显示波动性。在日常生活中，察觉不到普朗克常量的存在，因为它太小了；而对于电子，普朗克常量十分重要。所以，宏观物体只表现出粒子性。

例 1-11 试估算热中子的德布罗意波长。已知 T=300 K，中子质量 m_n=1.67 × 10^{-27} kg。

解 热中子是指在室温下（T=300 K）与周围处于热平衡的中子，它的平均动能为

$$\bar{\varepsilon} = \frac{3}{2}k_{\text{B}}T = \frac{3}{2}\times1.38\times10^{-23}\ \text{J/K}\times300\ \text{K}$$
$$= 6.21\times10^{-21}\ \text{J}\approx0.038\ \text{eV}$$

则方均根速率为

$$V = \sqrt{\frac{2\bar{\varepsilon}}{m_{\text{n}}}} = \sqrt{\frac{2\times6.21\times10^{-21}\ \text{J}}{1.67\times10^{-27}\ \text{kg}}} \approx 2\,700\ \text{m/s}$$

所对应的物质波波长为

$$\lambda = \frac{h}{m_{\text{n}}V} = \frac{6.63\times10^{-34}\ \text{J}\cdot\text{s}}{1.67\times10^{-27}\ \text{kg}\times2\,700\ \text{m/s}} = 0.15\ \text{nm}$$

自从牛顿和惠更斯的时代起，光和物质的理论发展一直表现为微粒解释和波动解释之间的不断争论。到 19 世纪末叶，这个争论问题似乎已经解决了，即将光和各种电磁辐射看成是由波所组成的，而物质则被认为是由微粒所组成的。普朗克量子论的进一步发展给这个概念带来了一次严重的打击。光电效应的理论表明，光子的行为在许多方面表现得和粒子一样。后来，德布罗意和薛定谔提出了他们的观念，即物质粒子总是伴随着波一同存在。接着，戴维逊和革末又从实验上证明了电子的波动性，这种实验在之前十多年曾由劳埃用 X 射线做过，当时劳埃认为这种现象明确地表明 X 射线并非由粒子组成。这些结果看来重新掀起了波动概念和微粒概念之间的争论，物理学似乎又一次在两个相矛盾概念的面前处于左右为难的境地，其中每个概念似乎都是同样可以证明的。一种实验似乎要求波动解释，另一种实验似乎要求微粒解释；而且，尽管两种解释有着明显的矛盾，物理学家还是显示出了一定技巧，即有时采用一种，有时采用另一种，而幸运的是，就当时所能证实的材料而言，这样做从来没有同事实发生过任何矛盾。

玻尔认为波动观念和微粒观念都可以使用，永远不可能证实一个是真的，而另一个是假

的。这种不可辨别的观念似乎打开了一扇大门，使人们在两个同样证据充分而又有矛盾的概念面前，摆脱了左右为难的窘境。如果说某些实验要求波动解释，另一些实验要求微粒解释，那是不正确的，因为它会使物理理论存在矛盾。相反，我们必须说，一切实验都能同时用两种解释来说明，我们绝不可能设计出一个实验与其中一种解释不相容。

习题

1. 如果把工作时的白炽灯看作黑体，现有一个功率为 100 W 的灯泡，已知灯丝温度为 2 400 K，试求灯丝的表面积。如果同一灯泡以 200 W 的功率工作，试求灯丝的温度。

2. 实验测得太阳辐射波谱中峰值波长 λ_m=490 nm，若把太阳视为黑体，试求：

（1）太阳每单位表面积上所辐射的功率；

（2）地球表面被阳光直射的单位面积接收的辐射的功率；

（3）地球每秒内接收的太阳辐射能。

（已知太阳半径 $R_S=6.96\times10^8$ m，地球半径 $R_E=6.37\times10^6$ m，地球与太阳间的距离 $d=1.496\times10^{11}$ m。）

3. 在加热黑体的过程中，其单色辐出度的最大值所对应的波长由 600 nm 变化到 500 nm，试求其总辐出度增加了几倍。

4. 宇宙大爆炸遗留在空间的均匀的、各向同性的背景热辐射相当于 3 K 黑体辐射。试求：

（1）此辐射的光谱辐出度在何频率处有极大值。

（2）地球表面接收的此辐射的功率。

5. 波长为 200 nm 的光照射到铝表面上，铝电子的逸出功为 4.2 eV。试求：

（1）光电子的初动能；

（2）遏止电势差（遏止电势是在光电效应中，当光照射金属时，金属表面会逸出电子，为了遏制电子逸出而对其施加的电势）；

（3）铝的截止波长；

（4）如果入射光的强度为 2.0 W/m²，单位时间内打到垂直于光束的单位面积上的平均光子数。

6. 简述光电效应的现象，并指出逸出功、截止频率的含义。

7. 在光电效应实验中，测得能使钾发射电子的红限波长为 562.0 nm。试求：

（1）钾电子的逸出功；

（2）若用波长为 250 nm 的紫外光照射钾金属表面，发射出来的电子的最大初动能。

8. 波长为 450 nm 的光照射在两个光电管上，第一个光电管发射极的红限波长为

600 nm，而第二个光电管发射极的逸出功比第一个光电管的逸出功大一倍。试求每个光电管的遏止电势差。

9. 波长为 0.1 nm 的 X 射线在石墨上发生康普顿散射，并在 $\theta=\pi/2$ 处观察到散射光。试求：

（1）散射光的波长；

（2）反冲电子的运动方向和动能。

10. 已知 X 射线光子的能量为 0.60 MeV，在康普顿散射后波长变化了 20%，试求反冲电子的能量。

11. 氢原子在气体放电管中受到 12.8 eV 的电子轰击而被激发，已知氢原子的基态能量 $E_1=-13.6$ eV。试求：

（1）此放电管中氢原子从激发态向低能态跃迁时一共能产生几条谱线；

（2）其中波长最长和波长最短的谱线波长各为多少；

（3）可见光谱线的波长各为多少。

12. 正电子素的原子是由一个电子和一个正电子围绕它们的共同质心转动而形成的。设想这一系统的角动量是量子化的，试用经典理论计算这一原子的最小可能圆形轨道的半径。当此原子从 $n=2$ 的轨道跃迁到 $n=1$ 的轨道上时，所发出的光子频率是多大。

13. 已知氢光谱的某一线系的极限波长为 364.7 nm，其中有一谱线的波长为 656.5 nm。试由玻尔氢原子理论求与该波长相应的始态与终态能级的能量。

14. 设电子和光子的波长均为 0.20 nm，试求它们的动量、能量和动能。

15. 当电子的动能等于它的静止能量时，试求它的德布罗意波长。

第 2 章

量子力学和原子物理基础

波函数是量子力学的基本概念，薛定谔方程是量子力学的核心表述。本章以实物粒子波动性的理论和实验为依据，利用自由粒子波函数的表达式，构建关于自由粒子的波动方程，并进而建立量子力学的薛定谔方程；在与牛顿力学的质点轨道图像相对比的基础上，引进描述微观粒子运动状态的波函数，并详细讨论波函数的性质；详细讨论薛定谔方程的本征解、定态薛定谔方程，并对氢原子波函数进行详细讨论，介绍原子核外电子排布规律。另外，本章还将介绍用微扰法分析波函数演化的方法，通过含时微扰引出激光的产生原理。

2.1　波函数和薛定谔方程

2.1.1　自由粒子波函数

牛顿力学的物理图像是质点的轨道，只要知道质点的初始位置 $r(0)$ 和初始动量 $m\dot{r}(0)$，通过求解微分方程，就可以得到质点在任意时刻的位置 $r(t)$，并进而得到任意时刻的动量 $m\dot{r}(t)$。这里，质点在每一时刻的位置都是完全确定的，质点位置随时间的变化会形成一条清晰的轨道。由于微观粒子具有波动性，轨道的概念不能用来描述微观粒子的运动状态。为了刻画微观粒子的波动性，我们需要建立在逻辑上与牛顿力学相对应的“波动力学”。具体而言，需要建立与质点动力学方程 $F=m\ddot{r}$ 相对应的“波动方程”，需要寻找与位置函数 $r(t)$ 相对应的“波函数”。

本节我们要建立最简单的量子体系的波函数，即自由粒子波函数，因此我们从平面波说起。众所周知，波动是由振动的传播形成的，设原点 $x=0$ 处的简谐振动为 $y(0,t)=A\cos\omega t$，其中 A 和 ω 分别是简谐振动的振幅和圆频率。设该振动以速度 V 沿 x 轴正向传播，则其传到任意 x 点时引起的振动比原点延迟一段时间 x/V，故 x 点的振动（图 2.1-1）为

$$y(x,t)=A\cos\omega(t-x/V)=A\cos(kx-\omega t) \tag{2.1-1}$$

式中：$\vec{k}$ 是波数，且有

$$k=\frac{2\pi}{\lambda}=\frac{\omega}{V} \tag{2.1-2}$$

式（2.1-2）表示沿 x 方向传播的平面波具有确定的频率和波长。在式（2.1-2）的基础上，我们可以写出沿任意方向传播的平面波为

$$E(r,t)=E_0\exp[\mathrm{i}(\vec{k}r-\omega t)] \tag{2.1-3}$$

式中：$\vec{k}$ 是波矢量。

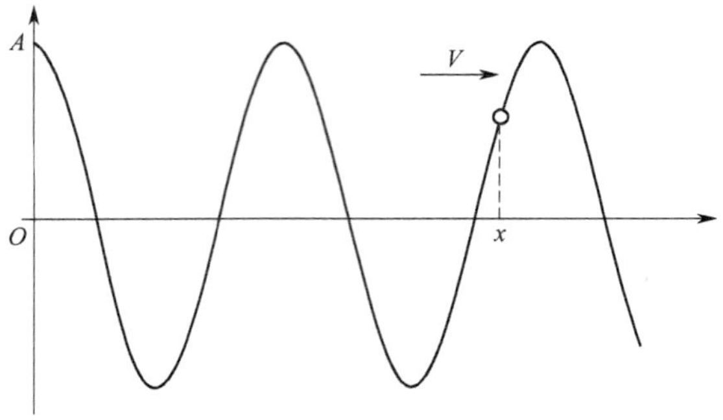

图2.1-1　简谐振动的传播形成波动

前面曾讨论过波粒二象性的问题，电子的波动性可以考虑用式（2.1-3）描述。利用波粒二象性表达式 $\varepsilon=\hbar\omega$ 和 $p=\hbar k$，可以将式（2.1-3）写为

$$\Psi(r,t)=A\mathrm{e}^{\frac{\mathrm{i}}{\hbar}(pr-Et)} \tag{2.1-4}$$

2.1.2　薛定谔方程的建立

以上我们由经典的平面波表达式推导出量子体系的自由粒子波函数。下面我们要建立自由粒子波函数所满足的波动方程。这意味着式（2.1-4）将是所要建立的波动方程的解。现在我们从式（2.1-4）出发，反推出它所满足的方程。因此，对式（2.1-4）两边关于 x 求偏导数，

$$\frac{\partial\Psi}{\partial x}=\frac{\partial}{\partial x}[A\mathrm{e}^{\frac{\mathrm{i}}{\hbar}(p_x x+p_y y+p_z z-Et)}]=A\frac{\mathrm{i}}{\hbar}p_x\mathrm{e}^{\frac{\mathrm{i}}{\hbar}(p_x x+p_y y+p_z z-Et)}=\frac{\mathrm{i}}{\hbar}p_x\Psi \tag{2.1-5}$$

对式（2.1-5）两边关于 x 再次求偏导数，可得

$$\frac{\partial^2\Psi}{\partial x^2}=\frac{\partial}{\partial x}\left[A\frac{\mathrm{i}}{\hbar}p_x\mathrm{e}^{\frac{\mathrm{i}}{\hbar}(p_x x+p_y y+p_z z-Et)}\right]=-\frac{p_x^2}{\hbar^2}\Psi \tag{2.1-6}$$

同理，可得

$$\frac{\partial^2\Psi}{\partial y^2}=-\frac{p_y^2}{\hbar^2}\Psi,\quad \frac{\partial^2\Psi}{\partial z^2}=-\frac{p_z^2}{\hbar^2}\Psi \tag{2.1-7}$$

将以上三式对应相加，可得

$$\frac{\partial^2\Psi}{\partial x^2}+\frac{\partial^2\Psi}{\partial y^2}+\frac{\partial^2\Psi}{\partial z^2}=-\frac{1}{\hbar^2}(p_x^2+p_y^2+p_z^2)\Psi=-\frac{p^2}{\hbar^2}\Psi \tag{2.1-8}$$

即

$$\nabla^2\Psi=-\frac{p^2}{\hbar^2}\Psi \tag{2.1-9}$$

式（2.1-9）还不是我们所需要的方程，因为它的系数中还包含未知动量 p。现在对式（2.1-4）两边关于 t 求偏导数，可得

$$\frac{\partial\Psi}{\partial t}=-\frac{\mathrm{i}}{\hbar}E\Psi \tag{2.1-10}$$

对式(2.1-10)两边同乘以 $i\hbar$,对式(2.1-9)两边同乘以 $\hbar^2/(2m)$,然后将所得两式对应相加,并运用自由粒子的能量-动量关系式 $E=p^2/(2m)$,可得

$$i\hbar\frac{\partial\Psi}{\partial t}=-\frac{\hbar^2}{2m}\nabla^2\Psi \tag{2.1-11}$$

这就是自由粒子波函数所满足的微分方程,它实际上是一个波动方程。

将自由粒子推广到一般情况,当粒子处于势场 $U(r)$中时,能量-动量关系式变为

$$E=\frac{p^2}{2m}+U(r) \tag{2.1-12}$$

式中:$U(r)$是粒子的势能,它在一般情况下是坐标 r 的函数。

将式(2.1-12)作用于波函数 $\Psi(r,t)$,可得

$$i\hbar\frac{\partial\Psi}{\partial t}=-\frac{\hbar^2}{2m}\nabla^2\Psi+U(r)\Psi \tag{2.1-13}$$

这就是微观粒子的波动方程,称为薛定谔波动方程,简称薛定谔方程。它描述的是在势场 $U(r)$中,质量为 m 的粒子运动状态随空间-时间的变化规律。

必须注意,式(2.1-11)是利用自由粒子波函数构造出来的,薛定谔方程(2.1-13)只是将式(2.1-11)直接推广到存在势场的情况,而并不是从现有的经典物理学理论推导出来的。事实上,薛定谔方程作为量子理论的核心,不可能从经典理论推导出来。薛定谔方程反映了微观粒子的运动规律,它的正确性是由它所预言的结论与实验相符合来验证的。

2.2 波函数的意义

2.2.1 波函数的统计解释

究竟如何理解波和它所描写的粒子之间的关系呢?

对这个问题曾经有过各种不同的看法。例如,有人认为波是由它所描写的粒子组成的。这种看法是不正确的。我们知道,衍射现象是由波的干涉而产生的,如果波真是由它所描写的粒子组成的,则粒子流的衍射现象形成的原因应当是组成波的这些粒子之间的相互作用。但事实证明,在粒子流衍射实验中,底片上所显示出来的衍射图样和入射粒子流强度无关,也就是说和单位体积中粒子的数目无关。如果减小入射粒子流强度,同时延长实验的时间,使投射到底片上粒子的总数保持不变,则得到的衍射图样将完全相同。即使把入射粒子流强度减小,直到可以看作粒子是一个一个地被衍射,但只要经过足够长的时间,所得到的衍射图样也还是一样的。这说明每一个粒子的衍射过程和其他粒子无关,衍射图样不是由粒子之间的相互作用而产生的。

除上面这个看法外,还有其他一些企图解释波函数的尝试,但都因与实验事实不符而被

否定。被人们所普遍接受的对于波函数的解释是由玻恩首先提出的。为了说明玻恩的解释,我们仍考察上述粒子衍射实验。如果入射电子流的强度很大,即单位时间内有许多电子被晶体衍射,则底片上很快就出现衍射图样。如果入射电子流的强度很小,电子近乎一个一个地从晶体表面上衍射,这时底片上就出现一个一个的点,显示出电子的微粒性。这些点在底片上的位置并不都是重合在一起的。开始时,这些点的分布看起来似乎是毫无规则的;随着时间的延长,点的数目逐渐增多,它们在底片上的分布就形成了衍射图样,显示出电子的波动性。由此可见,电子在实验中显示出的波动性是许多电子在同一实验中的统计结果,或者是一个电子在许多次相同实验中的统计结果。波函数正是为描写粒子的这种行为而引进的。玻恩就是在这个基础上提出了波函数的统计解释,即波函数在空间中某一点的强度(振幅绝对值的平方)和在该点找到粒子的概率成正比。按照这种解释,描写粒子的波应是概率波。

由于式(2.1-3)表示平面波的振动,因此式(2.1-4)可以理解为自由电子的波函数。如图2.2-1所示,来自狭缝 S_1 和 S_2 的电子束在接收屏上任意点 P 的波函数分别为

$$\Psi_1 = A_0 e^{\frac{i}{\hbar}(p\cdot r_1 - Et)}, \quad \Psi_2 = A_0 e^{\frac{i}{\hbar}(p\cdot r_2 - Et)} \tag{2.2-1}$$

则接收屏上的电子波强度为

$$|\Psi^2| = |\Psi_1 + \Psi_2|^2 = |\Psi_1|^2 + |\Psi_2|^2 + \Psi_1^* \Psi_2 + \Psi_1 \Psi_2^* = 4|A_0|^2 \cos^2(\Delta/2)$$

其中

$$\Delta = \frac{2\pi}{\lambda}(r_2 - r_1) \tag{2.2-2}$$

显然在

$$\frac{r_2 - r_1}{\lambda} = n \quad n = 0, \pm 1, \pm 2, \cdots \tag{2.2-3}$$

处,电子波强度呈现极大值,即 $|\Psi^2| = 4|A_0|^2$。

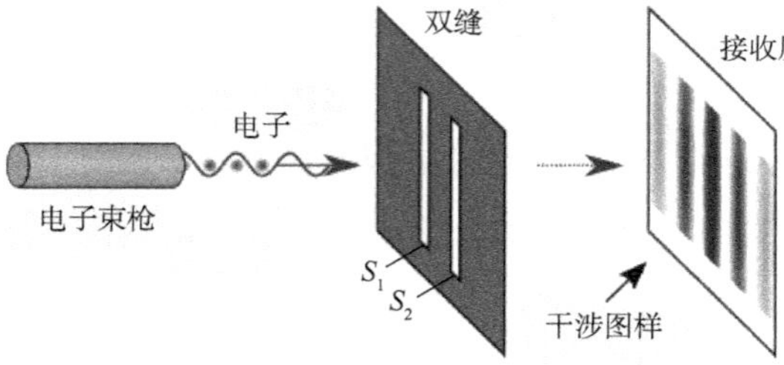

图2.2-1　电子双缝衍射示意图

可以看出,上述电子双缝衍射与光波的双缝实验有相同的描述方式和类似的实验结果。特别是,用式(2.2-3)不但可以确定衍射强度极大值出现的位置,而且由衍射图样计算出的衍射波波长 λ 与实验中采用的电子动量 p 的量值满足 $p=h/\lambda$。这样的结果不但显示了电子的

波动性（验证了德布罗意关系），而且说明了自由电子波函数用式（2.1-4）表示的正确性。

例 2-1　比较电子的双缝干涉与光的双缝干涉。设双缝的间距 d=0.2 mm，双缝与屏幕的间距 D=0.8 m。试求：

（1）用波长为 600 nm 的可见光照射时，相邻明纹的间距；

（2）用波长为 0.1 nm 的电子照射时，条纹的间距。

解　条纹间距

$$\Delta x = x_{m+1} - x_m = \frac{D}{d}\lambda$$

（1）$\Delta x = \dfrac{D}{d}\lambda = \dfrac{0.8\ \text{m}}{0.2\ \text{mm}} \times 600\ \text{mm} = 2.4\ \text{mm}$；

（2）$\Delta x = \dfrac{D}{d}\lambda = \dfrac{0.8\ \text{m}}{0.2\ \text{mm}} \times 0.1\ \text{mm} = 2.4\ \text{mm}$。

现在我们根据对波函数的这种统计解释再来看衍射实验。当粒子被晶体衍射后，在底片上形成衍射图样，图样中有许多衍射极大和衍射极小。在衍射极大的地方，波的强度大，每个粒子投射到这里的概率也大，因而投射到这里的粒子数量就多；在衍射极小的地方，波的强度很小或等于零，每个粒子投射到这里的概率也很小或等于零，因而投射到这里的粒子数量很少或者根本没有。

知道描写微观体系（如在晶体上衍射后的电子）的波函数后，由波函数振幅绝对值的平方就可以得出粒子在空间任意一点出现的概率。以后我们将看到，由波函数还可以得出微观体系的各种性质，因此我们说波函数可以描写体系的量子状态（简称“状态”或“态”）。“波函数”表征“概率波”。确切地说，波函数的绝对值的平方 $|\Psi(r,\ t)|^2$ 表示任意时刻 t，粒子在空间 r 处的单位体积中出现的概率，即所谓的概率密度，这就是波函数的统计解释。这样一来，$|\Psi(r,\ t)|^2\mathrm{d}r$ 表示粒子在体积元 $\mathrm{d}r$ 内出现的概率。由于粒子在它运动的整个空间的总概率是 1，所以

$$\int_V |\Psi(r,t)|^2\,\mathrm{d}r = 1 \tag{2.2-4}$$

这就是波函数的归一化条件，其中 V 是粒子可能存在的整个空间。

用“概率”观点认识和描述微观世界是物理学的一种进步，也是物理思想的一个升华。对于微观粒子运动状态的刻画，必须放弃确定性的轨道图像，而采用概率的方法（即统计的方法）。这样的描述与经典物理学的严格因果律是不相容的。不过玻恩在 1926 年说过一句名言：“粒子的运动遵守概率定律，但概率本身还是受因果律支配的。”这一论述将概率与因果律统一起来，使波函数的统计解释被纳入经典物理学的思路。其实，玻恩的论述可以按一种简单的方式理解如下。

简单起见，只在一维情况下考虑式（2.2-4）。按照波函数的统计解释，我们可以概念性地

将 $\Psi(r, t)$写成 $\Psi(x, t)$，它的绝对值的平方为$|\Psi(x, t)|^2$。此时，波函数的归一化条件式（2.2-4）可改写为

$$\int_{-\infty}^{+\infty} |\Psi(x,t)|^2 \, dx = 1 \tag{2.2-5}$$

这里，$\Psi(x, t)$是归一化的波函数。波函数必须被归一化，这是波函数统计解释的需要。考查薛定谔方程（2.1-13）会发现，如果 $\Psi(x, t)$是它的解，那么 $A\Psi(x, t)$也是它的解，这里 A 是一个任意的常数。从概率波的观点来看，$A\Psi(x, t)$与 $\Psi(x, t)$描述体系的同一个状态。不过，归一化条件式（2.2-4）不允许波函数中的常数取任意值。例如，一个波函数为

$$\Psi(x,t) = A\exp\left(-\frac{1}{2}ax^2\right)e^{-i\omega t} \quad -\infty < x < +\infty \tag{2.2-6a}$$

式中：a 和 ω 为正常数。归一化条件式（2.2-4）要求：

$$|A|^2 = \frac{1}{\int_{-\infty}^{+\infty}\left|\exp\left(-\frac{1}{2}ax^2\right)e^{-i\omega t}\right|^2 dx} = \frac{1}{\int_{-\infty}^{+\infty} e^{-ax^2} dx} = \left(\frac{a}{\pi}\right)^{1/2} \tag{2.2-6b}$$

这里，A 称为归一化常数。归一化常数的位相没有物理意义，可以只取它的模值，故 $A=(a/\pi)^{1/4}$。于是归一化波函数为

$$\Psi(x,t) = \left(\frac{a}{\pi}\right)^{1/4} \exp\left(-\frac{1}{2}ax^2\right)e^{-i\omega t} \tag{2.2-7}$$

归一化条件式（2.2-4）表明波函数 $\Psi(x, t)$是平方可积的函数，即 $\int_{-\infty}^{+\infty} |\Psi(x,t)|^2 \, dx$ 是有限的，这就要求波函数满足：

当 $x \to \pm\infty$ 时，$\Psi(x, t) \to 0$ （2.2-8）

波函数在归一化后也还不是完全确定的。我们可以用一个常数 $e^{i\delta}$（其中 δ 是实常数，去乘波函数，这样既不影响空间各点找到粒子的概率，也不影响波函数的归一化。因为$|e^{i\delta}|^2=1$，如果$|\Psi|^2$ 对整个空间积分等于 1，则$|e^{i\delta}\Psi|^2$ 对整个空间积分也等于 1。$e^{i\delta}$ 称为位相因子，归一化波函数可以含有一任意位相因子。

由式（2.2-1）可以看出，波函数 $\Psi(x, t)$在随时间演化过程中始终保持是归一化的。也就是说，如果波函数在 $t=0$ 时刻是归一化的，则它在随时间演化的过程中，每一个时刻 t 都是归一化的。现在的问题是由薛定谔方程解出的 $\Psi(x, t)$是否也如此呢？事实上，薛定谔方程具有不同寻常的特性，它会自动地保持波函数的归一化（如果没有这个关键的性质，薛定谔方程将会与波函数的统计解释发生矛盾，整个理论体系将会崩溃）。下面我们给出详细的证明，首先写出

$$\frac{d}{dt}\int_{-\infty}^{+\infty} |\Psi(x,t)|^2 \, dx = \int_{-\infty}^{+\infty} \frac{\partial}{\partial t} |\Psi(x,t)|^2 \, dx \tag{2.2-9}$$

另外,我们有

$$\frac{\partial}{\partial t}|\Psi|^2=\frac{\partial}{\partial t}(\Psi^*\Psi)=\Psi^*\frac{\partial\Psi}{\partial t}+\frac{\partial\Psi^*}{\partial t}\Psi \tag{2.2-10}$$

可写出薛定谔方程(2.1-13)的共轭式为

$$\frac{\partial\Psi^*}{\partial t}=-\frac{\mathrm{i}\hbar}{2m}\frac{\partial^2\Psi^*}{\partial x^2}+\frac{\mathrm{i}}{\hbar}U(x)\Psi^* \tag{2.2-11}$$

这里已经假定势函数 $U(x)$是实函数。将式(2.1-13)和式(2.2-11)代入式(2.2-10),可得

$$\frac{\partial}{\partial t}|\Psi|^2=\frac{\mathrm{i}\hbar}{2m}\left(\Psi^*\frac{\partial^2\Psi}{\partial x^2}-\frac{\partial^2\Psi^*}{\partial x^2}\Psi\right)=\frac{\partial}{\partial x}\left[\frac{\mathrm{i}\hbar}{2m}\left(\Psi^*\frac{\partial\Psi}{\partial x}-\frac{\partial\Psi^*}{\partial x}\Psi\right)\right] \tag{2.2-12}$$

将式(2.2-14)代入式(2.2-11)右边的积分,并完成积分后,可得

$$\frac{\mathrm{d}}{\mathrm{d}t}\int_{-\infty}^{+\infty}|\Psi(x,t)|^2\,\mathrm{d}x=\frac{\mathrm{i}\hbar}{2m}\left(\Psi^*\frac{\partial\Psi}{\partial x}-\frac{\partial\Psi^*}{\partial x}\Psi\right)_{-\infty}^{+\infty}=0 \tag{2.2-13}$$

这里已经利用了式(2.2-8),于是

$$\frac{\mathrm{d}}{\mathrm{d}t}\int_{-\infty}^{+\infty}|\Psi(x,t)|^2\,\mathrm{d}x=0 \tag{2.2-14}$$

这一结果显示积分 $\int_{-\infty}^{+\infty}|\Psi(x,t)|^2\,\mathrm{d}x$ 是一个常数(即不依赖于时间)。这意味着如果在初始时刻 t=0,$\Psi(x,0)$是归一化的,则任意时刻的 $\Psi(x,t)$也是归一化的,即

$$\int_{-\infty}^{+\infty}|\Psi(x,0)|^2\,\mathrm{d}x=1\Rightarrow\int_{-\infty}^{+\infty}|\Psi(x,t)|^2\,\mathrm{d}x=1 \tag{2.2-15}$$

至此我们证明了在式(2.2-8)的条件下,薛定谔方程具有保持波函数归一化的特性。其实式(2.2-15)的结论在概率波的意义上是容易理解的。例如,考虑氢原子中的电子,假定初始时刻电子处在基态,演化到任意时刻 t,它可能仍处在基态或跃迁到某个激发态。但不管是它处在什么状态,在电子运动的整个空间总能找到这个电子,它出现的总概率为 1。

例 2-2 一维运动的粒子的波函数如下所示:

$$\Psi=\begin{cases}A\sin\frac{n\pi}{2a}(x+a) & |x|<a\\ 0 & |x|\geqslant a\end{cases}$$

试求归一化系数 A。

解

$$\int_{-\infty}^{+\infty}|\Psi(x,y,z,t)|^2\,\mathrm{d}V=1\Rightarrow\int_{-a}^{a}|\Psi(x,y,z,t)|^2\,\mathrm{d}V=1$$

将波函数代入上式,由于粒子只在$|x|<a$ 的范围内运动,所以积分限变为 $-a$~a,即

$$\int_{-a}^{a}\left|A\sin\frac{n\pi}{2a}(x+a)\right|^2\mathrm{d}V=A^2\int_{-a}^{a}\left|\sin\frac{n\pi}{2a}(x+a)\right|^2\mathrm{d}V=1$$

求解可得

$$A=\frac{1}{\sqrt{a}}$$

继续讨论波函数的意义，我们进一步令

$$\rho \equiv |\Psi|^2 \tag{2.2-16a}$$

$$J \equiv -\frac{\mathrm{i}\hbar}{2m}\left(\Psi^*\frac{\partial \Psi}{\partial x}-\frac{\partial \Psi^*}{\partial x}\Psi\right) \tag{2.2-16b}$$

式(2.2-14)可变为

$$\frac{\partial \rho}{\partial t}+\frac{\partial J}{\partial x}=0 \tag{2.2-17}$$

这就是所谓的连续性方程，其中 ρ 是粒子的概率密度，J 是粒子的概率流密度，表示粒子在 t 时刻的 x 位置处单位时间内沿 J 方向，穿过与 J 垂直的单位面积的概率。由于概率密度和概率流密度应当连续，所以波函数 Ψ 在其变量变化的全部区域内必须是有限的和连续的。此外，由于 $\rho \equiv |\Psi|^2$ 表示粒子出现的概率，故它应是坐标和时间的单值函数，这样才能使粒子的概率在时空点(x, t)取单一的确定值。综上所述，波函数在其变量变化的全部区域内必须满足三个条件：有限性、连续性和单值性。这三个条件称为波函数的标准条件。我们将会看到，它们在求解具体的量子力学问题中扮演着非常重要的角色。

下一节我们将看到，当粒子处于某一量子状态时，它的力学量（如坐标、动量等）一般有许多可能值，这些可能值各自以一定的概率出现，这些概率都可以由波函数得出。

由于粒子必定会在空间中的某点出现，所以粒子在空间各点出现的概率总和等于 1；粒子在空间各点出现的概率只决定于波函数在空间各点的相对强度，而不决定于强度的绝对大小。如果把波函数在空间各点的振幅同时加大一倍，并不影响粒子在空间各点出现的概率。换句话说，将波函数乘上一个常数后，其所描写的粒子的状态并不改变。量子力学中的波函数的这种性质是其他波动过程（如声波、光波等）所没有的。对于声波、光波等，体系的状态随振幅大小的变化而改变，如果把各处的振幅同时加大为原来的 2 倍，那么该位置处声波或光波的强度则加大为原来的 4 倍，这就完全是另一个状态了。

2.2.2　态叠加原理

在量子力学中用波函数描写微观粒子的量子状态，当一个粒子处于波函数所描写的量子状态时，粒子的力学量（如坐标、动量等）一般可以有许多可能值，每个可能值各自以一定的概率存在。量子力学中这种描述微观粒子量子状态的方式和经典力学中同时用坐标和动量的确定值来描述质点状态的方式完全不同。这种差别来源于微观粒子的波粒二象性。波函数的统计解释是波粒二象性的一个表现，微观粒子的波粒二象性还通过量子力学中关于状态的一个基本原理——态叠加原理表现出来。

在经典物理学中，声波和光波都遵从叠加原理，即两个可能的波动过程 φ_1 和 φ_2 线性叠加的结果 $a\varphi_1+b\varphi_2$ 也是一个可能的波动过程。光学中的惠更斯原理就是这样一个原理，它告诉我们：在空间任意一点 P 的光波强度，可以由前一时刻波前上所有各点传播出来的光波在 P 点线性叠加起来而得出。在声学和光学中，利用这个原理可以解释声波和光波的干涉、衍射现象。

薛定谔方程是一个线性偏微分方程（方程中波函数 $\Psi(r, t)$ 以及它的时间导数、空间导数都是一次幂），因此其满足量子力学的态叠加原理。

现在我们在 2.2.1 节的基础上进一步讨论电子双缝衍射实验，并介绍量子力学中的态叠加原理。在经典物理学中，光波双缝实验是一个经典现象，它的量子对应是电子双缝衍射。这一现象最早是由德国科学家克劳斯-琼森在 1961 年观测到的。实验中，他用铜箔片制成微米级宽度的双缝，电子束通过双缝后在接收屏上相遇，并形成明暗相间的条纹（图 2.2-2），且衍射图样与光波的双缝实验结果非常类似。在电子的双狭缝衍射实验中，用 Ψ_1 表示粒子穿过上面狭缝到达接收屏时的状态，用 Ψ_2 表示粒子穿过下面狭缝到达接收屏时的状态，再用 Ψ 表示粒子同时穿过两个狭缝到达接收屏时的状态，那么 Ψ 可以写为 Ψ_1 和 Ψ_2 的线性叠加。对于线性系统，如果 Ψ_1 和 Ψ_2 是体系的可能状态，那么它们的线性叠加

$$\Psi=c_1\Psi_1+c_2\Psi_2 \quad (c_1 \text{ 和 } c_2 \text{ 是复数}) \tag{2.2-18}$$

也是这个体系的一个可能状态，这就是量子力学中的态叠加原理。

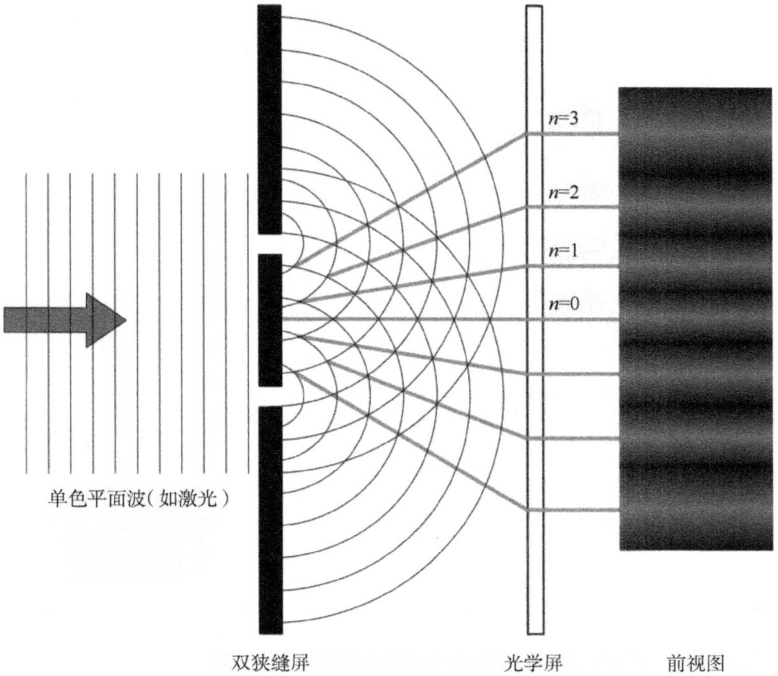

图2.2-2　电子双狭缝衍射示意图

态叠加原理还有下面的含义，即当粒子处于态 Ψ_1 和 Ψ_2 的线性叠加态 Ψ 时，粒子既处在态 Ψ_1，又处在态 Ψ_2。

按照态叠加原理，粒子在接收屏上一点 P 出现的概率密度为

$$
\begin{aligned}
|\Psi^2| &= |c_1\Psi_1+c_2\Psi_2|^2=(c_1^*\Psi_1^*+c_2^*\Psi_2^*)(c_1\Psi_1+c_2\Psi_2) \\
&= |c_1\Psi_1|^2+|c_2\Psi_2|^2+c_1^*c_2\Psi_1^*\Psi_2+c_1c_2^*\Psi_1\Psi_2^*
\end{aligned} \tag{2.2-19}
$$

式中：c_1 和 c_2 是复数。

式（2.2-21）等号右边第一项是粒子穿过上面狭缝出现在 P 点的概率密度，第二项是粒子穿过下面狭缝出现在 P 点的概率密度，第三、四项是 Ψ_1 和 Ψ_2 的干涉项。式（2.2-19）告诉我们，粒子穿过双狭缝后出现在 P 点的概率密度 $|\Psi^2|$ 一般不等于粒子穿过上面狭缝到达 P 点的概率密度 $|c_1\Psi_1|^2$ 与穿过下面狭缝到达 P 点的概率密度 $|c_2\Psi_2|^2$ 之和，而是等于 $|c_1\Psi_1|^2+|c_2\Psi_2|^2$ 再加上干涉项，即衍射图样的产生证实了干涉项的存在。

在式（2.2-19）中，Ψ 表示两个态 Ψ_1 和 Ψ_2 的线性叠加，推广到更一般的情况，态 Ψ 可以表示为许多个态 Ψ_1，Ψ_2，Ψ_3，…，Ψ_n，…的线性叠加，即

$$
\Psi=c_1\Psi_1+c_2\Psi_2+c_3\Psi_3+\cdots+c_n\Psi_n+\cdots=\sum_n c_n\Psi_n \tag{2.2-20}
$$

式中：$c_1,c_2,c_3,\cdots,c_n,\cdots$ 是复数。

这时态叠加原理可表述如下：当 Ψ_1，Ψ_2，Ψ_3，…，Ψ_n，…是体系的可能状态时，它们的线性叠加 Ψ 也是体系的一个可能状态。也可以说，当体系处于态 Ψ 时，体系部分地处于态 Ψ_1，Ψ_2，Ψ_3，…，Ψ_n，…中。

例如，在电子的晶体表面衍射实验中，粒子衍射后可能以各种不同的动量 p 运动。若用波函数 $\Psi_p(r,t)$ 描写以某个确定动量 p 运动的状态，按照态叠加原理，在晶体表面上衍射后，粒子的状态 Ψ 可以表示为 p 取各种可能值的平面波的线性叠加，即

$$
\Psi=\sum_p c(p)\Psi_p(r,t) \tag{2.2-21}
$$

粒子经过晶体表面后所产生的衍射现象，就是这许多平面波 Ψ_p 相互干涉的结果。由于动量 p 可以连续变化，式（2.2-23）中对 p 求和的过程，应该用对 p_x,p_y,p_z 的积分来代替。

2.3 量子力学中的力学量和算符

2.3.1 力学量算符

算符是指作用在一个函数上能得出另一个函数的运算符号。设某种运算把函数 u 变为 v，用符号表示为

$$
\hat{F}u=v \tag{2.3-1}
$$

则表示这种运算的符号 $\hat{F}$ 就称为算符。如 $\frac{\mathrm{d}u}{\mathrm{d}x}=v$，$\frac{\mathrm{d}}{\mathrm{d}x}$ 是微商算符；又如 $xu=v$，x 也是算符，它的作用是与 u 相乘。

如果算符 $\hat{F}$ 作用于一个函数 Ψ，结果等于 Ψ 乘以一个常数 λ，即

$$\hat{F}\Psi=\lambda\Psi \tag{2.3-2}$$

则称 λ 为 $\hat{F}$ 的本征值，Ψ 为属于 $\hat{F}$ 的本征函数，式（2.3-2）称为算符 $\hat{F}$ 的本征值方程。

薛定谔方程（2.1-13）的建立还有一种简捷的途径。实际上，式（2.1-10）和式（2.1-9）可以分别改写为

$$E\Psi=\mathrm{i}\hbar\frac{\partial}{\partial t}\Psi \tag{2.3-3}$$

$$(p\cdot p)\Psi=(-\mathrm{i}\hbar\nabla)\cdot(-\mathrm{i}\hbar\nabla)\Psi \tag{2.3-4}$$

其中

$$\nabla=\frac{\partial}{\partial x}i+\frac{\partial}{\partial y}j+\frac{\partial}{\partial z}k \tag{2.3-5}$$

是矢量微分算符。这里，$\mathrm{i}\hbar\frac{\partial}{\partial t}$ 和 $-\mathrm{i}\hbar\nabla$ 分别称为能量算符和动量算符。从式（2.3-3）和式（2.3-4）可以看出，能量 E 和动量 p 分别有下列相应性表达式：

$$E\to\mathrm{i}\hbar\frac{\partial}{\partial t} \tag{2.3-6}$$

$$p\to-\mathrm{i}\hbar\nabla \tag{2.3-7}$$

当把波函数 Ψ 表示为坐标 x, y, z 的函数时，动量算符在直角笛卡儿坐标中的三个分量分别为

$$\hat{p}_x=-\mathrm{i}\hbar\frac{\partial}{\partial x},\hat{p}_y=-\mathrm{i}\hbar\frac{\partial}{\partial y},\hat{p}_z=-\mathrm{i}\hbar\frac{\partial}{\partial z} \tag{2.3-8}$$

表示坐标的算符就是坐标自身，即

$$\hat{r}=r \tag{2.3-9}$$

由一个粒子的经典角动量 $L=r\times p$，我们可以得到量子力学的角动量算符为

$$\hat{L}=r\times(-\mathrm{i}\hbar\nabla)=-\mathrm{i}\hbar r\times\nabla \tag{2.3-10}$$

此算符的各个分量分别为

$$\hat{L}_x=-\mathrm{i}\hbar\left(y\frac{\partial}{\partial z}-z\frac{\partial}{\partial y}\right) \tag{2.3-11a}$$

$$\hat{L}_y=-\mathrm{i}\hbar\left(z\frac{\partial}{\partial x}-x\frac{\partial}{\partial z}\right) \tag{2.3-11b}$$

$$\hat{L}_z=-\mathrm{i}\hbar\left(x\frac{\partial}{\partial y}-y\frac{\partial}{\partial x}\right) \tag{2.3-11c}$$

对于动能 $T=\dfrac{p^2}{2m}$，相应的算符可表示为

$$\frac{p^2}{2m}=\frac{1}{2m}p\cdot p\rightarrow\frac{1}{2m}(-\mathrm{i}\hbar\nabla)\cdot(-\mathrm{i}\hbar\nabla)=-\frac{\hbar^2}{2m}\nabla^2 \tag{2.3-12}$$

因而 $-\dfrac{\hbar^2}{2m}\nabla^2$ 称为动能算符。现在将 $E=\dfrac{p^2}{2m}$ 的两端分别用算符（2.3-6）和算符（2.3-7）代替，并作用于波函数 $\Psi(r,\ t)$，所得结果与式（2.1-11）相同。这种方法的正确性说明能量和动量用算符（2.3-6）和算符（2.3-7）表示的合理性。上述讨论只涉及自由粒子（只有动能）。

从能量算符的观点出发，可以用更加简单的方式得出薛定谔方程（2.1-13）。不含时物理系统的总能量，在经典物理中用哈密顿函数来描述，即

$$H=T+U(r) \tag{2.3-13}$$

式中：T 是动能；$U(r)$ 是势能。

这就产生了哈密顿算符，即

$$\hat{H}=-\frac{\hbar^2}{2m}\nabla^2+\hat{U}(r) \tag{2.3-14}$$

这样用式（2.1-12）两边的算符形式，即 $\mathrm{i}\hbar\dfrac{\partial}{\partial t}$ 和 $\hat{H}$，作用于波函数 $\Psi(r,\ t)$，可立即得到薛定谔方程，即

$$\mathrm{i}\hbar\frac{\partial}{\partial t}\Psi=\hat{H}\Psi \tag{2.3-15}$$

由此可见，能量算符与哈密顿算符是完全相当的，即

$$\mathrm{i}\hbar\frac{\partial}{\partial t}\leftrightarrow\hat{H} \tag{2.3-16}$$

我们知道，哈密顿算符 $\hat{H}$ 是在哈密顿函数中将动量 p 换成动量算符 $\hat{p}$ 而得出的。这反映了从力学量的经典表达式得出量子力学中表示该力学量的算符的规则：如果量子力学中的力学量 F 在经典力学中有相应的力学量，则表示这个力学量的算符 $\hat{F}$ 由将经典表达式 $F(r,\ p)$ 中的 p 换为算符 $\hat{p}$ 而得出，即

$$\hat{F}=\hat{F}(\hat{r},\hat{p})=\hat{F}(r,-\mathrm{i}\hbar\nabla) \tag{2.3-17}$$

例如，在经典力学中，动量为 p、对 O 点的位置矢量为 r 的粒子，其绕 O 点的角动量为

$$L=r\times p \tag{2.3-18}$$

因而，在量子力学中，角动量算符为

$$\hat{L}=\hat{r}\times\hat{p}=-\mathrm{i}\hbar r\times\nabla \tag{2.3-19}$$

有了得出表示力学量算符的一般规则后，很自然地要提出如下问题：算符和它所表示的力学量之间的关系应当怎样理解呢？阐明这个问题是本节的中心内容，下面我们开始这方面的讨论。

由式(2.3-2)可知,算符 $\hat{F}$ 作用于一个函数 Ψ,结果等于 Ψ 乘以一个常数 λ,则称 λ 为 $\hat{F}$ 的本征值,Ψ 为 $\hat{F}$ 的本征函数。这个本征函数所对应的状态,称为本征态。

如果算符 $\hat{F}$ 表示力学量 F,那么当体系处于 $\hat{F}$ 的本征态 φ 时,力学量 F 有确定值,这个值就是 $\hat{F}$ 在 φ 态中的本征值。在本书后面的章节中,我们将会看到,体系处于哈密顿算符 $\hat{H}$ 的本征态 φ_H 时,能量有确定值,这个值就是 $\hat{H}$ 在 φ_H 态中的本征值;体系处于动量算符 $\hat{p}$ 的本征态 φ_p 时,动量有确定值,这个值就是 $\hat{p}$ 在 φ_p 态中的本征值。

我们知道,所有力学量的数值都是实数。对于一个表示力学量的算符,既然该算符的本征值是这个力学量的可能值,则表示力学量的算符的本征值必须是实数。下面要介绍的厄密算符就具有这种性质,如果对于两个任意函数 ψ 和 φ,算符 $\hat{F}$ 满足下列等式:

$$\int \psi^* \hat{F} \varphi \mathrm{d}x = \int (\hat{F}\psi)^* \varphi \mathrm{d}x \tag{2.3-20}$$

则称 $\hat{F}$ 为厄密算符,其中 x 代表所有的变量,积分范围是所有变量变化的整个区域。由式(2.3-20)很容易证明厄密算符的本征值是实数,即以 λ 表示 $\hat{F}$ 的本征值, ψ 表示 $\hat{F}$ 所属的本征函数,则 $\hat{F}\psi=\lambda\psi$。在式(2.3-20)中,若取 $\varphi=\psi$,则有

$$\lambda \int \psi^* \psi \mathrm{d}x = \lambda^* \int \psi^* \psi \mathrm{d}x \tag{2.3-21}$$

由此可得 $\lambda = \lambda^*$,即 λ 是实数。

2.3.2　算符的期望

对于一个力学量(如坐标、动量等),它的本征值为 λ_1, λ_2, λ_3,…,该力学量的本征函数为 φ_1, φ_2, φ_3,…,当粒子处于某一个一般的量子状态 ψ 时,其中 $\psi(x) = \sum\limits_n c_n \varphi_n(x)$,这个力学量的算符的本征值 λ_1, λ_2, λ_3,…,就是这个力学量的可能值。这些可能值将各自以一定的概率出现,这些概率都可以由波函数 ψ 得出,每个可能值出现的概率都是确定的。在电子被晶体衍射的实验中,电子离开晶体后可能沿各种方向运动,由于电子沿这些方向的动量都是动量算符的本征值,则电子具有某一动量的概率是确定的。

按照由概率求平均值的法则,可以求得力学量 F 在 ψ 态中的平均值为

$$\bar{F} = \sum_n \lambda_n |c_n|^2 \tag{2.3-22}$$

式(2.3-22)可以改写为

$$\bar{F} = \int \psi^*(x) \hat{F} \psi(x) \mathrm{d}x \tag{2.3-23}$$

可以用 $\psi(x) = \sum\limits_n c_n \varphi_n(x)$ 及 $\varphi_n(x)$ 的正交归一性来证明式(2.3-22)和式(2.3-23)相等,即

$$\int \psi^*(x)\hat{F}\psi(x)\mathrm{d}x = \sum_{mn} c_m^* c_n \int \varphi_m^*(x)\hat{F}\varphi_n(x)\mathrm{d}x$$

$$= \sum_{mn} c_m^* c_n \lambda_n \int \varphi_n^*(x)\varphi_n(x)\mathrm{d}x = \sum_{mn} c_m^* c_n \lambda_n \delta_{mn} = \sum_n \lambda_n |c_n|^2 \qquad (2.3\text{-}24)$$

式(2.3-24)是量子力学中力学量平均值的一般公式,用它可以直接从表示力学量的算符和体系所处的状态得出力学量在这个状态中的平均值。在式(2.3-24)中，$\psi(x)$是归一化的波函数。对于没有归一化的波函数,可以通过式(2.3-25)完成归一化:

$$\bar{F} = \frac{\int \psi^*(x)\hat{F}\psi(x)\mathrm{d}x}{\int \psi^*(x)\psi(x)\mathrm{d}x} \qquad (2.3\text{-}25)$$

2.3.3 算符的对易

现在我们讨论算符间的关系及其物理意义。首先讨论坐标算符 $\hat{x}$ 和动量算符 $\hat{p}_x$。$\hat{p}_x$ 是微分算符,$\hat{x}$ 对波函数的作用是相乘,如果把这两个算符作用于同一个波函数,则所得结果取决于这两个算符作用的先后顺序。即对于任一波函数 ψ,有

$$\hat{x}\hat{p}_x\psi = \frac{\hbar}{\mathrm{i}}x\frac{\partial\psi}{\partial x}$$

$$\hat{p}_x\hat{x}\psi = \frac{\hbar\partial}{\mathrm{i}\partial x}(x\psi) = \frac{\hbar}{\mathrm{i}}x\frac{\partial\psi}{\partial x} + \frac{\hbar}{\mathrm{i}}\psi$$

可见,这两个结果并不相同,且

$$\hat{x}\hat{p}_x\psi - \hat{p}_x\hat{x}\psi = \mathrm{i}\hbar\psi \qquad (2.3\text{-}26)$$

由于 ψ 是任意的波函数,可把式(2.3-26)写为

$$[\hat{x},\hat{p}_x] = \hat{x}\hat{p}_x - \hat{p}_x\hat{x} = \mathrm{i}\hbar \qquad (2.3\text{-}27)$$

式(2.3-27)称为 $\hat{x}$ 和 $\hat{p}_x$ 的对易关系,而等式的右边不等于零,则称 $\hat{x}$ 和 $\hat{p}_x$ 是不对易的。由同样的讨论,可得

$$[\hat{y},\hat{p}_y] = \hat{y}\hat{p}_y - \hat{p}_y\hat{y} = \mathrm{i}\hbar \qquad (2.3\text{-}28\mathrm{a})$$

$$[\hat{z},\hat{p}_z] = \hat{z}\hat{p}_z - \hat{p}_z\hat{z} = \mathrm{i}\hbar \qquad (2.3\text{-}28\mathrm{b})$$

以及

$$[\hat{x},\hat{p}_y] = \hat{x}\hat{p}_y - \hat{p}_y\hat{x} = 0 \qquad (2.3\text{-}29\mathrm{a})$$

$$[\hat{x},\hat{p}_z] = \hat{x}\hat{p}_z - \hat{p}_z\hat{x} = 0 \qquad (2.3\text{-}29\mathrm{b})$$

$$[\hat{p}_x,\hat{p}_y] = \hat{p}_x\hat{p}_y - \hat{p}_y\hat{p}_x = 0 \qquad (2.3\text{-}29\mathrm{c})$$

式(2.3-29)的右边都是零,则称 $\hat{x}$ 和 $\hat{p}_y$, $\hat{x}$ 和 $\hat{p}_z$, $\hat{p}_x$ 和 $\hat{p}_z$ 是对易的。

式(2.3-27)至式(2.3-29)三式说明,动量分量和该分量所对应的坐标(如 $\hat{x}$ 和 $\hat{p}_x$,$\hat{y}$ 和 $\hat{p}_y$,$\hat{z}$ 和 $\hat{p}_z$)是不对易的,而与该分量不对应的坐标(如 $\hat{x}$ 和 $\hat{p}_y$ 等)是对易的,动量各分量之间也

是对易的。

力学量都是坐标和动量的函数，知道了坐标和动量之间的对易关系后，就可以得出其他力学量之间的对易关系。例如，角动量算符 $\hat{L}_x,\hat{L}_y,\hat{L}_z$ 之间的对易关系为

$$[\hat{L}_x,\hat{L}_y]=\hat{L}_x\hat{L}_y-\hat{L}_y\hat{L}_x=\mathrm{i}\hbar\hat{L}_z \tag{2.3-30a}$$

$$[\hat{L}_y,\hat{L}_z]=\hat{L}_y\hat{L}_z-\hat{L}_z\hat{L}_y=\mathrm{i}\hbar\hat{L}_x \tag{2.3-30b}$$

$$[\hat{L}_z,\hat{L}_x]=\hat{L}_z\hat{L}_x-\hat{L}_x\hat{L}_z=\mathrm{i}\hbar\hat{L}_y \tag{2.3-30c}$$

上面我们讨论了算符间的对易关系。我们看到，这类关系可以分为两种：一种是相互对易的，另一种是不对易的。现在再进一步分析算符间这两种对易关系的含义。

在什么情况下两个算符相互对易呢？如果两个算符 $\hat{F}$ 和 $\hat{G}$ 有一组共同本征函数 φ_n，而且 φ_n 可组成完全系，则算符 $\hat{F}$ 和 $\hat{G}$ 相互对易。下面证明这个定理。

因为

$$\hat{F}\varphi_n=\lambda_n\varphi_n,\hat{G}\varphi_n=\mu_n\varphi_n \tag{2.3-31}$$

且 λ_n,μ_n 分别是 $\hat{F}$ 和 $\hat{G}$ 的本征值，所以有

$$(\hat{F}\hat{G}-\hat{G}\hat{F})\varphi_n=\lambda_n\mu_n\varphi_n-\mu_n\lambda_n\varphi_n=0 \tag{2.3-32}$$

设 ψ 是任意波函数，由于 φ_n 可组成完全系，则可以将 ψ 按本征函数 φ_n 展开，即

$$\psi=\sum_n a_n\varphi_n \tag{2.3-33}$$

于是有

$$(\hat{F}\hat{G}-\hat{G}\hat{F})\psi=\sum_n a_n(\hat{F}\hat{G}-\hat{G}\hat{F})\varphi_n=0 \tag{2.3-34}$$

由于 ψ 是任意波函数，所以有

$$\hat{F}\hat{G}-\hat{G}\hat{F}=0 \tag{2.3-35}$$

即定理得证。

这个定理的逆定理也成立，即如果两个算符对易，则这两个算符有组成完全系的共同本征函数。在由两个算符的共同本征函数所描写的态中，这两个算符所表示的力学量同时有确定值。

由本节所列出的一些对易关系可以看出，普朗克常数 h 在力学量的对易关系中占有重要的地位，它标志着微观规律性和宏观规律性之间的差异。如果普朗克常数 h 在所讨论的问题中可以略去，则坐标和动量、角动量各分量之间都是对易的，这些力学量都同时有确定值，这样微观规律性就过渡到了宏观规律性。

2.3.4 波粒二象性与海森堡不确定关系

量子力学中对粒子状态的描写方式和经典力学中对质点状态的描写方式完全不一样。

在经典力学中，通常是用质点的坐标和动量（或速度）的值来描写质点的状态。质点的其他力学量（如能量等）是坐标和动量的函数。当坐标和动量确定后，其他力学量也就随之确定。例如，对于一个无转动或其转动可以不计的自由粒子来说，如果知道它的位置 q、速度 V 和质量 m，则其物理状态是确定的。当然，q 和 V 的数值必须是对应的数值，也就是说它们必须是同时测得的。我们也可以用动量 $p=mV$ 代替速度 V，从而使得经典粒子的状态可以用坐标 q 和动量 p 来描述。

但是，由式（1.4-12）可知 $\Delta x\Delta p_x \geqslant h$，即电子在单缝衍射实验中，电子通过狭缝时坐标和动量不可能同时具有确定值。也就是说，可将描述粒子运动状态的波函数 $\Psi(r, t)$ 写成坐标与动量的函数，即 $\Psi(p, q)$。如果考虑到 p 和 q 不能同时精确确定的事实，就必须用 p 和 q 的概率描述来代替它们的精确描述。这时我们引入概率密度 $d(q)$ 和 $d(p)$，对于每个 q 值和每个 p 值，都对应有一个值表示此数值将出现的概率。这里所用符号 $d(\ )$ 的一般意义是指某某的分布，因此概率密度 $d(q)$ 和 $d(p)$ 的表达式是不同的数学函数。通常，这些函数所给出的概率不是对等于 q 或 p 的明确值，而是对等于一个微小间隔 $q\sim q+\mathrm{d}q$ 或 $p\sim p+\mathrm{d}p$ 内存在的概率密度。表达式 $d(q)\mathrm{d}q$ 和 $d(p)\mathrm{d}p$ 代表概率，而 $d(q)$ 和 $d(p)$ 则称为概率密度。这点也能用如下积分方式表示：

$$\int_{q_1}^{q_2} d(q)\mathrm{d}q \text{ 和 } \int_{p_1}^{p_2} d(p)\mathrm{d}p \tag{2.3-36}$$

式（2.3-36）是发现 q 的数值处在 q_1 和 q_2 之间或 p 的数值处在 p_1 和 p_2 之间的概率。

波函数概率分布只能通过一系列的测量来确定，单独一次测量是不能确定的。因此，所谓测量的精确度，说得确切些就是指我们对某种物理系统进行一类测量的精确度。在这个意义上，可以说任何一次测量的目的都是为了确定概率函数 d。d 通常是高斯函数，它代表一条遵循高斯分布的曲线（图 2.3-1），此曲线越陡表示测量越精确。经典物理学假定，只要充分精确地进行设计和测量，每条这样的曲线都能得到任意精确度的结果。

然而，在量子力学中，这个假定被放弃了，理由如下。

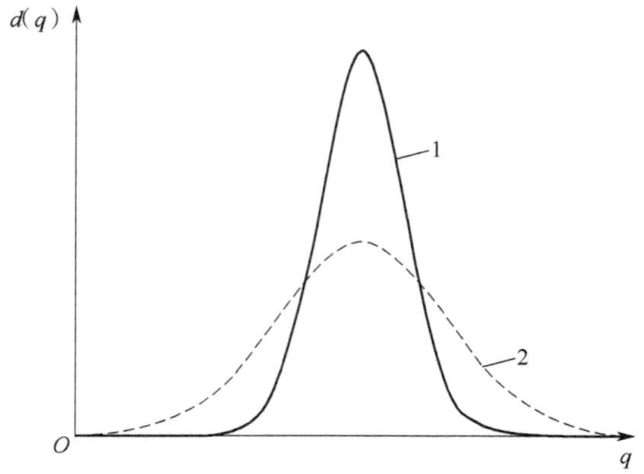

图2.3-1　高斯分布曲线（或称标准曲线）

曲线 1—q 的精确度较高的测量；曲线 2—q 的精确度较低的测量

经典物理学认为 $d(q)$ 和 $d(p)$ 两条曲线彼此独立无关，量子力学则提出了一个法则——它们并不独立。其观念可通过一个数学原理表示，按照这个原理，在给定时刻 t，我们能从一个数学函数 $\Psi(q)$ 导出曲线 $d(q)$ 和 $d(p)$，这一推导的特点在于 $d(q)$ 和 $d(p)$ 两条曲线之间有一定的逻辑联系。将两个概率分布凝缩到了一个函数 Ψ 中，这是量子力学的基本原理之一。事实表明，用这个原理所确立的两个分布函数之间的联系具有如下结构：如果一条曲线很陡，另一条曲线就一定很平坦。从物理上来说，这意味着 p 和 q 的测量不能彼此无关地进行，容许精确测量 q 的装置一定使 p 的任何一次测量都不精确，反之亦然。

函数 $\Psi(q)$ 具有波动特征，它是一个由复数 Ψ 确定的波。这种波是由德布罗意和薛定谔引入的，从历史上来说，它的引入可以回溯到光的理论中波动解释和微粒解释之间的争论。任意波长 λ 都对应有一个动量，其大小为

$$p=\frac{h}{\lambda} \tag{2.3-37}$$

由式(2.3-37)可知，动量 p 的概率便与对应的波长 λ 所属的振幅 σ 联系起来。测得数值 p 的概率按如下形式取决于 $\Psi(q)$ 的谱分解中所出现的振幅 $\sigma(\lambda)$ 的平方：

$$d(p)\propto|\sigma(\lambda)|^2 \tag{2.3-38}$$

这清楚地表明了函数 Ψ 所确立的 $d(q)$ 和 $d(p)$ 两个分布之间的联系，因为它们把这两个分布归结到同一个根源。

现在讨论两个算符不对易的情况。从上面的讨论可知，当两个算符 $\hat{F}$ 和 $\hat{G}$ 不对易时，一般来讲，它们不能同时有确定值。我们直接从对易关系来肯定这一结论，并估计在同一个态 ψ 中，两个不对易算符 $\hat{F}$ 和 $\hat{G}$ 不确定程度之间的关系。

设 $\hat{F}$ 和 $\hat{G}$ 的对易关系为

$$\hat{F}\hat{G}-\hat{G}\hat{F}=\mathrm{i}\hat{k} \tag{2.3-39}$$

式中：$\hat{k}$ 是一个算符或者普通的数。

用 $\overline{F}$，$\overline{G}$ 和 $\overline{k}$ 分别表示算符 $\overline{F}$，$\overline{G}$ 和 $\overline{h}$ 在态 ψ 中的平均值，且有

$$\Delta\hat{F}=\hat{F}-\overline{F},\Delta\hat{G}=\hat{G}-\overline{G} \tag{2.3-40}$$

可以证明 $\Delta\hat{F}$ 和 $\Delta\hat{G}$ 满足下列关系：

$$\overline{(\Delta\hat{F})^2}\cdot\overline{(\Delta\hat{G})^2}\geqslant\frac{\overline{k}^2}{4} \tag{2.3-41}$$

如果 $\overline{k}$ 不为零，则 $\hat{F}$ 和 $\hat{G}$ 的均方差不会同时为零，它们的乘积要大于一个正数。式(2.3-41)称为不确定关系。把这种不确定关系应用于坐标和动量，因为 $x\hat{p}_x-\hat{p}_x x=\mathrm{i}\hbar,\overline{k}=\hbar$，于是有

$$\overline{(\Delta x)^2}\cdot\overline{(\Delta p_x)^2}\geqslant\frac{\hbar^2}{4}$$

这是坐标和动量的不确定关系。$\overline{(\Delta x)^2}$ 和 $\overline{(\Delta p_x)^2}$ 不能同时为零，坐标 x 的均方偏差越小，则

与它共轭的动量 p_x 的均方偏差越大。不确定关系是量子力学中的基本关系，它反映了微观粒子的波粒二象性。

2.4 定态薛定谔方程

2.4.1 定态薛定谔方程

现在我们求解薛定谔方程(2.1-13)。假设哈密顿算符 $\hat{H}$ 不含时间，则薛定谔方程(2.1-13)可以通过分离变量法来求解(注意：分离变量法是求解物理学中的偏微分方程的首选)。设薛定谔方程(2.1-13)有变量分离形式的解，即

$$\Psi(r, t)=\psi(r)f(t) \tag{2.4-1}$$

式中：$\psi(r)$是一个只与空间变量 r 有关的函数(波函数的空间部分)；$f(t)$是一个只与时间 t 有关的函数(波函数的时间部分)。

将式(2.4-1)代入薛定谔方程(2.1-13)，可得

$$\mathrm{i}\hbar\frac{\partial}{\partial t}[\psi(r)f(t)]=\hat{H}[\psi(r)f(t)]=f(t)\hat{H}\psi(r) \tag{2.4-2}$$

式(2.4-2)两边同时除以 $\psi(r)f(t)$，可得

$$\mathrm{i}\hbar\frac{1}{f(t)}\frac{\mathrm{d}f}{\mathrm{d}t}=\frac{\hat{H}\psi(r)}{\psi(r)} \tag{2.4-3}$$

式(2.4-3)两边对 t 求导数(注意到右边不含 t)，可得

$$\frac{\mathrm{d}}{\mathrm{d}t}\left[\mathrm{i}\hbar\frac{1}{f(t)}\frac{\mathrm{d}f}{\mathrm{d}t}\right]=\frac{\mathrm{d}}{\mathrm{d}t}\left[\frac{\hat{H}\psi(r)}{\psi(r)}\right]=0 \tag{2.4-4}$$

于是

$$\mathrm{i}\hbar\frac{1}{f(t)}\frac{\mathrm{d}f}{\mathrm{d}t}=\frac{\hat{H}\psi(r)}{\psi(r)}=E(\text{常数}) \tag{2.4-5}$$

式中：E 是分离常数。

由式(2.4-5)可得波函数的时间部分和空间部分所满足的方程分别为

$$\frac{\mathrm{d}f}{f}=-\frac{\mathrm{i}}{\hbar}E\mathrm{d}t \tag{2.4-6a}$$

$$\hat{H}\psi(r)=E\psi(r) \tag{2.4-6b}$$

对式(2.4-6a)积分，可得波函数的时间部分为

$$f(t)=c\cdot\exp\left(-\frac{\mathrm{i}}{\hbar}Et\right) \tag{2.4-7}$$

式(2.4-6b)是哈密顿算符 $\hat{H}$ 的本征方程,波函数的空间部分 $\psi(r)$是本征函数,而分离常数 E 就是本征值。对于式(2.3-14)所示的哈密顿算符,式(2.4-6b)可写为

$$\left(-\frac{\hbar^2}{2m}\nabla^2+U(r)\right)\psi(r)=E\psi(r) \tag{2.4-8}$$

式(2.4-8)不含时间,称为定态薛定谔方程;相应地,式(2.1-13)则称为含时薛定谔方程。进而将式(2.4-7)代入式(2.4-1),可得

$$\varPsi(r,t)=c\psi(r)\exp\left(-\frac{\mathrm{i}}{\hbar}Et\right) \tag{2.4-9}$$

鉴于该波函数的空间部分 $\psi(r)$是哈密顿算符 $\hat{H}$ 的本征函数,因此将式(2.4-9)称为薛定谔方程(2.1-13)的本征解。

2.4.2　本征解的性质

对薛定谔方程的本征解式(2.4-9)讨论如下。

(1)这个解的时间依赖性表现为 $\exp(-\mathrm{i}\omega t)=\cos\omega t-\mathrm{i}\sin\omega t$,其中 $\omega=E/\hbar$。它呈现正弦波 $\sin\omega t$ 和余弦波 $\cos\omega t$ 的形式,可见薛定谔方程具有波动方程的特征。

(2)式(2.4-9)必须服从归一化条件,即

$$\int|\psi(r,t)|^2\mathrm{d}r=\int|\psi(r)|^2\,\mathrm{d}r=1 \tag{2.4-10}$$

如果将式(2.4-9)中的 E 写为 $E=E_0+\mathrm{i}E_1$ 的形式(E_0 和 E_1 均为实数),则有

$$\int\left|\psi(r)\exp\left[-\frac{\mathrm{i}}{\hbar}(E_0+\mathrm{i}E_1)t\right]\right|^2\mathrm{d}r=\exp\left(2\frac{E_1}{\hbar}t\right)\int|\psi(r)|^2\,\mathrm{d}r \tag{2.4-11}$$

为了使式(2.4-11)在任何时刻 t 都满足归一化条件式(2.4-10),必须有 $E_1=0$。由此可以确定 E 是实数。

(3)由式(2.4-9)可以看出 $\varPsi(r,0)=\psi(r)$,即含时薛定谔方程的本征解 $\varPsi(r,t)$在 $t=0$ 时的波函数就是定态薛定谔方程的解 $\psi(r)$,因此 $\psi(r)$可以称为定态波函数,它所描述的状态称为定态。

(4)尽管波函数式(2.4-9)明显依赖于时间 t,但是其概率密度

$$|\varPsi(r,t)|^2=\left|\psi(r)\exp\left(-\frac{\mathrm{i}}{\hbar}Et\right)\right|^2=|\psi(r)|^2 \tag{2.4-12}$$

却在时间演化中维持不变。

下面讨论式(2.4-5)中分离常数 E 的物理意义。式(2.4-7)中的指数函数是无量纲量,而 h 的单位是 J·s,所以 E 的单位为 J,因而分离常数 E 有能量的量纲。进一步求哈密顿算符 $\hat{H}$ 的期望值,即

$$\langle\hat{H}\rangle=\int\hat{H}\Psi(r,t)\Psi^*(r,t)\mathrm{d}r=\int\hat{H}\psi^*(r)\exp\left(\frac{\mathrm{i}}{\hbar}Et\right)\psi(r)\exp\left(-\frac{\mathrm{i}}{\hbar}Et\right)\mathrm{d}r$$

$$=\int\psi^*(r)\hat{H}\psi(r)\mathrm{d}r=E\int|\psi(r)|^2\,\mathrm{d}r=E\int|\Psi(r,0)|^2\,\mathrm{d}r=E \tag{2.4-13}$$

由此可见，分离常数 E 即为哈密顿算符 $\hat{H}$ 的期望值。第 2.3 节提到哈密顿算符 $\hat{H}$ 为能量算符，故分离常数即为定态系统的总能量。

2.4.3 一维无限深势阱

考虑在一维空间中运动的粒子，其质量为 μ，势能 U 在一定区域内（x=$-a$~a）为零，而在此区域外势能为无限大（图 2.4-1），即

$$U(x)=0,\quad |x|<a \tag{2.4-14a}$$

$$U(x)=\infty,\quad |x|\geqslant a \tag{2.4-14b}$$

这种势称为一维无限深势阱。在该势阱内（$|x|<a$），体系所满足的定态薛定谔方程为

$$-\frac{\hbar^2}{2m}\frac{\mathrm{d}^2\psi}{\mathrm{d}x^2}=E\psi,\quad |x|<a \tag{2.4-15}$$

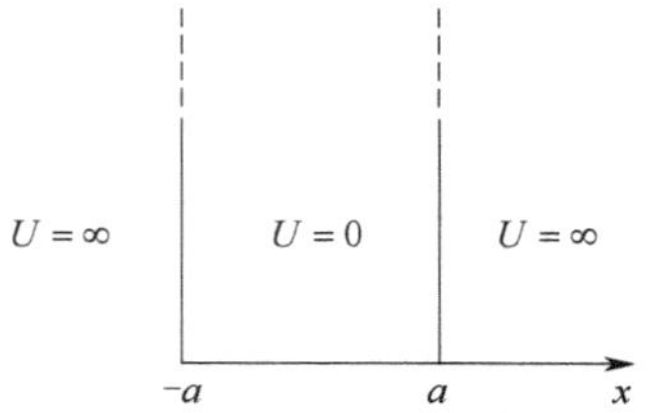

图2.4-1 一维无限深势阱问题中的势场分布示意图

在该势阱外（$|x|\geqslant a$），体系所满足的定态薛定谔方程为

$$-\frac{\hbar^2}{2m}\frac{\mathrm{d}^2\psi}{\mathrm{d}x^2}+U\psi=E\psi,\quad |x|\geqslant a \tag{2.4-16}$$

式（2.4-16）中，$U\to\infty$。根据波函数应满足的连续性和有限性条件，只有当 ψ=0 时，式（2.4-16）才能成立，所以有

$$\psi=0,\quad |x|\geqslant a \tag{2.4-17}$$

这是求解式（2.4-15）时需要用到的边界条件。

简单起见，引入符号

$$k=\left(\frac{2mE}{\hbar^2}\right)^{\frac{1}{2}} \tag{2.4-18}$$

则式（2.4-15）可简写为

$$\frac{\mathrm{d}^2\psi}{\mathrm{d}x^2}+k^2\psi=0,\quad |x|<a$$

它的解为

$$\psi = A\sin kx + B\cos kx, \quad |x| < a \tag{2.4-19}$$

根据 ψ 的连续性,由式(2.4-17)及式(2.4-19),有

$$A\sin ka + B\cos ka = 0$$

$$-A\sin ka + B\cos ka = 0$$

由此得到

$$A\sin ka=0 \tag{2.4-20a}$$

$$B\cos ka=0 \tag{2.4-20b}$$

且 A 和 B 不能同时为零,否则 ψ 将处处为零,这在物理上是没有意义的。因此,我们得到两组解:

$$A=0,\ \cos ka=0 \tag{2.4-21}$$

$$B=0,\ \sin ka=0 \tag{2.4-22}$$

由此可求得

$$ka = n\frac{\pi}{2}, \quad n = 1,2,3,\cdots \tag{2.4-23}$$

对于第一组解,n 为奇数;对于第二组解,n 为偶数。$n=0$ 对应于 ψ 恒为零的解,n 等于负整数时不给出新的解。

由式(2.4-18)和式(2.4-23),可得体系的能量为

$$E_n = \frac{\pi^2\hbar^2 n^2}{8ma^2}, \quad n\text{ 为正整数} \tag{2.4-24}$$

对应于量子数 n 的全部可能值,有无限多个能量值,它们组成体系的分立能级。

将式(2.4-21)、式(2.4-22)依次代入式(2.4-19),并考虑式(2.4-23)及式(2.4-17),可得一组解的波函数为

$$\psi_n = \begin{cases} A\sin\dfrac{n\pi}{2a}x, & n\text{为正偶数}, \quad |x| < a \\ 0, & |x| \geqslant a \end{cases} \tag{2.4-25}$$

另一组解的波函数为

$$\psi_n = \begin{cases} B\cos\dfrac{n\pi}{2a}x, & n\text{为正奇数}, \quad |x| < a \\ 0, & |x| \geqslant a \end{cases} \tag{2.4-26}$$

式(2.4-25)和式(2.4-26)可以合并为一个式子,即

$$\psi_n = \begin{cases} A'\sin\dfrac{n\pi}{2a}(x+a), & |x| < a \\ 0, & |x| \geqslant a \end{cases}$$

常系数 A' 可由归一化条件

$$\int_{-\infty}^{+\infty} |\psi|^2 \, dx = 1$$

求出，即 $A'=\dfrac{1}{\sqrt{a}}$。

一维无限深势阱中粒子的定态波函数为

$$\Psi_n(x,t)=\Psi_n(x)e^{-\frac{i}{\hbar}E_n t}=A'\sin\frac{n\pi}{2a}(x+a)e^{-\frac{i}{\hbar}E_n t}$$

应用公式 $\sin\theta=\dfrac{e^{i\theta}-e^{-i\theta}}{2i}$，可将上式中的正弦函数写成指数函数，即有

$$\Psi_n(x,t)=C_1 e^{\frac{i}{\hbar}\left(\frac{n\pi t}{2a}x-E_n t\right)}+C_2 e^{-\frac{i}{\hbar}\left(\frac{n\pi t}{2a}x+E_n t\right)}$$

式中：C_1 和 C_2 是两个常数。

由此可知，$\Psi_n(x, t)$是由两个沿相反方向传播的平面波叠加而成的驻波。

波函数式（2.4-25）和式（2.4-26）在$|x|\geqslant a$ 时均为零，即粒子被束缚在势阱内部。通常把在无限远处为零的波函数所描写的状态称为束缚态。一般来说，束缚态所属的能级是分立的。

体系中能量最低的态称为基态。一维无限深势阱中粒子的基态是 n=1 的本征态；基态能量和波函数可分别由式（2.4-24）及式（2.4-26）令 n=1 得出。

当 n 为偶数时，由式（2.4-25）可知，$\psi_n(-x)=-\psi_n(x)$，即 ψ_n 是 x 的奇函数。当 n 为奇数时，由式（2.4-26）可知，$\psi_n(-x)=\psi_n(x)$，即 ψ_n 是 x 的偶函数。本征函数所具有的这种确定的奇偶性是由势能对原点的对称性决定的。

图 2.4-2 给出了一维无限深势阱中粒子的前四个能量本征函数，可以看出 ψ_n 与 x 轴有 $n-1$ 个交点。图 2.4-3 给出了一维无限深势阱中粒子的前四个位置概率密度分布。

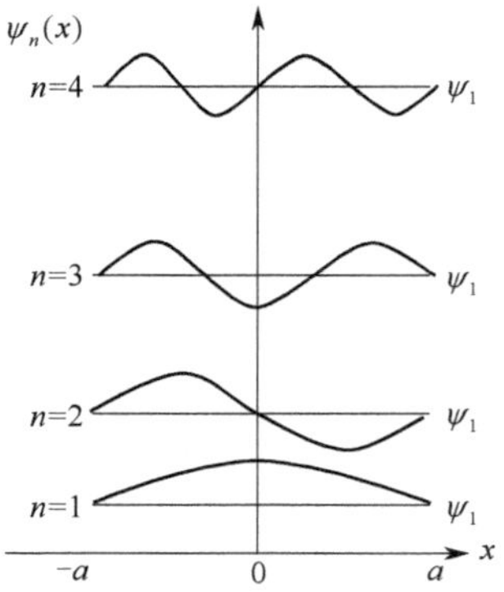

图2.4-2　一维无限深势阱中粒子的能量本征函数

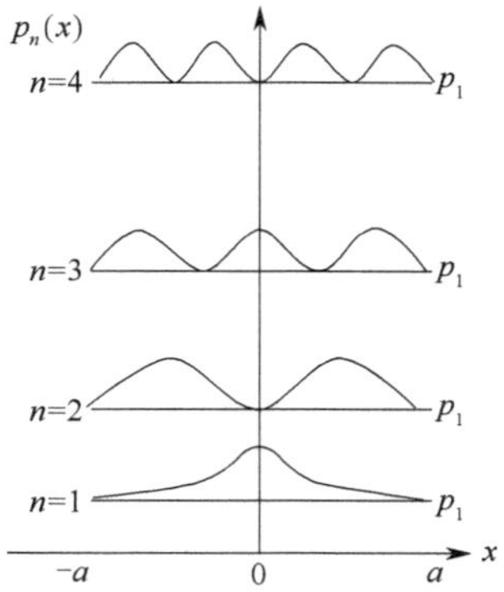

图2.4-3　一维无限深势阱中粒子的位置概率密度分布

例 2-3　已知一维无限深势阱的基态波函数为 $\psi_n=\sqrt{\dfrac{2}{a}}\sin\dfrac{n\pi}{a}$，假定势阱宽度 a=1，可知此时$|\psi(x)|^2=2\sin^2\pi x$。如果 x=1/2，则$|\psi(x)|^2$=2>1。这是否能说明势阱宽度不能为 1。

解　否。从波函数的物理意义可给出简单解释，即波函数模的平方表示粒子在某个位置出现的概率密度，概率密度的值可以大于 1。

例 2-4　求在一维无限深势阱（宽度为 a）中粒子概率密度最大值的位置。

解　一维无限深势阱中粒子的概率密度为

$$|\psi_n(x)|^2=\frac{2}{a}\sin^2\frac{n\pi}{a}x,\quad n=1,2,3,\cdots$$

概率密度最大值出现的位置 $x_m=(2k+1)\frac{a}{2n}$，其中 k=0, 1, 2, ⋯, n−1。可见，概率密度最大值的数目和量子数 n 相等，相邻概率密度最大值之间的间隔为

$$\Delta x_m=x_m(k+1)-x_m(k)=\frac{a}{n}$$

当 $n\to+\infty$ 时，$\Delta x_m\approx 0$，概率分布均匀，与经典理论的结论一致。

例 2-5　一个电子在一维无限深势阱（宽度分别为 1.0 cm 和 1 Å）中运动。试讨论这两种情况下相邻能级的能量差。

解　由一维无限深势阱中的能量公式 $E=\frac{\pi^2\hbar^2}{2ma^2}n^2=\frac{h^2}{8ma^2}n^2$，可得两相邻能级的能量差为

$$\Delta E=E_{n+1}-E_n=(2n+1)\frac{h^2}{8ma^2}$$

当 a=1 cm 时，有

$$\Delta E=(2n+1)\times 37.7\times 10^{-15}\ \text{eV}$$

当 a=1 Å 时，有

$$E=37.7\times n^2\ \text{eV},\ \Delta E=(2n+1)\times 37.7\ \text{eV}$$

当 $n\gg 1$ 时，能级的相对间隔近似为

$$\frac{\Delta E_n}{E_n}\approx\frac{2n\frac{h^2}{8ma^2}}{n^2\frac{h^2}{8ma^2}}=\frac{2}{n}$$

当 $n\to+\infty$ 时，ΔE_n 较之 E_n 要小得多，能量的量子化效应就不再显著，可以认为能量是连续的，经典和量子概率空间分布趋于一致。

2.4.4　线性谐振子

如果在某一给定空间内运动的粒子的势能为 $\frac{1}{2}m\omega^2x^2$，其中 ω 是常量，则这种体系就称为线性谐振子。它的重要性在于许多体系都可以近似地看作线性谐振子。例如，双原子分子中两个原子之间的势能 U 是两个原子间距离 x 的函数，其势能曲线如图 2.4-4 所示。可以

看出，在 $x=a$ 处，势能有一极小值，这是一个稳定平衡点。在该点附近，势能 U 可以展开成 $(x-a)$ 的幂级数，又因为在 $x=a$ 处 $\frac{\partial U}{\partial x}=0$，所以 U 可以近似地写为

$$U=U_0+\frac{k}{2}(x-a)^2$$

式中：k 和 U_0 都是常量。这正是线性谐振子的势能。一般来说，任何一个体系在稳定平衡点附近都可以近似地用线性谐振子来表示。

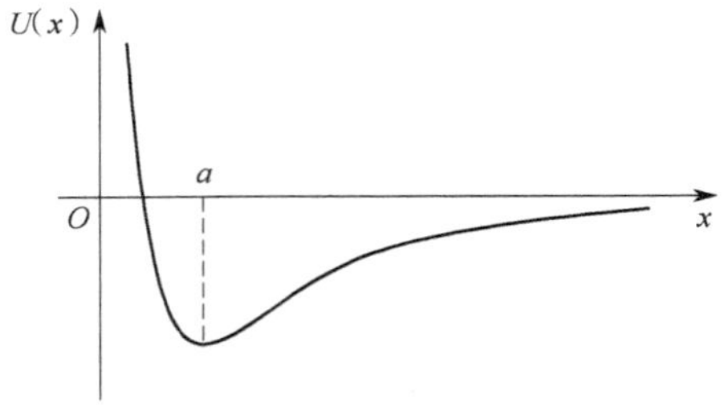

图2.4-4　双原子分子中两个原子间的势能曲线

在经典力学中，线性谐振子的运动是简谐运动。对于势能为 $\frac{1}{2}\mu\omega^2x^2$ 的线性谐振子，其坐标和时间的关系是 $x=a\sin(\omega t+\delta)$，其中 a 是振幅，δ 是初相位。

现在我们来求解量子力学中的线性谐振子问题，即求解该体系的能级和波函数。选取适当的坐标系使粒子的势能为 $\frac{1}{2}m\omega^2x^2$，则体系的薛定谔方程可写为

$$\frac{\hbar^2}{2m}\frac{\mathrm{d}^2\psi}{\mathrm{d}x^2}+\left(E-\frac{1}{2}m\omega^2x^2\right)\psi=0 \tag{2.4-27}$$

简便起见，引入没有量纲的变量 ξ 代替 x，两者的关系为

$$\xi\equiv\sqrt{\frac{m\omega}{\hbar}}x\equiv\alpha x,\ \alpha=\sqrt{\frac{m\omega}{\hbar}} \tag{2.4-28}$$

并令

$$\lambda\equiv\frac{2E}{\hbar\omega} \tag{2.4-29}$$

以 $\frac{2}{\hbar\omega}$ 乘以式(2.4-27)，由式(2.4-28)及式(2.4-29)，薛定谔方程可改写为

$$\frac{\mathrm{d}^2\psi}{\mathrm{d}\xi^2}+(\lambda-\xi^2)\psi=0 \tag{2.4-30}$$

这是一个变系数二阶常微分方程。为了求这个方程的解，我们先看 ψ 在 $\xi\to\pm\infty$ 时的渐近行为。当$|\xi|$很大时，λ 与 ξ^2 相比可以忽略，因而在 $\xi\to\pm\infty$ 时，式(2.4-30)可写为

$$\frac{d^2\psi}{d\xi^2}=\xi^2\psi$$

它的解是 $\psi\sim e^{\pm\frac{\xi^2}{2}}$，因而这就是式（2.4-30）的渐近解（即 $\xi\to\pm\infty$ 时的解）。因为波函数的标准条件要求当 $\xi\to\pm\infty$ 时 ψ 应为有限的，所以我们对波函数只取指数上的负号，即 $\psi\sim e^{-\frac{1}{2}\xi^2}$。

根据上面的讨论，我们把 ψ 写成如下形式来求式（2.4-30）的解：

$$\psi(\xi)=e^{-\frac{\xi^2}{2}}H(\xi) \tag{2.4-31}$$

当 ξ 有限时，式（2.4-31）中待求的函数 $H(\xi)$ 的值也应为有限大小；而当 $\xi\to\pm\infty$ 时，函数 $H(\xi)$ 的行为也必须保证 $\psi(\xi)$ 有限，只有这样才能满足波函数的标准条件。

将式（2.4-31）代入式（2.4-30），需先求出式（2.4-31）对 ξ 的二级微商，即

$$\frac{d\psi}{d\xi}=\left(-\xi H+\frac{dH}{d\xi}\right)e^{-\frac{\xi^2}{2}}$$

$$\frac{d^2\psi}{d\xi^2}=\left(-H-2\xi\frac{dH}{d\xi}+\xi^2H+\frac{d^2H}{d\xi^2}\right)e^{-\frac{\xi^2}{2}}$$

然后代入并整理，可得到 $H(\xi)$ 满足以下方程：

$$\frac{d^2H}{d\xi^2}-2\xi\frac{dH}{d\xi}-(\lambda-1)H=0 \tag{2.4-32}$$

采用级数解法，把 H 展开成 ξ 的幂级数，以求该方程的解。这个级数必须只含有限项，才能在 $\xi\to\pm\infty$ 时使 $\psi(\xi)$ 有限；而级数只含有限项的条件是 λ 为奇数，即

$$\lambda=2n+1,\quad n=0,1,2,\cdots \tag{2.4-33}$$

将式（2.4-33）代入式（2.4-29），可求得线性谐振子的能级为

$$E_n=\hbar\omega\left(n+\frac{1}{2}\right),\quad n=0,1,2,\cdots \tag{2.4-34}$$

因此，线性谐振子的能量只能取分立值（图 2.4-5）。两相邻能级间的间隔均为 $\hbar\omega$，即

$$E_{n+1}-E_n=\hbar\omega \tag{2.4-35}$$

这和普朗克假设一致。线性谐振子的基态（n=0）能量

$$E_0=\frac{1}{2}\hbar\omega \tag{2.4-36}$$

称为零点能。线性谐振子的零点能是不确定关系所要求的最小能量。

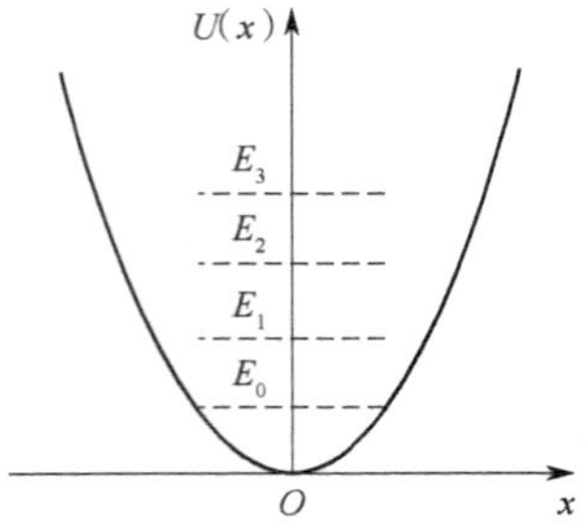

图2.4-5　线性谐振子的能级

有关光被晶体散射的实验可以证明零点能的存在。光被晶体散射是由于晶体中原子的振动。按照量子力学以前的理论，当温度趋向于绝对零度时，原子能量趋近于零，原子趋于静止，这时就不会引起光的散射。然而，实验证明，温度趋向于绝对零度时，散射光的强度趋向于某一个不为零的极限值。这说明即使在绝对零度，原子仍有零点振动。

对应于式(2.4-33)中不同的 n 或不同的 λ，式(2.4-31)有不同的解 $H_n(\xi)$。称 $H_n(\xi)$为厄密多项式，它可以表示为

$$H_n(\xi)=(-1)^n e^{\xi^2}\frac{d^n e^{-\xi^2}}{d\xi^n} \tag{2.4-37}$$

$H_n(\xi)$的最高次幂是 n，它的系数是 2^n。由式(2.4-37)可以得出 $H_n(\xi)$满足下列递推关系：

$$\frac{dH_n}{d\xi}=2nH_{n-1}(\xi) \tag{2.4-38}$$

$$H_{n+1}(\xi)-2\xi H_n(\xi)+2nH_{n-1}(\xi)=0 \tag{2.4-39}$$

下面列出前面几个厄密多项式：

$$\begin{cases} H_0=1, H_1=2\xi \\ H_2=4\xi^2-2, H_3=8\xi^3-12\xi \\ H_4=16\xi^4-48\xi^2+12 \\ H_5=32\xi^5-160\xi^3+120\xi \end{cases} \tag{2.4-40}$$

由式(2.4-31)，可得对应于能量 E_n 的波函数为

$$\psi_n(\xi)=N_n e^{-\frac{\xi^2}{2}}H_n(\xi) \tag{2.4-41}$$

或

$$\psi_n(x)=N_n e^{-\frac{\alpha^2}{2}x^2}H_n(\alpha x) \tag{2.4-42}$$

这个函数称为厄密函数，其中 N_n 是归一化常数，由归一化条件

$$\int_{-\infty}^{+\infty}\psi_n^*(x)\psi_n(x)dx=1$$

可得

$$N_n = \left(\frac{\alpha}{\pi^{\frac{1}{2}} 2^n n!} \right)^{\frac{1}{2}}$$

图 2.4-6 给出了线性谐振子的前六个波函数，其中粗横线表示具有相同能量的经典线性谐振子的振动范围。由图 2.4-6 及式(2.4-41)都可以看出，$\psi_n(\xi)$在有限范围内与 ξ 轴相交 n 次，即 $\psi_n(\xi)=0$ 有 n 个根，或者说 $\psi_n(\xi)$有 n 个节点。

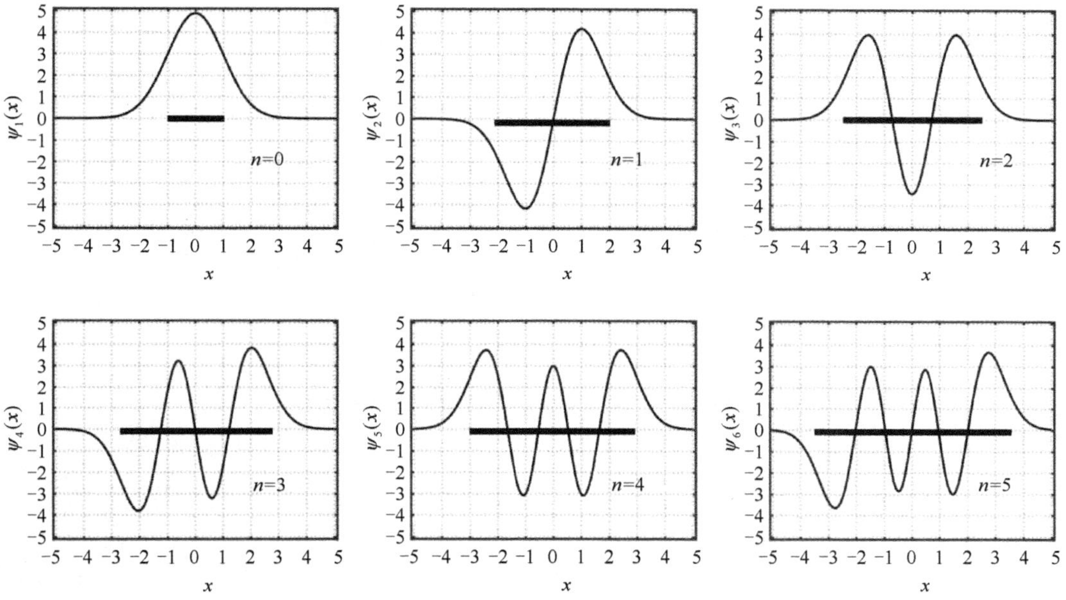

图2.4-6　线性谐振子的前六个波函数

图 2.4-7 给出了线性谐振子的前四个概率密度，其中实线表示线性谐振子不同状态(n=0,1,2,3)的概率密度$|\psi_n(\xi)|^2$。下面我们把它和经典情况做比较。

在经典力学中，在 ξ~ξ+dξ 的区域内找到质点的概率 $\omega(\xi)$dξ 与质点在此区域内逗留的时间 dt 成比例，即

$$\omega(\xi)\mathrm{d}\xi = \frac{\mathrm{d}t}{T}$$

式中：T 是振动周期。

由此可得

$$\omega(\xi) = \frac{1}{T\dfrac{\mathrm{d}\xi}{\mathrm{d}t}} = \frac{1}{VT}$$

即概率密度与质点的速度成反比。对于经典的线性谐振子，ξ=$a\sin(\omega t+\delta)$，其在 ξ 点的速度为

$$V=\frac{\mathrm{d}\xi}{\mathrm{d}t}=a\omega\cos(\omega t+\delta)=a\omega\left(1-\frac{\xi^2}{a^2}\right)^{\frac{1}{2}}$$

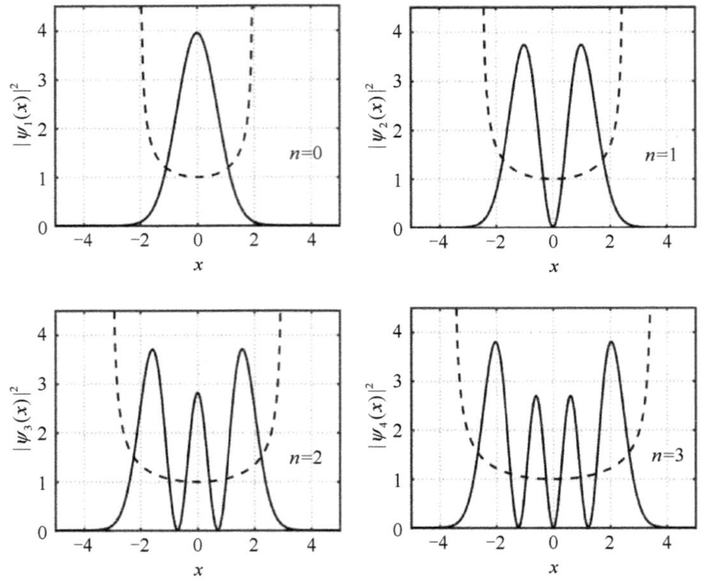

图2.4-7　线性谐振子的前四个概率密度

所以，概率密度与$\left(1-\frac{\xi^2}{a^2}\right)^{\frac{1}{2}}$成比例。图 2.4-7 中的虚线表示经典线性谐振子的概率密度。由图 2.4-7 可以看出，当线性谐振子在前几个量子态时，概率密度与经典情况毫无相似之处；当量子数 n 增大时，相似性也随之增加。当 n=10 时（图 2.4-8），两种情况在平均上已相当符合，差别只在于$|\psi_n(\xi)|^2$迅速振荡而已。

例 2-6　求线性谐振子在第一激发态时概率最大位置。

解　线性谐振子在第一激发态的函数为

$$\psi_1(x)=\sqrt{\frac{\alpha}{2\sqrt{\pi}}}\cdot\exp\left[-\frac{1}{2}(\alpha x)^2\right]H_1(\alpha x)$$

其中，$H_1(\alpha x)=2\alpha x$。

第一激发态时概率最大位置满足$\frac{\mathrm{d}}{\mathrm{d}x}|\psi_1(x)|^2=0$，可得$x_{\mathrm{m}}=\pm\sqrt{\frac{\hbar}{m\omega}}$。

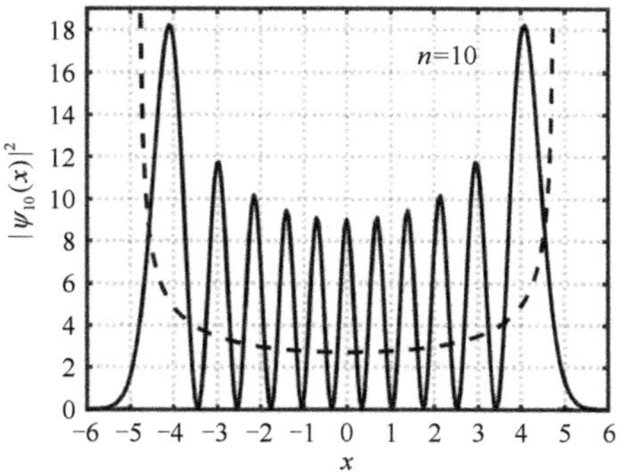

图2.4-8　n=10时线性谐振子的概率密度

2.5　量子隧穿

2.5.1　量子隧穿效应

在前面讨论的问题中，体系的势能在无限远处都是无限大，波函数在无限远处为零，这个条件使得体系的能级是分立的。上一节中，我们正是利用这个边界条件定出能级，求得波函数的具体形式。本节中，我们将讨论体系势能在无限远处为有限（下面取它为零）的情况，这时粒子可以在无限远处出现，波函数在无限远处不为零，由于没有无限远处波函数为零的约束，体系能量可以取任意值，即组成连续谱。这类问题属于粒子被势场散射的问题，即粒子由无限远处来，被势场散射后又回到无限远处去。在这类问题中，粒子的能量是预先确定的。

考虑在一维空间运动的粒子，它的势能在有限区域（$0<x<a$）内等于常量 U_0（$U_0>0$），而在这个区域外等于零，即

$$\begin{cases} U(x)=U_0, & 0<x<a \\ U(x)=0, & x<0\text{或}x>a \end{cases} \tag{2.5-1}$$

我们称这种势场为方形势垒，如图 2.5-1 所示。具有一定能量 E_k 的粒子由势垒左方（$x<0$）向右方运动。在经典力学中，只有能量 E_k 大于 U_0 的粒子才能越过势垒运动到 $x>a$ 的区域；而能量 E_k 小于 U_0 的粒子运动到势垒左侧边缘（$x=0$ 处）时被反射回去，不能透过势垒。在量子力学中，情况却不是这样。下面我们将看到，能量 E_k 大于 U_0 的粒子有可能越过势垒，但也有可能被反射回来；而能量 E_k 小于 U_0 的粒子有可能被势垒反射回来，但也有可能贯穿势垒而运动到势垒右边 $x>a$ 的区域中。

粒子的波函数 ψ 所满足的定态薛定谔方程为

$$\frac{\mathrm{d}^2\psi}{\mathrm{d}x^2}+\frac{2m}{\hbar^2}E\psi=0,\quad x\leqslant 0 \text{ 或 } x\geqslant a \tag{2.5-2}$$

和

$$\frac{d^2\psi}{dx^2}+\frac{2m}{\hbar^2}(E-U_0)\psi=0,\quad 0<x<\infty \tag{2.5-3}$$

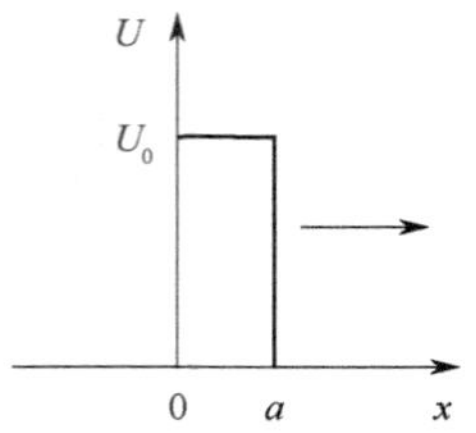

图2.5-1　一维方形势垒

下面先讨论 $E>U_0$ 的情形。简便起见,令

$$k_1=\left(\frac{2mE}{\hbar^2}\right)^{\frac{1}{2}},\quad k_2=\left[\frac{2m(E-U_0)}{\hbar^2}\right]^{\frac{1}{2}} \tag{2.5-4}$$

则式(2.5-2)和式(2.5-3)可改写为

$$\frac{d^2\psi}{dx^2}+k_1^2\psi=0,\quad x<0\text{或}x>a \tag{2.5-5}$$

和

$$\frac{d^2\psi}{dx^2}+k_2^2\psi=0,\quad 0<x<a \tag{2.5-6}$$

此处,k_1,k_2 都是大于零的实数。

在 $x<0$ 区域内,波函数

$$\psi_1=Ae^{ik_1x}+A'e^{-ik_1x} \tag{2.5-7}$$

是式(2.5-5)的解。

在 $0<x<a$ 区域内,式(2.5-6)的解为

$$\psi_2=Be^{ik_2x}+B'e^{-ik_2x} \tag{2.5-8}$$

在 $x>a$ 区域内,式(2.5-5)的解为

$$\psi_3=Ce^{ik_1x}+C'e^{-ik_1x} \tag{2.5-9}$$

很容易看出,式(2.5-7)至式(2.5-9)右边第一项是由左向右传播的平面波,第二项是由右向左传播的平面波。式(2.5-7)右边第一项是入射波,第二项是反射波。在 $x>a$ 区域内,没有由右向左运动的粒子,因而只应有向右传播的透射波,不应有向左传播的波,所以在式(2.5-9)中必须令

$$C'=0 \tag{2.5-10}$$

现在利用波函数及其微商在 $x=0$ 和 $x=a$ 连续的条件,确定波函数中的其他系数。

由 $(\psi_1)_{x=0}=(\psi_2)_{x=0}$,有

$$A+A'=B+B'$$

由 $\left(\dfrac{\mathrm{d}\psi_1}{\mathrm{d}x}\right)_{x=0}=\left(\dfrac{\mathrm{d}\psi_2}{\mathrm{d}x}\right)_{x=0}$，有

$$k_1A-k_1A'=k_2B-k_2B'$$

由 $(\psi_2)_{x=a}=(\psi_3)_{x=a}$，有

$$B\mathrm{e}^{\mathrm{i}k_2a}+B'\mathrm{e}^{-\mathrm{i}k_2a}=C\mathrm{e}^{\mathrm{i}k_1a}$$

由 $\left(\dfrac{\mathrm{d}\psi_2}{\mathrm{d}x}\right)_{x=a}=\left(\dfrac{\mathrm{d}\psi_3}{\mathrm{d}x}\right)_{x=a}$，有

$$k_2B\mathrm{e}^{\mathrm{i}k_2a}-k_2B'\mathrm{e}^{-\mathrm{i}k_2a}=k_1C\mathrm{e}^{\mathrm{i}k_1a}$$

解这一组方程，可得 C，A' 和 A 的关系为

$$C=\frac{4k_1k_2\mathrm{e}^{-\mathrm{i}k_1a}}{(k_1+k_2)^2\mathrm{e}^{-\mathrm{i}k_2a}-(k_1-k_2)^2\mathrm{e}^{\mathrm{i}k_2a}}A \tag{2.5-11}$$

$$A'=\frac{2\mathrm{i}(k_1^2-k_2^2)\sin ak_2}{(k_1-k_2)^2\mathrm{e}^{\mathrm{i}k_2a}-(k_1+k_2)^2\mathrm{e}^{-\mathrm{i}k_2a}}A \tag{2.5-12}$$

式（2.5-11）和式（2.5-12）给出了透射波和反射波振幅与入射波振幅之间的关系。由这两式可以求出透射波和反射波的概率流密度与入射波的概率流密度之比。

2.5.2　粒子的概率流密度

在讨论了状态或波函数随时间变化的规律后，我们进一步讨论粒子在一定空间区域内出现的概率将怎样随时间变化。

将量子隧穿效应中的入射波 $A\mathrm{e}^{\mathrm{i}k_1x}$、透射波 $C\mathrm{e}^{\mathrm{i}k_1x}$ 和反射波 $A'\mathrm{e}^{\mathrm{i}k_1x}$ 依次代入概率流密度公式（2.2-16b），可得到入射波的概率流密度为

$$J=\frac{\mathrm{i}\hbar}{2m}\left[A\mathrm{e}^{\mathrm{i}k_1x}\frac{\mathrm{d}}{\mathrm{d}x}(A^*\mathrm{e}^{-\mathrm{i}k_1x})-A^*\mathrm{e}^{-\mathrm{i}k_1x}\frac{\mathrm{d}}{\mathrm{d}x}(A\mathrm{e}^{\mathrm{i}k_1x})\right]=\frac{\hbar k_1}{m}|A^2|$$

透射波的概率流密度为

$$J_\mathrm{D}=\frac{\hbar k_1}{m}|C|^2$$

反射波的概率流密度为

$$J_\mathrm{R}=-\frac{\hbar k_1}{m}|A'|^2$$

透射波概率流密度与入射波概率流密度之比称为透射系数，以 D 表示。这个比值也就是贯穿到 $x>a$ 区域的粒子在单位时间内流过垂直于 x 方向的单位面积的数目与入射粒子（在 $x<0$ 区域）单位时间内流过垂直于 x 方向的单位面积的数目之比。由上面的结果，有

$$D=\frac{J_{\mathrm{D}}}{J}=\frac{|C|^2}{|A|^2}=\frac{4k_1^2k_2^2}{(k_1^2-k_2^2)^2\sin^2 ak_2+4k_1^2k_2^2} \tag{2.5-13}$$

反射波概率流密度与入射波概率流密度之比称为反射系数,以 R 表示,有

$$R=\frac{J_{\mathrm{R}}}{J}=\frac{|A'|^2}{|A|^2}=\frac{(k_1^2-k_2^2)^2\sin^2 ak_2}{(k_1^2-k_2^2)^2\sin^2 ak_2+4k_1^2k_2^2}=1-D \tag{2.5-14}$$

可知由式(2.5-13)和式(2.5-14),D 和 R 都小于 1,且 D 与 R 之和等于 1。这说明入射粒子一部分贯穿势垒到达 $x>a$ 区域,另一部分被势垒反射回去。

现在再讨论 $E<U_0$ 的情形。这时 k_2 是虚数,令 $k_2=\mathrm{i}k_3$,则 k_3 是实数。由式(2.5-4),可得

$$k_3=\left[\frac{2m(U_0-E)}{\hbar^2}\right]^{\frac{1}{2}} \tag{2.5-15}$$

把 k_2 换为 $\mathrm{i}k_3$,前面的计算仍然成立。经过简单计算后,式(2.5-11)可改写为

$$C=\frac{2\mathrm{i}k_1k_3\mathrm{e}^{-\mathrm{i}k_1a}}{(k_1^2-k_3^2)\sinh ak_3+2\mathrm{i}k_1k_3\cosh ak_3}A \tag{2.5-16}$$

式中:sinh 和 cosh 分别是双曲正弦函数和双曲余弦函数,其值分别为

$$\sinh x=\frac{\mathrm{e}^x-\mathrm{e}^{-x}}{2},\quad \cosh x=\frac{\mathrm{e}^x+\mathrm{e}^{-x}}{2}$$

则式(2.5-13)可改写为

$$D=\frac{4k_1^2k_3^2}{(k_1^2+k_3^2)^2\sinh^2 ak_3+4k_1^2k_3^2} \tag{2.5-17}$$

如果粒子的能量 E 很小,以至于 $ak_3\gg 1$,则 $\mathrm{e}^{k_3a}\gg \mathrm{e}^{-k_2a}$,$\sinh^2 ak_3$ 可以近似地用 $\frac{1}{4}\mathrm{e}^{2k_3a}$ 代替,即有

$$\sinh^2 ak_3=\left(\frac{\mathrm{e}^{k_3a}-\mathrm{e}^{-k_3a}}{2}\right)^2\approx\frac{1}{4}\mathrm{e}^{2k_3a} \tag{2.5-18}$$

于是,式(2.5-17)可写为

$$D=\frac{4}{\frac{1}{4}\left(\frac{k_1}{k_3}+\frac{k_3}{k_1}\right)^2\mathrm{e}^{2k_3a}+4} \tag{2.5-19}$$

因为 k_1 和 k_3 为同数量级,当 $k_3a\gg 1$ 时,$\mathrm{e}^{2k_3a}\gg 4$,所以式(2.5-19)可写为

$$D=D_0\mathrm{e}^{-2k_3a}=D_0\mathrm{e}^{-\frac{4a\pi}{h}\sqrt{2m(U_0-E)}} \tag{2.5-20}$$

式中:D_0 是常数,它的数量级接近于 1。

由式(2.5-20)可以很容易看出,透射系数随势垒的加宽或加高而减小。

粒子在能量 E 小于势垒高度时仍能贯穿势垒的现象称为隧道效应,如图 2.5-2 所示。金属电子冷发射和 α 衰变等现象都是由隧道效应产生的,且隧道二极管具有隧道效应的特性。

用经典力学很难解释隧道效应，它完全是由于微观粒子具有波动性而产生的。从经典力学来看，粒子的能量等于动能与势能之和，即

$$E=\frac{p^2}{2m}+U(x) \tag{2.5-21}$$

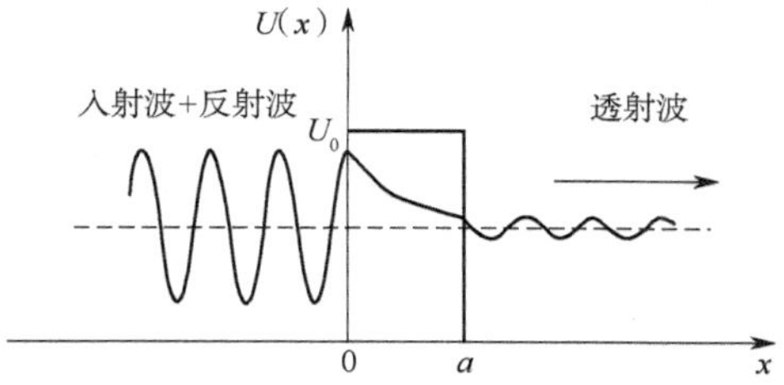

图2.5-2　势垒贯穿示意图

在 $E<U(x)$ 的区域内，粒子的动能似乎应变为负数。实际上，在量子力学中，这个问题的提法就不能成立，因为式（2.5-21）是算符的等式。由于坐标算符和动量算符不对易，势能算符 $U(x)$ 和动能算符 $\frac{\hat{p}^2}{2m}$ 也就不对易，即势能和动能不能同时具有确定值。在这种情况下，说在某一点或某一区域内粒子的能量等于动能与势能之和是没有意义的。式（2.5-21）只说明在一个态中平均总能量等于平均动能与平均势能之和，而对一个态求平均时，要对变量的整个区域积分。当粒子在势垒范围内被发现时，根据不确定关系，粒子的动能就在某一范围内不确定。

下面计算这个不确定的范围。因为势垒的宽度为 a，粒子在势垒范围内说明粒子坐标的不确定范围为

$$\Delta x\leqslant a \tag{2.5-22}$$

根据不确定关系

$$\overline{(\Delta x)^2}\,\overline{(\Delta p_x)^2}\geqslant\frac{\hbar^2}{4} \tag{2.5-23}$$

有

$$\overline{(\Delta p_x)^2}\geqslant\frac{\hbar^2}{4a^2} \tag{2.5-24}$$

所以，粒子动能的不确定范围为

$$\Delta T=\frac{\overline{(\Delta p_x)^3}}{2\mu}\geqslant\frac{\hbar^3}{8\mu a^2} \tag{2.5-25}$$

2.5.3　扫描隧道显微镜

在传统经典力学中，原子核具有强大的束缚力，可以将所有粒子束缚在原子核内部；粒

子如果想要摆脱原子核的束缚,必须具有一个极其巨大的能量。然而,在量子力学中,粒子有可能摆脱原子核的束缚,即粒子可以以一定概率穿透势垒并摆脱原子核的束缚,出现原子核的 α 衰变。从 1924 年德布罗意预言微观粒子具有波粒二象性,到 1927 年戴维逊等人证明他的预言,粒子可以以一定概率穿透势垒并摆脱原子核的束缚这一现象于 1928 年由俄国著名的天文学家和物理学家乔治·伽莫夫利用量子隧穿原理得到了解释。

在经典力学理论中,电子一般会依附于导体表面,在导体的边缘位置不会有电子云的存在;而在量子理论中,则恰恰相反。电子云密度的突变是由极细的金属丝与样品之间极近的距离实现的,此时金属丝与样品可以看作两个电极。给这两个电极的两端施加偏压,部分电子将会穿过中间的势垒,由探针流向样品或由样品流向探针,形成定向的微弱电流。这种效应在量子力学中被称为量子隧穿效应,定向的电流也被称为隧道电流,这种效应实现的前提条件是这种极近距离达到纳米量级。

微观粒子的波粒二象性带来了隧道效应,于是扫描隧道显微镜(Scanning Tunneling Microscope, STM)便在此基础上发展而来,如图 2.5-3 所示。扫描隧道显微镜的萌芽思想诞生于 1929 年,即由 Gustav Schmaltz 发明的触针式表面检测仪,触针尖移动是通过安装于悬臂末端的光学反射镜来检测的,并根据光学原理将样品表面的细微变化进行放大。

扫描隧道显微镜的雏形于 1971 年由 Russell Young 等人发明,它是一种被称为"Topographiner"的非接触唱针式表面检测仪。通过压电陶瓷的压电效应产生的形变,带动针尖在相对于样品表面垂直的方向上移动。针尖和样品间的场发射电流强度与两者间的距离有关,只有在偏压一定时才具有这种定律。它的基本工作原理可以概括为将 Topographiner 的探针粘接于压电陶瓷上后,通过一个反馈回路(用于检测电子发射)使场发射电流和偏压保持恒定,通过记录探针在 x、y 和 z 方向上移动的实时位置,大致表征出样品表面的三维形貌。

真正意义上的第一款扫描隧道显微镜于 1982 年由 Gerd Binnig 和 Heinrich Rohrer 等人共同研制,它具有 0.01 nm 的最小分辨率以及 3 亿倍的放大倍数。它不仅能够显示物质表面的原子分布,并且可以借助它对原子进行移动操作,使人类第一次在实空间中观察到样品表面原子排列的状况和与之相关的物理化学性质,对表面科学、生命科学、材料科学和微电子技术的研究具有重要的意义,在众多的科学领域具有十分宽广的研究前景和应用场景。在之后的几十年中,如原子力显微镜、近场扫描光学显微镜、激光原子力显微镜等都是在这台扫描隧道显微镜基础上发展而来的。

图2.5-3　扫描隧道显微镜

隧道效应的本质在于针尖与样品两者电子云的重叠，而扫描隧道显微镜就是基于隧道效应研制出来的。电子云的重叠产生微弱的隧道电流，经过前置放大电路的放大，变成宏观的电压信号，控制单元根据检测到的隧道电流大小，给压电扫描装置一路 z 方向的控制信号，对探针与样品的间距进行微调节，即细逼近；细逼近完成后，控制单元再给压电扫描装置 x、y 方向上的控制信号，进行二维平面扫描，其工作原理如图 2.5-4 所示。

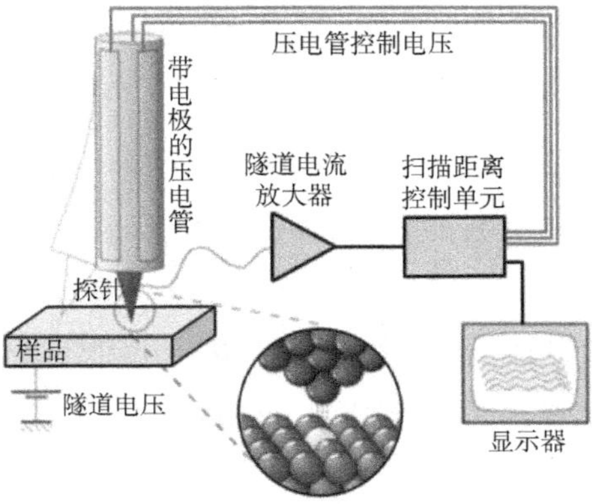

图2.5-4　扫描隧道显微镜工作原理

如图 2.5-5 所示，探针与样品间的相对运动方式有恒高度模式和恒定电流模式两种。

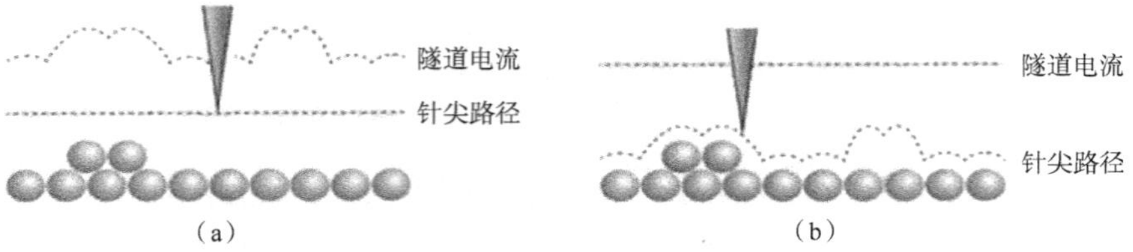

图2.5-5　扫描隧道显微镜工作模式

(a)恒高度模式　(b)恒定电流模式

恒高度模式是指在整个扫描成像过程中，探针一直处于一个固定的平面上，以某个设定的高度对样品表面进行扫描。由于样品表面形貌的起伏，探针与样品之间的间距不断变化，其中微弱的原子高度变化，便会导致隧道电流数量级的变化。将获得的隧道电流进行放大处理后送往数据处理与显示单元，从而可间接获得样品表面形貌图。整个扫描过程并未涉及反馈电路，扫描速度不受反馈响应时间的限制，可以对表面平整的样品进行快速的扫描成像；反之，若样品表面起伏较大，便会发生撞针，损坏样品和探针。同时，这种工作模式并不能直接反映出样品表面的高度信息。

由量子理论可知，隧道电流的大小与探针和样品的间距有关，在整个扫描成像过程中，保证探针与样品的相对距离保持不变，即可保证电流的恒定。在此过程中，探针随着样品表面的高度起伏而做同步的起伏运动；与此同时，控制单元实时调节探针与样品的间距。恒定电流模式由于保持的是探针与样品间距的相对恒定，故适用于表面起伏较大的样品，不会对样品和探针造成损伤，获取的图像信息也较全面，成像质量也相应比较高。由于这种工作模式的要求，在整个扫描成像过程中需要反馈回路对探针与样品的间距实时调节，限制了扫描速度，而且容易受到低频信号的干扰。

根据量子理论，要想检测到隧道电流，探针与样品需要足够接近，两者间距达到原子尺度量级。由于实际应用场景的不确定性，我们不可能在保证不产生任何抖动或者热胀冷缩的同时还要将探针直接靠近样品。与此同时，由于对探针与样品逼近精度的控制要求非常高（1 Å 的距离变化可能会导致隧道电流成倍的变化），且要求步进信号对扫描信号的干扰必须足够小，因此用于逼近的驱动装置是扫描隧道显微镜不可缺少的重要组成部分。

由上可知，如何控制样品与探针间这么微小的间距，成为扫描隧道显微镜研究课题中最重要的一环，这要求扫描隧道显微镜的步进驱动装置具有较强的推力，步进精度高且易控制。在恒定电流模式下进行扫描成像时，若反馈滞后，可能会造成撞针现象，从而损坏探针和样品。相比于其他机械装置，压电材料因其独特的压电效应而被广泛应用于步进装置中。

2.6　氢原子的量子力学描述

2.6.1　氢原子中的电子波函数

氢原子中的原子核带有 1 个单位正电荷。电子在这种原子核所产生的电场中运动，由于电子的质量远小于原子核的质量，且只关心电子相对原子核的运动，所以可以取原子核为坐标原点。现在考虑 1 个电子在氢原子核所产生的电场中运动，电子的质量为 m 所带电荷为 $-e$，核的电荷为 $+e$，则电子受到核吸引的势能为

$$U = -\frac{e^2}{4\pi\varepsilon_0 r} \tag{2.6-1}$$

式中：r 是电子到核的距离。

于是，体系的哈密顿算符可写为

$$\hat{H} = -\frac{\hbar^2}{2m}\nabla^2 - \frac{e^2}{4\pi\varepsilon_0 r} \tag{2.6-2}$$

$\hat{H}$ 的本征值方程可写为

$$\left(-\frac{\hbar^2}{2m}\nabla^2 - \frac{e^2}{4\pi\varepsilon_0 r}\right)\psi = E\psi \tag{2.6-3}$$

此方程是一个二阶偏微分方程，求解这个方程需要较高级的数理技巧。在研究原子体系时，用球坐标系（r,θ,φ）比用直角坐标系（x, y, z）更为方便。该方程在球坐标系中的形式为

$$-\frac{\hbar^2}{2mr^2}\left[\frac{\partial}{\partial r}\left(r^2\frac{\partial}{\partial r}\right) + \frac{1}{\sin\theta}\frac{\partial}{\partial\theta}\left(\sin\theta\frac{\partial}{\partial\theta}\right) + \frac{1}{\sin^2\theta}\frac{\partial^2}{\partial\varphi^2}\right]\psi - \frac{e^2}{4\pi\varepsilon_0 r}\psi = E\psi \tag{2.6-4}$$

可用分离变量法来解这个方程。设

$$\psi(r,\theta,\varphi) = R(r)Y(\theta,\varphi) \tag{2.6-5}$$

式中：$R(r)$ 仅是 r 的函数；$Y(\theta, \varphi)$ 仅是 θ 和 φ 的函数。

将式（2.6-5）代入式（2.6-4），并以 $-\frac{\hbar^2}{2mr^2}R(r)Y(\theta,\varphi)$ 除以方程两边，移项后得

$$\frac{1}{R}\frac{\mathrm{d}}{\mathrm{d}r}\left(r^2\frac{\mathrm{d}R}{\mathrm{d}r}\right) + \frac{2mr^2}{\hbar^2}\left(E + \frac{e^2}{4\pi\varepsilon_0 r}\right) = -\frac{1}{Y}\left[\frac{1}{\sin\theta}\frac{\partial}{\partial\theta}\left(\sin\theta\frac{\partial Y}{\partial\theta}\right) + \frac{1}{\sin^2\theta}\frac{\partial^2 Y}{\partial\varphi^2}\right] \tag{2.6-6}$$

式（2.6-6）的左边仅与 r 有关，右边仅与 θ 和 φ 有关，而 r，θ 和 φ 都是独立变量，所以只有当等式两边都等于同一个常数时，式（2.6-6）才能成立。以 λ 表示这个常数，则式（2.6-6）可以分离为两个方程：

$$\frac{1}{r^2}\frac{\mathrm{d}}{\mathrm{d}r}\left(r^2\frac{\mathrm{d}R}{\mathrm{d}r}\right) + \left[\frac{2m}{\hbar^2}\left(E + \frac{e^2}{4\pi\varepsilon_0 r}\right) - \frac{\lambda}{r^2}\right]R = 0 \tag{2.6-7}$$

及

$$\frac{1}{\sin\theta}\frac{\partial}{\partial\theta}\left(\sin\theta\frac{\partial Y}{\partial\theta}\right)+\frac{1}{\sin^2\theta}\frac{\partial^2 Y}{\partial\varphi^2}=-\lambda Y \tag{2.6-8}$$

式(2.6-7)称为径向方程,式(2.6-8)与中心力场的具体形式无关,根据角动量的定义,可得

$$\hat{L}^2=\hat{L}_x^2+\hat{L}_y^2+\hat{L}_z^2=-\hbar^2\left[\left(y\frac{\partial}{\partial z}-\frac{\partial}{\partial y}\right)^2+\left(y\frac{\partial}{\partial x}-\frac{\partial}{\partial z}\right)^2+\left(y\frac{\partial}{\partial y}-\frac{\partial}{\partial x}\right)^2\right] \tag{2.6-9}$$

将其变换至球坐标系中,可得

$$\hat{L}^2=-\hbar^2\left[\frac{1}{\sin\theta}\frac{\partial}{\partial\theta}\left(\sin\theta\frac{\partial}{\partial\theta}\right)+\frac{1}{\sin^2\theta}\frac{\partial^2}{\partial\varphi^2}\right] \tag{2.6-10}$$

从而证明,式(2.6-8)正是电子角动量平方的本征值方程,其解为球谐函数,即

$$Y_l^m(\theta,\varphi)=(-1)^m N_l^m P_l^m(\cos\theta)\mathrm{e}^{\mathrm{i}m\varphi}$$

式中:$P_l^m(\cos\theta)$为缔合勒让德多项式;N_l^m为归一化常数。

由归一化过程 $\int_0^{\pi}\int_0^{2\pi}[Y_l^m(\theta,\varphi)]^* Y_l^m(\theta,\varphi)\sin\theta\mathrm{d}\varphi\mathrm{d}\theta=1$,可得 $N_l^m=\sqrt{\frac{(l-|m|)!(2l+1)}{4\pi(l+|m|)!}}$,其中 $m\leqslant l$。为了使 $Y(\theta,\varphi)$在θ变化的整个区域($0\to\pi$)内都是有限的,必须有

$$\lambda=l(l+1),\quad l=0,1,2,\cdots \tag{2.6-11}$$

将球坐标系下的算符 $\hat{L}^2$ 和 $\hat{L}_z=-\mathrm{i}\hbar\frac{\partial}{\partial\phi}$ 作用在 $Y_l^m(\theta,\varphi)$上,可得

$$\begin{cases}\hat{L}^2 Y_l^m(\theta,\varphi)=\lambda\hbar^2 Y_l^m(\theta,\varphi)=l(l+1)\hbar^2 Y_l^m(\theta,\varphi)\\ \hat{L}_z Y_l^m(\theta,\varphi)=m\hbar Y_l^m(\theta,\varphi)\end{cases} \tag{2.6-12}$$

所以,$\lambda\hbar^2$ 以及 $m\hbar$ 分别为算符 $\hat{L}^2$ 和 $\hat{L}_z$ 的本征值。详细推导可参见数学物理方法相关教材。

将式(2.6-11)代入式(2.6-7),可得

$$\frac{1}{r^2}\frac{\mathrm{d}}{\mathrm{d}r}\left(r^2\frac{\mathrm{d}R}{\mathrm{d}r}\right)+\left[\frac{2m}{\hbar^2}\left(E+\frac{e^2}{4\pi\varepsilon_0 r}\right)-\frac{l(l+1)}{r^2}\right]R=0 \tag{2.6-13}$$

其解为

$$R_{nl}(r)=N_{nl}\mathrm{e}^{-\frac{Z}{na_0}r}\left(\frac{2}{na_0}r\right)^l L_{n+l}^{2l+1}\left(\frac{2}{na_0}r\right) \tag{2.6-14}$$

式中:$L_{n+l}^{2l+1}\left(\frac{2}{na_0}r\right)$为缔合拉盖尔多项式, $n\geqslant l+1$;$a_0=\frac{\varepsilon_0 h^2}{\pi m e^2}=0.052\,9\ \mathrm{nm}$,称为氢原子第一玻尔轨道半径;$N_{nl}$为归一化系数。

当 $E>0$ 时,对于 E 的任何值,式(2.6-10)都有满足波函数条件的解,即体系的能量具有

连续谱，这时电子可以离开核而运动到无限远处（电离）。当 $E<0$ 时，我们将看到 E 具有分立谱，电子的状态是束缚态。此时求解式（2.6-13），可得能量本征值为

$$E_n=-\frac{me^4}{8\varepsilon_0^2h^2n^2}=-13.6\frac{1}{n^2},\quad n=1,2,3,\cdots \tag{2.6-15}$$

此式与式（1.3-14）完全相同，其中 n 称为主量子数，只能取正整数。主量子数也是不同能量轨道的指标，不同的主量子数对应不同的轨道能量。除主量子数外，还有两个量子数，一个是角量子数 l，另一个是磁量子数 m。这两个量子数与角动量的量子化有关，也来自求解 Schrödinger 方程。l 的取值范围为 $0\sim n-1$ 的正整数，m 的取值范围为 $-l\sim+l$ 的整数。由于 l 和 m 的取值范围有上述限制，所以对于每个 n，都有确定数目的原子轨道。例如，n=2 时，共有 4 个原子轨道；n=3 时，共有 9 个原子轨道；n=4 时，共有 16 个原子轨道。

在求解氢原子 Schrödinger 方程时，解得波函数为 $\psi_{n,\,l,\,m}$。一般把与 l=0，1，2，3，…对应的波函数称为 s，p，d，f，…态，或 s，p，d，f，…轨道。表 2.6-1 列出了氢原子及类氢原子的一些波函数及其分解成的径向和角度两个部分。

表 2.6-1　氢原子和类氢离子的几组波函数（a_0 为玻尔半径）

几组允许的 n, l, m			$\psi_{n,l,m}(r,\theta,\varphi)$	$R_{n,l}(r)$	$Y_{l,m}(\theta,\varphi)$
n	l	m			
1	0	0	$\psi_{100}(或\psi_{1s})=\frac{1}{\sqrt{\pi}}\left(\frac{Z}{a_0}\right)^{3/2}e^{-Zr/a_0}$	$2\sqrt{\frac{1}{a_0^3}}e^{-Zr/a_0}$	$\sqrt{\frac{1}{4\pi}}$
2	0	0	$\psi_{200}(或\psi_{2s})=\frac{1}{4\sqrt{2\pi}}\left(\frac{Z}{a_0}\right)^{3/2}\left(2-\frac{Zr}{a_0}\right)e^{-Zr/2a_0}$	$\sqrt{\frac{1}{8a_0^3}}\left(2-\frac{Zr}{a_0}\right)e^{-Zr/2a_0}$	$\sqrt{\frac{1}{4\pi}}$
2	1	0	$\psi_{210}(或\psi_{2p_z})=\frac{1}{4\sqrt{2\pi}}\left(\frac{Z}{a_0}\right)^{3/2}\frac{Zr}{a_0}e^{-Zr/2a_0}\cos\theta$	$\sqrt{\frac{1}{24a_0^3}}\left(\frac{Zr}{a_0}\right)e^{-Zr/2a_0}$	$\sqrt{\frac{3}{4\pi}}\cos\theta$
2	1	±1	$\psi_{2p_x}=\frac{1}{4\sqrt{2\pi}}\left(\frac{Z}{a_0}\right)^{3/2}\frac{Zr}{a_0}e^{-Zr/2a_0}\sin\theta\cos\varphi$		$\sqrt{\frac{3}{4\pi}}\sin\theta\cos\varphi$
2	1		$\psi_{2p_y}=\frac{1}{4\sqrt{2\pi}}\left(\frac{Z}{a_0}\right)^{3/2}\frac{Zr}{a_0}e^{-Zr/2a_0}\sin\theta\sin\varphi$		$\sqrt{\frac{3}{4\pi}}\sin\theta\sin\varphi$

波函数没有物理意义，也不可能通过测量得到。而 ψ^2 具有明确的意义，即代表电子在空间某点出现的概率密度。因此，式（2.6-5）可以重写为

$$\psi_{n,\,l,\,m}^{\;2}(r,\theta,\varphi)=R_{n,\,l}^{\;2}(r)\cdot Y_{l,\,m}^{\;2}(\theta,\varphi) \tag{2.6-16}$$

在三维坐标中可以用图形粗略表示 $\psi_{n,\,l,\,m}^{\;2}(r,\theta,\varphi)$ 的形状，这种图形被称为电子云。

2.6.2 氢原子波函数和电子云图像

了解氢原子轨道的大小和形状是阐述化学键和解释分子形状的基础。下面先看径向部分图像，电子各态 $R_{n,l}(r)$值只与半径 r 有关，故分别以 $R(r)$， $R^2(r)$或 $r^2R^2(r)$对 r 作图，都能表示不同 r 时电子运动状态径向部分的分布情况，图 2.6-1 给出了后两种情况。

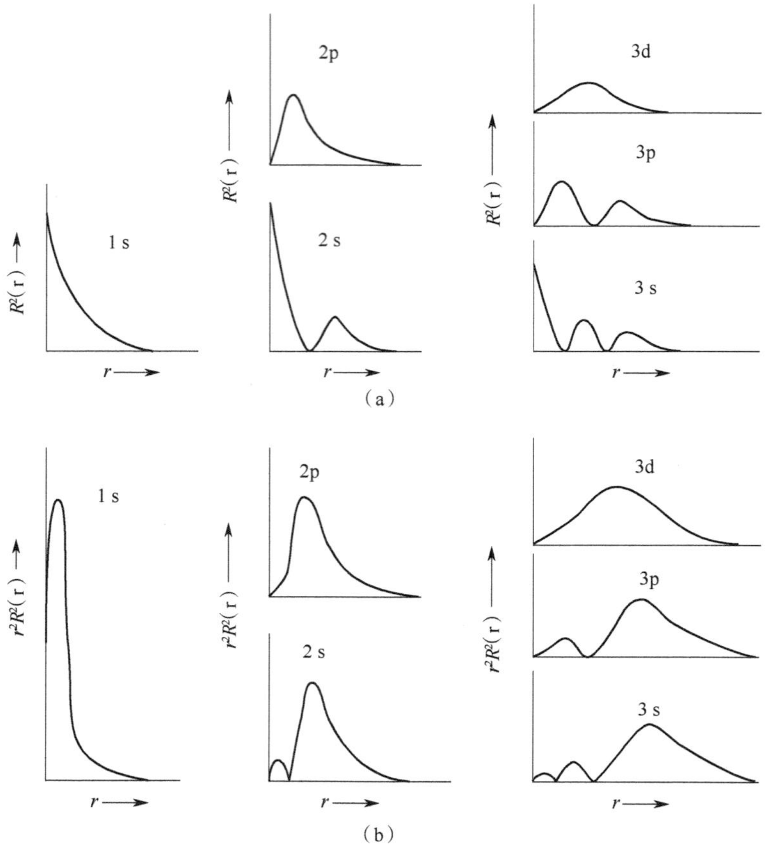

图2.6-1　径向部分波函数

(a)电子云径向密度分布图　(b)电子云径向分布图

以 $R^2(r)$对 r 作图来表示不同 r 时波函数平方(概率密度)径向分布的情况，$R^2(r)$与 r 之间的函数关系图被称为电子云径向密度分布图，如图 2.6-1(a)所示。以 1s 状态为例，由图 2.6-1(a)可见，在原子核附近电子云密度最大，随着 r 的增大，电子云密度逐渐减小；2s、3s、…态与 1s 态相同，都是在原子核附近电子云密度最大，但它们在离核较远处，分别还有若干个电云密度较大的位置；p 态和 d 态的特点是在原子核附近电子云密度接近于零。

以 $r^2R^2(r)$对 r 作图来表示在半径 r 与 r+dr 之间的球面薄壳层内电子出现概率与半径 r 的关系，由此得到电子云径向分布图，如图 2.6-1b 所示。以 s 态的电子为例，薄壳层的球面面积是 $4\pi r^2$、厚度是 dr，薄壳层内电子出现概率应等于概率密度 R^2 乘以薄壳层的体积 $4\pi r^2\mathrm{d}r$，即 $R^2 4\pi r^2\mathrm{d}r$，故可以用 $R^2 4\pi r^2\mathrm{d}r$ 来表示电子在薄壳层体积内概率的径向部分。因此，

我们定义 $D(r)=r^2R^2$ 为电子云径向分布函数。图 2.6-1（b）中出现的极大值不难理解，例如对于 1s 态电子来说，靠近核时 R^2 虽最大，但单位球壳体积 $4\pi r^2\mathrm{d}r$ 趋于零，所以 D 几乎为零；当 r 增大时，$4\pi r^2$ 虽然增大，但由于 R^2 减小而影响 D 的增大。这两个变化趋势相反的因素相乘就出现极大值。

对于氢原子基态，1s 态 $D(r)$ 函数的极大值正好位于玻尔半径 r=53 pm 处。对于 1s，2s，3s 态，出现 $D(r)$ 函数极大值（峰）的个数正好与各自的主量子数 n 相等，但主峰位置随主量子数 n 增加而依次离核越来越远。但 2s 态与 2p 态相比较，2s 态 $D(r)$ 函数的峰有 2 个（即 $n-l=2-0=2$），2p 态只有 1 个（即 $n-l=2-1=1$）。可见，l 越大，峰的数目越少，而且主峰离核越近。电子云径向分布图的共同特点是原子核附近 $D(r)$ 总是接近于零，这些图很好地描写了电子概率分布与它们离核远近的关系。

再来看角度部分图像，以 $Y(\theta,\varphi)$ 及 $Y^2(\theta,\varphi)$ 函数分别随角度 θ，φ 的变化作图，来表示电子运动状态角度部分的分布情况。这两种图像略有不同，一并绘入图 2.6-2 中以资比较。

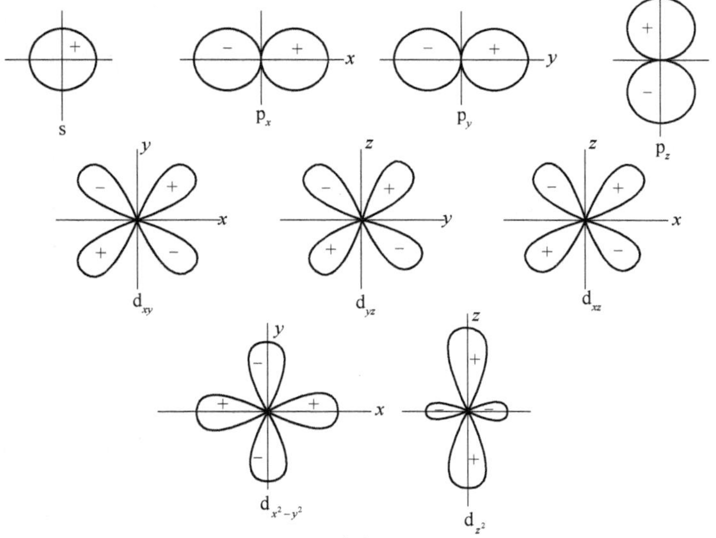

（a）

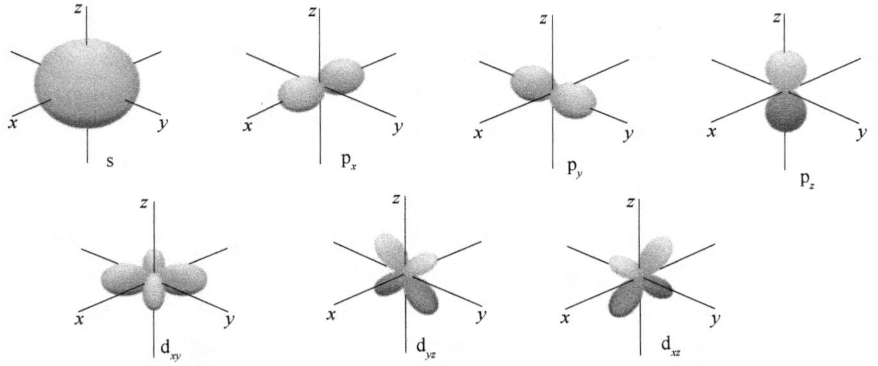

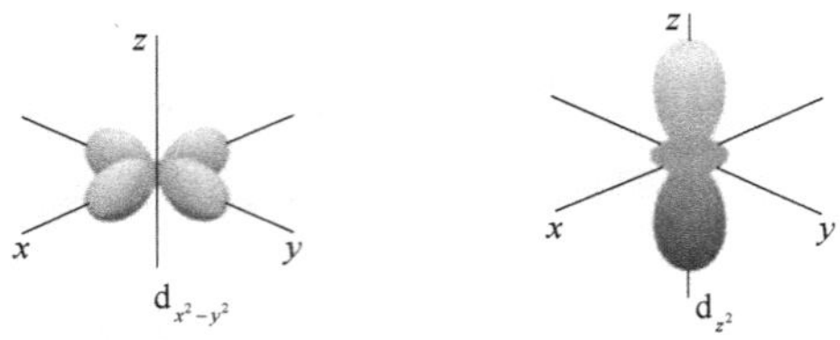

（b）

图2.6-2　角度部分图像

（a）波函数角度分布图（所绘为剖面图）（b）电子云角度分布图

以 $Y(\theta,\ \varphi)$ 对角度 $\theta,\ \varphi$ 作图时，借助球坐标系，选原子核为原点，引出方向为 $\theta,\ \varphi$ 的直线，使其长度等于 Y 的绝对值大小，所有这些直线的端点在空间构成一个立体曲面，这个曲面就是波函数角度分布图图 2.6-2a，每一个点到原点的距离代表在这个角度方向（$\theta,\ \varphi$）上 Y 的相对大小。波函数角度分布主要决定于量子数 l 和 m，而与量子数 n 无关，s、p、d、f 状态的角度分布各不相同（为了方便起见，只画出它们的一个剖面）。由图可见，s 态是一个球面，p 态的 p_x、p_y、p_z 都是“8”字形双球面，其中标出的“+”“-”代表角度分布函数 Y 在不同区域内数值的正号或负号。由此可见，波函数角度分布图突出表示“原子轨道”的极大值方向以及“原子轨道”的正负号，它们在化学键成键方向和能否成键方面有重要作用。

下面来看电子云空间分布图像，由式（2.6-5）已知波函数平方（ψ^2）是其径向部分（R^2）和角度部分（Y^2）的乘积，则完整的电子云（ψ^2）空间分布图也可由图 2.6-1a 电子云径向密度（R^2）分布图和图 2.6-2b 电子云角度（Y^2）分布图综合而得。ψ^2 的大小可以形象地用很多小黑点在空间分布的稀密程度来表示，这就是所谓的电子云空间分布图，简称电子云图（图 2.6-3），它们只是一种近似的图像。

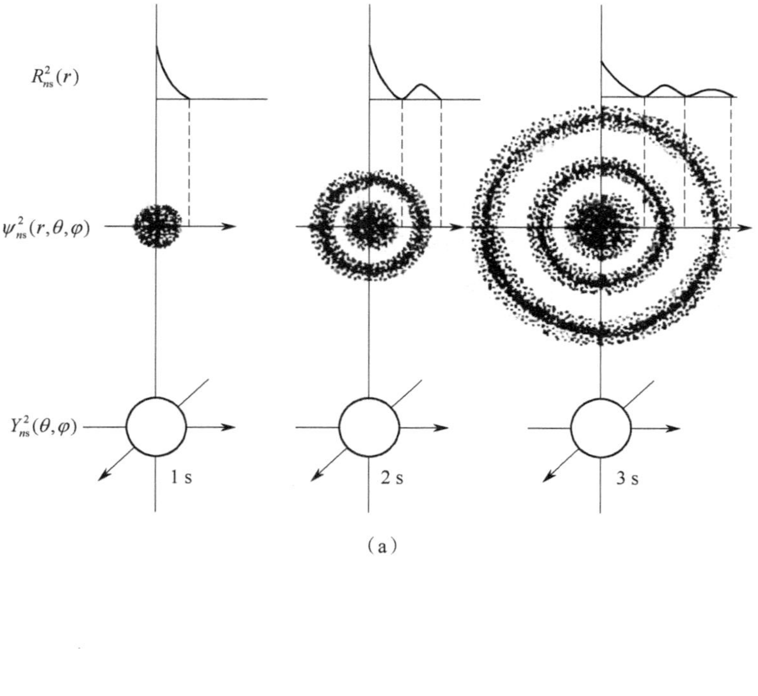

（a）

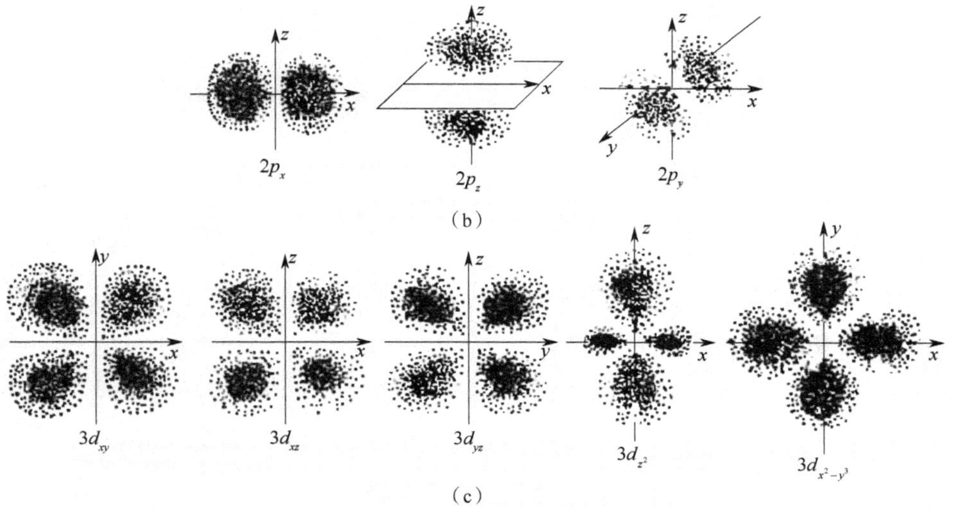

图2.6-3　电子云空间分布图（三维图像的剖面图）

(a)ns 电子云空间分布图(可由 $R_{ns}^2(r)$ 及 $Y_{ns}^2(\theta,\varphi)$ 电子云图综合而成) (b)2p 电子云空间分布图 (c)3d 电子云空间分布图

由于 s 态波函数 $\psi_{1s},\psi_{2s},\psi_{3s},\cdots$中的角度部分 $Y_{ns}(\theta,\varphi)$等于常数,即 $\psi_{ns}{}^2=R^2(r)\cdot C$,所以它们只是 r 的函数。综合 $R^2(r)$和 $Y^2(\theta,\varphi)$电子云图,可见图 2.6-3a 中给出的 1s, 2s, 3s 等电子云都是球形对称的,这就意味着在核外空间半径相同的各个方向上概率密度都相等。图 2.6-3(a)所示 3 种 s 状态,虽然在靠近核附近电子出现机会最多,但随着 n 增大,电子出现的空间范围也随之增大;而且 2s 态概率密度较大处有两个区域,一个离核较近,另一个离核较远,两者中间有一个电子概率密度很小的区域; 3s 态概率密度较大处有 3 个区域, 4s 与 5s 态概率密度较大处分别有 4 个与 5 个区域,其他可依此类推。

由于 p 态和 d 态波函数角度部分不等于常数,它们的电子云图形是综合相应 $R^2(r)$和 $Y^2(\theta,\varphi)$电子云图得到的,它们不仅与 r 有关,而且与空间角度 θ 和 φ 有关。

p 态的概率密度是沿一个坐标轴(x, y 或 z)圆柱形对称分布的,概率密度较高的两个"叶瓣"被一个垂直于它且密度等于零的节面分开,如图 2.6-3b 所示。3p, 4p,等能量更高的 p 态电子云在轴的两侧出现离核距离不等的更多节面。

d 态比 s 态、p 态电子云更复杂,它们在空间的取向和形状与图 2.6-2a 所示波函数角度分布图类似。图 2.6-3c 给出了 3d 态电子云,可见, 3d 态电子概率密度最大的地方不是在靠近核处,而是在各"叶瓣"的中心。此外,图 2.6-3 中只画出了 ψ^2 在 x-z(或 y-z, x-y)平面上的分布图,将各图分别绕相应轴旋转一周,才是三维空间中真实的电子云分布图。

2.7 原子结构

2.7.1 4个量子数

电子的不同运动状态可用4个量子数来区别。上一节中在求解氢原子波函数时,由波动方程解出的波函数 ψ 可以描述电子在原子中的运动状态,描述过程中用到了其中3个不同的量子数,分别是主量子数 n、角量子数 l 和磁量子数 m。

1. 主量子数 n

主量子数 n 规定电子出现的最大概率区域离核的远近和电子能量的高低,取值是1, 2, 3,…, n 等正整数。从电子云径向分布图图2.6-1b可见,对于主量子数 n 不同的s态电子,如1s,2s,3s,…的径向分布主峰随主量子数 n 的增加而离核渐远。凡 n 相同的电子称为同层电子,并用符号K,L,M,N,O,P,…来代表 n=1,2,3,4,5,6,…电子层。氢原子的能量公式为

$$E_n=-\frac{me^4}{8\varepsilon_0^2h^2n^2}=-13.6\frac{1}{n^2} \tag{2.7-1}$$

由式(2.7-1)可见,主量子数 n 越大,电子能量越高,同层中的电子能量仍有所差别,但其电子云的主要部分基本上是重合在一起的,电子的各种活动状态处于大致相同的空间范围内。

2. 角量子数 l

从原子光谱和量子力学计算可知,角量子数 l 决定电子角动量的大小,规定电子在空间的角度分布状况,与电子云形状密切相关。

轨道角动量

$$L=\sqrt{l(l+1)}\frac{h}{2\pi} \tag{2.7-2}$$

式中:l 受 n 的限制,只能是小于 n 的正整数,对于某一特定的 n,l 可取0,1,2,3,…,n−1等共 n 个数值,相应的电子称为s,p,d,f,…电子。

多电子原子中 l 与电子能量有关。通常将主量子数 n 相同的电子归为一层,同一层中 l 相同的电子归为同一"亚层"。

n=1的第一层中, l 的最高值 n−1=0,所以只有 l=0的角量子数,相当于只有一个1s态,或称1s"亚层",相应电子为1s电子。

n=2的层中,l=0,1,有2个"亚层",即2s,2p,相应有2s,2p电子。

n=3的层中,l=0,1,2,有3个"亚层",即3s,3p,3d,相应有3s,3p,3d电子。

n=4的层中,l=0,1,2,3,有4个"亚层",即4s,4p,4d,4f,以此类推。

3. 磁量子数 m

根据原子光谱在磁场中发生分裂的现象，可以看出不同取向的电子在磁场作用下会发生能级分裂。磁量子数 m 决定在外磁场作用下，电子绕核运动的角动量，在磁场方向上的分量大小为 L_z，它反映了原子轨道在空间的不同取向，如图 2.7-1。

$$L_z = m_l \frac{h}{2\pi} \tag{2.7-3}$$

m 的允许取值由 l 决定，即 $m=0, \pm1, \pm2, \cdots, \pm l$，共 $2l+1$ 个值，这些取值意味着"亚层"中的电子有 $2l+1$ 个取向，每一个取向相当于一个"轨道"。

氢原子中主量子数相同的轨道上的电子具有相同的能量（这种现象称为"简并轨道"），主量子数越高，不仅轨道能量增加，轨道的个数也增多，而且类型（形状和取向）也更加多样。

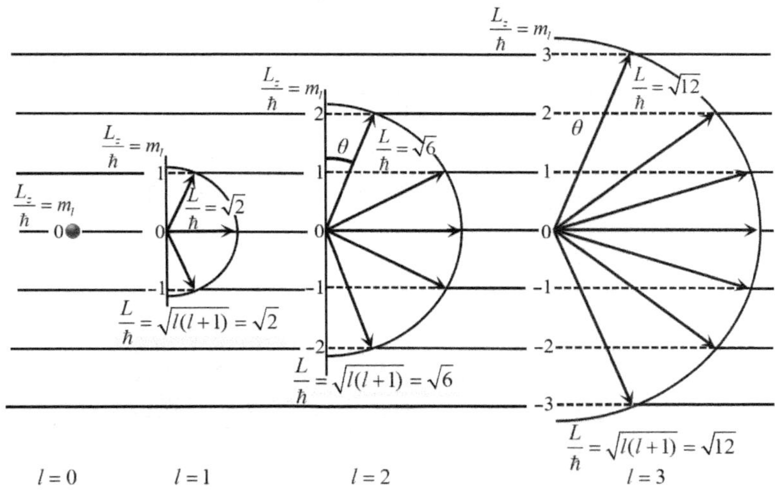

图2.7-1　空间量子化示意图

4. 自旋量子数 m_s

以上三个量子数可以由氢原子的波动方程解出，与实验相符合。但在应用分辨率很高的光谱仪观察氢原子光谱时，发现氢原子在无外磁场时，电子由 2p 能级跃迁到 1s 能级时得到的不是一条谱线，而是靠得很近的两条谱线。这一现象用前面三个量子数不能解释。1925 年，人们为了解释此现象，沿用旧量子理论中的习惯名词，提出电子有自旋运动的假设，引出了第四个量子数，称为自旋量子数。但"电子自旋"并非真像地球绕轴自旋那样，它只是表示电子的两种不同状态。这两种状态有不同的"自旋"角动量，可取+1/2 或−1/2，这个数字称为自旋量子数 m_s，常用正、反箭头来表示（↑、↓），如图 2.7-2。考虑自旋后，由于自旋磁矩和轨道磁矩相互作用，轨道能级（如 2p 轨道的能级）会分裂成两个相隔很近的能级，因此 2p 与 1s 间的跃迁可得到两条靠得很近的谱线。

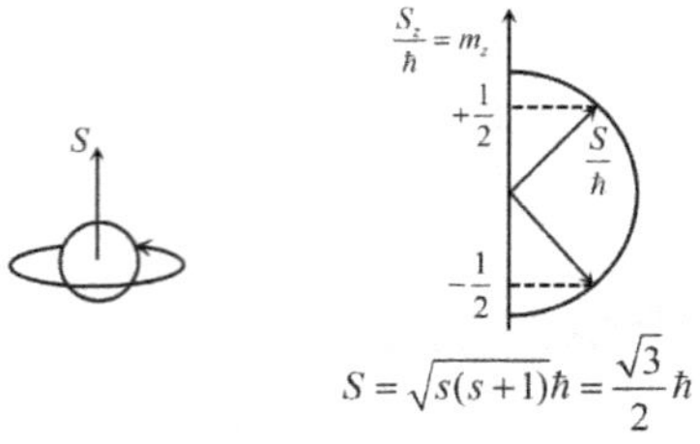

图2.7-2 电子自旋及其空间取向

斯特恩-盖拉赫实验证明了电子自旋的存在，如图 2.7-3 所示。使一束 Ag 原子束通过狭缝，再通过非均匀磁场，经典情况下，一个带电荷为$-e$的粒子在x-y平面内做圆周运动产生的磁矩为

$$\mu_z=-\frac{e}{2m_e}L_z=-\frac{e}{2m_e}m\hbar \tag{2.7-4}$$

当 Ag 原子的角量子数l和磁量子数m均等于 0 时，无论有无磁场，在接收屏上都应该只有一条曲线。结果 Ag 原子束在磁场中沿磁场梯度方向发生分裂，一半原子向上偏转，另一半原子向下偏转。由于磁场梯度的存在，通过磁场的带有磁矩的粒子受到磁场力作用，因此上述实验证明电子具有两种微观状态，这两种状态在非均匀磁场中表现出大小相同、符号相反的磁矩。

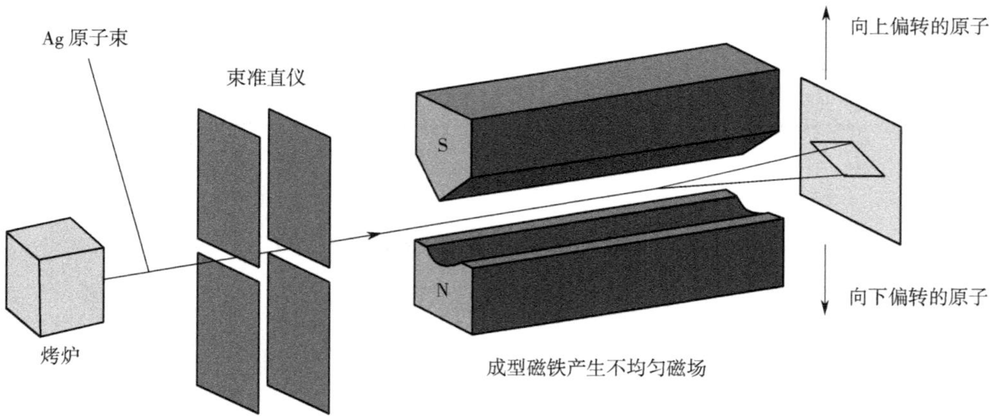

图2.7-3 证明电子有自旋运动的实验示意图

综上所述，4 个量子数n、l、m、m_s可规定原子中每个电子的运动状态：主量子数n决定电子的能量和电子离核的远近；角量子数l决定电子轨道的形状，在多电子原子中也影响电子的能量；磁量子数m决定磁场中电子轨道具有不同空间伸展方向时，电子运动角动量在外磁场方向上的分量大小；自旋量子数m_s决定电子自旋的方向。

用量子力学方法描述核外电子运动状态，可归纳为以下几点：

（1）电子在原子中运动服从薛定谔方程，没有确定的运动轨道，但有与波函数对应的、确定的空间概率分布。$\psi^2(r,\theta,\varphi)$是电子概率密度分布函数，可分别通过径向分布、角度分布及电子云空间分布来描述电子单位球壳、单位立体角以及核外空间单位体积内的概率分布情况。

（2）电子的概率分布状态与确定的能量相关联，而能量是量子化的。在氢原子中，各能级上电子的能量 E 由 n 决定。在多电子原子中，除 n 外，电子的能量还与 l 有关。

（3）量子数规定原子中电子的运动状态。4 个量子数的取值规定：n=1, 2, 3, …；l=0, 1, 2, …, n−1；m=0, ±1, ±2, …, ±l。对于每个 n，有 0~n−1 个不同的 l；对于每个 l，可有 2l+1 个不同的 m。所以，对于每个 n，共有 n^2 个状态（或轨道）。

2.7.2　核外电子排布及周期律

根据原子光谱实验和量子力学理论，原子核外电子排布服从以下两个原理。

（1）泡利（Pauli）不相容原理，即在同一原子中没有 4 个量子数完全相同的电子。这一原理也可以这样表达：“同一原子轨道仅可容纳 2 个自旋相反的电子，这样 4 个量子数可唯一决定一个电子的运动状态。”

（2）最低能量原理，即在不违背泡利不相容原理的前提下，核外电子在各原子轨道上的排布方式应使整个原子能量处于最低的状态。洪特从大量光谱实验中发现，电子分布于能量相同的轨道时，总是尽可能以自旋相同的方向分别占据不同的轨道。这样的电子填入方式可使原子能量最低，如以碳原子基态 $2s^22p^2$ 为例，2 个 p 电子在同一轨道上排斥力大，而在不同轨道并且自旋平行时排斥力小。所以，当轨道被电子半充满或全充满时较为稳定（如 p3，d5，f7 或 p6，d10，f14）。以上规则称为洪特规则，实际上它属于能量最低原理。

根据上述原理，电子填充顺序（图 2.7-4）随原子序数增加，将电子依次（1s，2s，2p，3s，3p，4s，3d，4p，5s，4d，5p，6s，4f，5d，6p，7s，5f，6d，…）填入原子的各原子轨道中，然后考虑洪特规则，最后内层电子按主量子数能量顺序调整，即可得到各个原子的基态电子构型，见表 2.7-1。

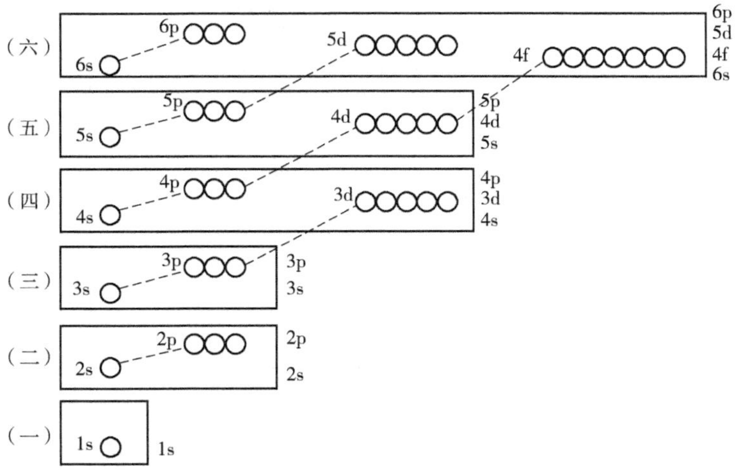

图2.7-4　近似能级图

表 2.7-1 元素基态电子构型

原子序数	元素符号	元素名称	电子排布式	电子排布式（原子实表示）
1	H	氢	$1s^1$	
2	He	氦	$1s^2$	
3	Li	锂	$1s^22s^1$	$[He]2s^1$
4	Be	铍	$1s^22s^2$	$[He]2s^2$
5	B	硼	$1s^22s^22p^1$	$[He]2s^22p^1$
6	C	碳	$1s^22s^22p^2$	$[He]2s^22p^2$
7	N	氮	$1s^22s^22p^3$	$[He]2s^22p^3$
8	O	氧	$1s^22s^22p^4$	$[He]2s^22p^4$
9	F	氟	$1s^22s^22p^5$	$[He]2s^22p^5$
10	Ne	氖	$1s^22s^22p^6$	$[He]2s^22p^6$
11	Na	钠	$1s^22s^22p^63s^1$	$[Ne]3s^1$
12	Mg	镁	$1s^22s^22p^63s^2$	$[Ne]3s^2$
13	Al	铝	$1s^22s^22p^63s^23p^1$	$[Ne]3s^23p^1$
14	Si	硅	$1s^22s^22p^63s^23p^2$	$[Ne]3s^23p^2$
15	P	磷	$1s^22s^22p^63s^23p^3$	$[Ne]3s^23p^3$
16	S	硫	$1s^22s^22p^63s^23p^4$	$[Ne]3s^23p^4$
17	Cl	氯	$1s^22s^22p^63s^23p^5$	$[Ne]3s^23p^5$
18	Ar	氩	$1s^22s^22p^63s^23p^6$	$[Ne]3s^23p^6$
19	K	钾	$1s^22s^22p^63s^23p^64s^1$	$[Ar]4s^1$
20	Ca	钙	$1s^22s^22p^63s^23p^64s^2$	$[Ar]4s^2$
21	Sc	钪	$1s^22s^22p^63s^23p^63d^14s^2$	$[Ar]3d^14s^2$
22	Ti	钛	$1s^22s^22p^63s^23p^63d^24s^2$	$[Ar]3d^24s^2$
23	V	钒	$1s^22s^22p^63s^23p^63d^34s^2$	$[Ar]3d^34s^2$
24	Cr	铬	$1s^22s^22p^63s^23p^63d^54s^1$	$[Ar]3d^54s^1$
25	Mn	锰	$1s^22s^22p^63s^23p^63d^54s^2$	$[Ar]3d^54s^2$
26	Fe	铁	$1s^22s^22p^63s^23p^63d^64s^2$	$[Ar]3d^64s^2$
27	Co	钴	$1s^22s^22p^63s^23p^63d^74s^2$	$[Ar]3d^74s^2$
28	Ni	镍	$1s^22s^22p^63s^23p^63d^84s^2$	$[Ar]3d^84s^2$
29	Cu	铜	$1s^22s^22p^63s^23p^63d^{10}4s^1$	$[Ar]3d^{10}4s^1$
30	Zn	锌	$1s^22s^22p^63s^23p^63d^{10}4s^2$	$[Ar]3d^{10}4s^2$
31	Ga	镓	$1s^22s^22p^63s^23p^63d^{10}4s^24p^1$	$[Ar]3d^{10}4s^24p^1$
32	Ge	锗	$1s^22s^22p^63s^23p^63d^{10}4s^24p^2$	$[Ar]3d^{10}4s^24p^2$
33	As	砷	$1s^22s^22p^63s^23p^63d^{10}4s^24p^3$	$[Ar]3d^{10}4s^24p^3$
	……			

各元素原子结构呈现周期性的变化，一个周期相当于一个能级组。若将表 2.7-1 中各个元素及相应原子的价层电子构型按此周期关系排列，即可得元素周期表。

元素周期表中 7 个周期分别对应于 7 个能级组，各周期所包括的元素数目分别是 2，8，8，18，18 和 32（第七周期未完成），这些数字正是每个周期对应的能级组中轨道数 1，4，4，9，9 和 16 的两倍。这是由于每一个轨道至多能容纳 2 个电子的缘故。

第一周期元素从 H 到 He，电子排布在最低能级的 1s 轨道上，He 的 2 个电子同在 1s 轨道而自旋方向相反，体现了能量最低原理与 Pauli 原理。

第二周期元素 Li、Be 的外层电子相继填在 2s 轨道上，元素 B、C、N 后续增加的电子填在 2p 轨道上，按洪特规则，N 中最后 3 个电子需分占 3 个 2p 轨道且自旋方向相同；而后面元素 O、F、Ne 的外层电子继续填充 2p 轨道；最后元素 Ne 的 6 个 2p 电子分别填满 3 个 2p 轨道且自旋成对，Ne 是稀有气体，具有稳定的电子构型。

第三周期元素从第 11 号元素 Na 到第 18 号元素 Ar，电子排布方式与第二周期元素相似，即 Na、Mg 的外层构型为 $3s^{1\sim2}$，Al 到 Ar 的外层构型为 $3p^{1\sim6}$。第一、二、三周期因包含元素数目较少，称为短周期（第一周期又称为特短周期）。短周期的原子只在 s 轨道和 p 轨道上排布电子。

第四周期元素包括从第 19 号元素 K 到第 36 号元素 Kr 的 18 个元素，第五周期元素包括第 37 号元素 Rb 到第 54 号元素 Xe 的 18 个元素，它们是周期表中的两个长周期。这两个长周期的能级交错表现在

$$E_{4s}<E_{3d}, E_{5s}<E_{4d}, \cdots$$

因此，在 3d 轨道或 4d 轨道未填入电子前，电子分别先填入 4s 或 5s 轨道，随后再分别填入 3d 或 4d 轨道，5 个 d 轨道可以容纳 10 个电子，因此第四、五周期都有 10 个所谓的过渡元素，这些元素分别称为第一、二过渡系列。在 3d 或 4d 轨道填满这 10 个元素以后，电子继续填入 4p 或 5p 轨道，以完成这两个周期。可见，第四、五周期元素的电子排布顺序的共同特点是 $ns^{1\sim2} \rightarrow (n-1)d^{1\sim10} \rightarrow np^{1\sim6}$。

第六周期中，从第 58 号到第 71 号的 14 个元素，其中最末一个元素最后一个电子填满 4f 轨道，这些元素总称为镧系元素。第七周期中，从第 90 号到第 103 号的 14 个元素，其中的最后一个电子填满 5f 轨道，这些元素统称为锕系元素。这两组元素的共同特点是最后一个电子均排布在 $(n-2)$f 轨道（由外向内数第三层）上，故常称它们为内过渡元素。在长式周期表中常把内过渡元素分出放在周期表的下方。由于能级交错，第六周期电子排布的顺序是 $6s^{1\sim2} \rightarrow 4f^{1\sim14} \rightarrow 5d^{1\sim10} \rightarrow 6p^{1\sim6}$，第七周期电子排布的顺序是 $7s^{1\sim2} \rightarrow 5f^{1\sim14} \rightarrow 6d^{1\sim10} \rightarrow$（未完）。

第六周期包括 32 个元素，又称为特长周期，或称为第三过渡系列。第七周期是未完成的周期。

价层电子构型相似的元素在元素周期表中分别集中在以下五个区域。

（1）s 区元素包括周期表中的ⅠA 和ⅡA 族元素，即碱金属和碱土金属，它们的最后一个电子排布在 s 轨道上，所以价电子的构型为 $n^{s1\sim2}$。

（2）p 区元素包括周期表中从ⅢA 到ⅦA 族和零族共六族元素，它们的最后一个电子排布在 p 轨道上，价电子的构型是 $ns^2np^{1\sim6}$。s 区和 p 区元素的共同特点是最后一个电子都是排布在最外层，最外层电子的总数等于这个元素的族数，习惯上称它们为周期表的主族。

（3）d 区元素是周期表中的过渡元素，它们的价电子构型是 $(n-1)d^{1\sim9}ns^{1\sim2}$，它们的最后一个电子基本上都排布在倒数第二层即 $(n-1)$d 轨道上（个别元素例外），它们最高能级组中的电子总数等于这些元素的族数，它们也被称为周期表的副族元素，依次记为ⅢB、ⅣB、…、Ⅷ族等。

（4）ds 区元素含ⅠB、ⅡB 副族元素，它们的价电子构型为 $(n-1)d^{10}ns^{1\sim2}$，其最后一个电子虽填充在外层 s 轨道上，但与 s 区不同，它们的次外层有充满电子的 d 轨道，也可以把它们列为 d 区元素。

（5）f 区元素包括前述的内过渡元素，它们的价电子构型为 $(n-2)f^{1\sim14}(n-1)d^{0\sim2}ns^2$。

总之，元素周期表共分为 7 个周期、7 个主族（ⅠA~ⅦA）、7 个副族（ⅠB~ⅦB），以及第Ⅷ族和零族。基态原子的电子构型随原子序数递增呈现周期性的变化规律是元素存在周期律的内在原因。要熟练应用元素周期表，首先要会根据元素的原子序数写出该元素的电子层结构，并由此判断该元素所在的周期和族；或者已知某元素所在的周期和族，可以推出它的原子序数，从而写出其电子层结构，以估计其主要性质。电子的排布原则上是按能量最低原理，由低能级向高能级逐一排布。

元素的化学性质主要决定于价电子，因此为方便起见只需写出每个元素的价电子构型，内层电子可用相应的稀有气体构型来代替，常用稀有气体元素符号加方括号来表示。对于非过渡元素，外层电子就是价电子，如 P 的价电子是 $3s^23p^3$，Ca 的价电子是 $4s^2$。过渡元素的价电子应包括次外层和外层的电子，如 Mn 的价电子是 $3d^54s^2$，Zn 是 $3d^{10}4s^2$ 等。对于镧系和锕系元素，还需标明外数第三层有关能级，如铈（Ce）的价电子是 $4f^15d^16s^2$，铀（U）的价电子是 $5f^36d^17s^2$ 等。

为了比较形象地体现电子填入轨道的三原则，通常还可用电子轨道图来表示电子在轨道中的分布方式和自旋取向，如 Mn 和 Sb 的价电子电子轨道图分别为

	3d					4s			
Mn: [Ar]	↑	↑	↑	↑	↑	↑↓			

	4d					5s	5p		
Sb: [Kr]	↑↓	↑↓	↑↓	↑↓	↑↓	↑↓	↑	↑	↑

最后必须指出，核外电子排布总是有例外的不规则的情况，特别是过渡元素，如钯（Pd）的价电子构型不是 $[Kr]4d^85s^2$，而是 $[Kr]4d^{10}$；铂（Pt）的价电子构型 不是 $[Xe]5d^86s^2$，而是[Xe-

]$5d^96s^1$ 这些构型的都是由光谱实验确定。

元素周期律是在 19 世纪中叶由门捷列夫、梅耶等化学家总结大量前人的研究成果，并根据原子量大小顺序、比较各元素原子化学性质相似相异规律性而提出的，但当时对其实质并不了解。直到 20 世纪初原子结构理论提出后，元素周期律的实质才被确认。元素周期律实质上是原子的基态电子构型随原子序数递增呈现周期性变化的必然结果。

2.7.3　质谱仪和电子共振波谱仪

1. 质谱仪

在工作过程中，质谱仪首先对样品进行离子化，这时分子会失去几个电子或得到几个电子，也就是这时样品由分子状态转化为带电离子，离子带电以后，还可以进一步进行分裂成为质量数更小的带电离子；然后带电离子通过毛细管进入质谱仪的腔体内部，离子可以被视为点电荷，在磁场或电场的作用下根据荷质比在质量分析器中进行质量分析，由于离子的质荷比不同，将在离子阱内做不同轨迹的周期运动；最后离子到达检测器，由信号采集器（感光片）进行放大，在上位机可以观察到信号变化图，通过数据处理可获得质谱图。一般来说，将数据采集后得到的谱图与标注库进行对比，就可以得到样品的定性和定量信息。质谱仪的工作原理如图 2.7-5 所示，其实物如图 2.7-6 所示。

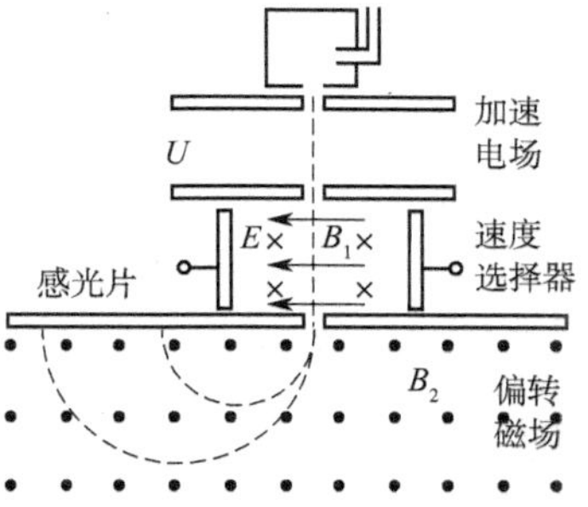

图2.7-5　质谱仪的基本原理示意图

质谱分析法具有如下特点：应用范围广，测定的样品可以是有机物，也可以是无机物，被分析的样品形态可以是气体、液体或者固体；灵敏度高，样品用量少；能够实现多组分同时检测，分析速度快；可用于相对分子量与原子量的测定、有机化合物结构分析、无机元素分析、同位素分析等。

从质谱仪工作原理可以发现，每台质谱仪都需要一个把样品分子电离成离子的电离装置，也需要质量分析器把不同荷质比的离子排序分离开，符合条件的离子经过检测器的放大处理后，再经计算机进行数据处理后，绘制成质谱图。不同种类的质谱仪所采用的检测器、电离装置、质量分析器是不同的，但不管哪种类型的质谱仪，它们的基本组成结构都是相似的，即都包括进样系统、离子源、质量分析器、检测器和真空系统等。

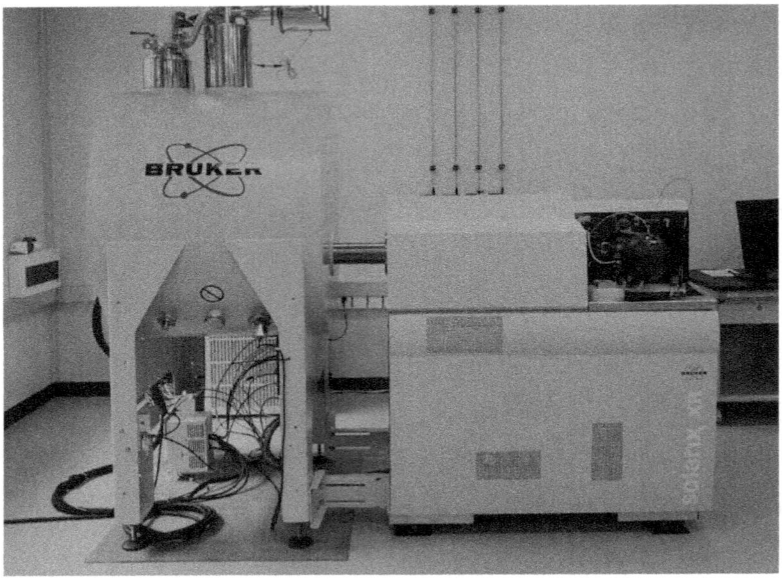

图2.7-6　质谱仪

2. 电子共振波谱仪

电子顺磁共振(Electron Paramagnetic Resonance，EPR)，也称电子自旋共振(Electron Spin Resonance，ESR)，它是直接检测和研究含有未成对电子的顺磁性物质的现代分析方法。物质的基本组成单位是分子，而分子由原子构成的，原子由原子核和电子组成的。在多数情况下，电子在分子(或原子)轨道中是配对存在的，由于它们处于同一轨道中，且自旋方向相反，所以这类化合物是逆磁性物质。但是，许多化合物的分子轨道或原子轨道中存在未配对的电子，这类含有未成对电子的物质就是 EPR 研究的对象。

原子中的电子能进行两种运动：一种是围绕原子核的轨道运动，另一种是围绕通过其中心的轴所做的自旋运动，这两种运动分别产生轨道磁矩和自旋磁矩。当自由电子处于外加磁场 B_0 中时，与外加磁场的相互作用将使电子的自旋能级从简并态分裂为两个能级，这就是电子自旋磁矩在外加磁场中能量的塞曼分裂，如图 2.7-7 所示。

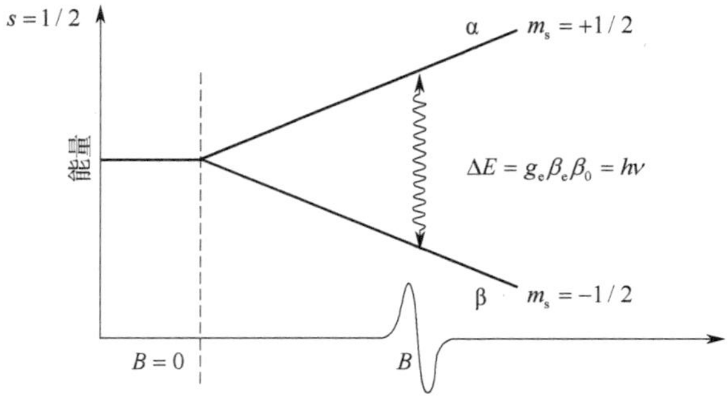

图2.7-7　电子自旋磁矩在外加磁场中能量的塞曼分裂

自从物理学家柴伏依斯基于 1945 年首次提出检测 EPR 信号的实验方法，并发表 $MnCl_2$、$MnSO_4$、$CuCl_2$、$CuSO_4 \cdot 5H_2O$ 等顺磁性盐类的研究结果以来，电子顺磁共振已有 50 多年的历史。在半个多世纪中，EPR 的理论、实验技术和仪器结构性能等诸多方面都有了很大的发展。尤其是从 20 世纪 70 年代以来，随着电子计算机和固体器件等电子技术的发展及其推广使用，使 EPR 实验技术有了许多重大的突破。利用电子计算机处理 EPR 数据，不仅可以成数量级地提高电子共振波谱仪的灵敏度和分辨率，而且还可以解决谱线随时间而变化的三维图像问题。随着科学技术的发展，电子共振波谱这一现代分析方法已在物理学、化学、生命科学、环境科学、医学、材料学、地矿学和年代学等许多领域内获得了越来越广泛的应用。

测量吸收信号的一次微分值谱线是使用最广泛的连续调波 EPR 光谱。这一过程依靠一个外加的高频调制磁场将吸收信号解析出来。调制线圈缠绕在谐振腔的外侧，使产生的调制磁场方向与外加磁场一致，并在慢速扫描的主磁场上再叠加一个高频、低幅的调制磁场，调制频率一般为 100 kHz。通过相敏检波器检测峰间幅值，可以获得吸收信号的一次导数信号。

由于这种场调制的方法使用了相敏检波器，故仅有与调制频率相同的信号（100 kHz）可被检测到。这种采用了高频调制和相敏检波的检测方法，能够显著提高信噪比。为了进一步提高仪器的分辨率，现代波谱仪还能观测二次微分曲线形式的测量结果。

电子顺磁共振波谱仪（图 2.7-8）主要由微波系统、磁铁系统、信号处理系统以及显示和记录等部件组成。

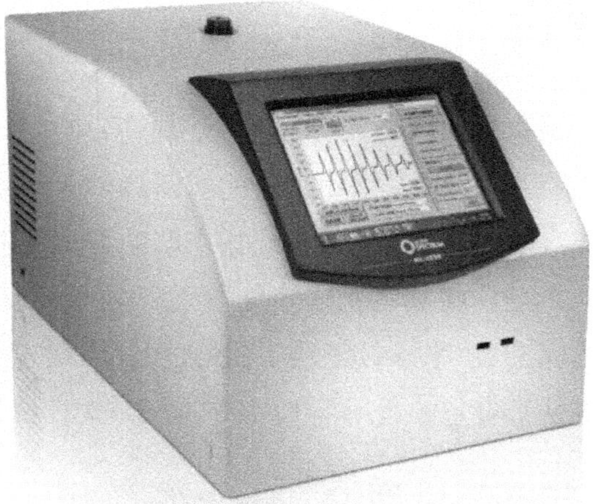

图2.7-8　电子顺磁共振波谱仪

根据共振条件可知，任意一个频率 v 的电磁波，都有一个对应的共振磁场 B。但实际上，只有采用较高频率的电磁波，才能获得较高的灵敏度。通常，商品波谱仪采用的电磁波频率都在微波范围内。所谓微波，是指波长为 1 mm ~ 1 m 的电磁波。通常，由于技术上的原因，即在技术上较容易做到均匀地、连续地、细微地改变磁场，因此 EPR 通常采用扫场法来实现电子顺磁共振，即以固定微波频率改变磁场强度的方式来满足共振条件。

微波系统主要是由微波桥和谐振腔等构成。微波桥由产生、控制和检测微波辐射的器件组成。通常用速调管或耿氏（Gunn）二极管振荡器作为产生微波的微波源。微波桥内有波导、隔离器、衰减器、环行器、晶体检波器、参考臂等微波器件，以及自动频率控制（AFC）单元，且微波桥的一臂与谐振腔连接。谐振腔是电子顺磁共振波谱仪的核心部件。将样品置于谐振腔的中心，谐振腔能使微波能量集中于腔内的样品处，并使样品在外磁场作用下产生共振吸收。品质因数 Q 值是谐振腔的一个重要参数，它反映了谐振腔集聚微波功率的本领。谐振腔通常有矩形腔和圆柱形腔两种类型。一般来说，典型矩形腔的 Q 值为 10 000 左右，圆柱形腔的 Q 值可达 20 000。谐振腔的 Q 值越高，波谱仪的灵敏度也越高。

目前，在商品 EPR 仪器中，较多的是用电磁铁作为磁场源。但当需要较高的磁场时，通常采用超导磁体作为磁场源。EPR 波谱仪中最常用的是 X 射线波段，但现代波谱仪也有配备多种波段的微波系统，可供切换波段使用。

信号处理系统主要由调制、放大、相敏检波等电子学单元组成。其功能主要是把弱的直流 EPR 吸收信号调制成高频交流信号，经高频放大、相敏检波后得到原吸收线型的一次微分信号，即 EPR 谱。

现代波谱仪都配有计算机的数据系统，能对 EPR 信号进行储存、显示、打印或绘图以及波谱分析等数据处理。

2.8 微扰理论

前面利用薛定谔方程求解了一些简单的能量本征问题。例如，第 2.4 节中求解了线性谐振子、一维无限深势阱；第 2.5 节讨论了势垒贯穿的问题；第 2.6 节中又解出了氢原子体系的本征值和本征函数。实际上，能用薛定谔方程严格求解的具体物理问题极为有限。大多数经常遇到的问题由于体系的哈密顿算符比较复杂，无法严格求解，只能求近似解。近似方法通常是从简单问题的精确解出发，来求较复杂问题的近似解。求近似解的方法很多，如微扰理论、变分法等，每一种方法都有它的适用范围，其中应用最为广泛的就是微扰理论。

2.8.1 非简并定态微扰理论

微扰理论的实质是把体系的哈密顿写成两项和的形式，即

$$\hat{H} = \hat{H}^{(0)} + \hat{H}' \tag{2.8-1}$$

式中：$\hat{H}^{(0)}$（不显含 t）的解已知或可精确求解，它包括体系的主要性质；$\hat{H}'$ 对体系的影响很小，可做扰动处理。

这样，在 $\hat{H}^{(0)}$ 的解的基础上用 $\hat{H}'$ 修正 $\hat{H}^{(0)}$ 的解，就可得到复杂体系 $\hat{H}$ 的近似解。

利用微扰理论求解问题时，可为分两种情况：

（1）$\hat{H}'$ 不显含时间，即定态问题，它又可分为非简并和简并两种情况；

（2）$\hat{H}'$ 显含时间，可用它的近似解讨论体系状态之间的跃迁问题及光的发射和吸收等问题。

本节主要介绍定态微扰理论。假设体系的哈密顿算符 $\hat{H}$ 不显含时间，而且可以分成两部分：一部分是 $\hat{H}^{(0)}$，它的本征函数 $\psi_n(0)$ 是已知的；另一部分 $\hat{H}'$ 很小，且不显含时间，可以看作加于 $\hat{H}^{(0)}$ 上的微扰。分别以 E_n 和 ψ_n 表示 $\hat{H}$ 的本征值和本征函数，则有

$$\hat{H}\psi_n = E_n\psi_n \tag{2.8-2}$$

其中

$$\hat{H} = \hat{H}^{(0)} + \hat{H}' \tag{2.8-3a}$$

$$\hat{H}^{(0)}\psi_n^{(0)} = E_n^{(0)}\psi_n^{(0)} \tag{2.8-3b}$$

如果没有微扰，则 $\hat{H}$ 就是 $\hat{H}^{(0)}$；E_n 和 ψ_n 就是 $E_n^{(0)}$和 $\psi_n^{(0)}$。微扰的引入使得体系的能级由 $E_n^{(0)}$变为 E_n，即能级发生移动，波函数也由 $\psi_n^{(0)}$变成 ψ_n。在定态微扰作用下，可以近似地由 $\hat{H}^{(0)}$ 的分立能级 $E_n^{(0)}$求出与 $\hat{H}$ 相对应的能级 E_n，并由波函数 $\psi_n^{(0)}$求出 ψ_n。

因为微扰项很小，所以假设 $\hat{H}' = \lambda\hat{H}^{(1)}$，其中 λ 是一个很小的实参数，用来表征微扰程度。由于 E_n 和 ψ_n 都与微扰项有关，可以把它们看作参数 λ 的函数，并将它们展开为 λ 的幂级数，即

$$\begin{cases} E_n = E_n^{(0)} + \lambda E_n^{(1)} + \lambda^2 E_n^{(2)} + \cdots \\ \psi_n = \psi_n^{(0)} + \lambda\psi_n^{(1)} + \lambda^2\psi_n^{(2)} + \cdots \end{cases} \tag{2.8-4}$$

式中：$E_n^{(0)}$和 $\psi_n^{(0)}$分别是体系未受微扰时的能量和波函数，称为零级近似能量和零级近似波函数；$\lambda E_n^{(1)}$和 $\lambda\psi_n^{(1)}$分别是能量和波函数的一级修正，其他依此类推。

将式（2.8-4）代入式（2.8-2），得到

$$\begin{aligned} &(\hat{H}^{(0)} + \lambda\hat{H}^{(1)})(\psi_n^{(0)} + \lambda\psi_n^{(1)} + \lambda^2\psi_n^{(2)} + \cdots) \\ &= (E_n^{(0)} + \lambda E_n^{(1)} + \lambda^2 E_n^{(2)} + \cdots)(\psi_n^{(0)} + \lambda\psi_n^{(1)} + \lambda^2\psi_n^{(2)} + \cdots) \end{aligned} \tag{2.8-5}$$

式（2.8-5）两边 λ 同次幂的系数应相等，由此得到下面一系列的方程：

$$(\hat{H}^{(0)} - E_n^{(0)})\psi_n^{(0)} = 0 \tag{2.8-6a}$$

$$(\hat{H}^{(0)} - E_n^{(0)})\psi_n^{(1)} = -(\hat{H}^{(1)} - E_n^{(1)})\psi_n^{(1)} \tag{2.8-6b}$$

$$(\hat{H}^{(0)} - E_n^{(0)})\psi_n^{(2)} = -(\hat{H}^{(1)} - E_n^{(1)})\psi_n^{(1)} + E_n^{(2)}\psi_n^{(0)} \tag{2.8-6c}$$

……　　　　……

式(2.8-6a)是没有微扰时的情况,式(2.8-6b)是 $\psi_n^{(1)}$所满足的微分方程,进而可以得出 $E_n^{(1)}$和 $\psi_n^{(1)}$。注意,如果 $\psi_n^{(1)}$是式(2.8-6b)的解,则由式(2.8-6a),$\psi_n^{(1)}+a\psi_n^{(0)}$也同样是该式的解,其中 a 是任意常数。

引进 λ 的目的是更清楚地从式(2.8-5)按数量级分析得出式(2.8-6a)、式(2.8-6b)等方程。这个目的达到后,将 λ 省去,把 $\hat{H}^{(1)}$ 理解为 $\hat{H}'$,把 $E_n^{(1)}$和 $\psi_n^{(1)}$理解为能量和波函数的一级修正等,就不会有含糊不清之处。

下面讨论 $E_n^{(0)}$非简并的情况,即 $E_1^{(0)}$、$E_2^{(0)}$、$E_3^{(0)}$、…均互不相等的情况。对于某个 $E_n^{(0)}$(n=0, 1, 2, 3,…),$\hat{H}^{(0)}$ 的本征函数只有一个 $\psi_n^{(0)}$,它就是 ψ_n 的零级近似。设 $\psi_n^{(0)}$已经归一化,为了求 $E_n^{(1)}$,以 $\psi_n^{(0)*}$左乘式(2.8-6b)两边,并对整个空间积分,可得

$$\int\psi_n^{(0)*}(\hat{H}^{(0)}-E_n^{(0)})\psi_n^{(1)}\mathrm{d}\tau=E_n^{(1)}\int\psi_n^{(0)*}\psi_n^{(0)}\mathrm{d}\tau-\int\psi_n^{(0)*}\hat{H}'\psi_n^{(0)}\mathrm{d}\tau \tag{2.8-7}$$

注意到 $\hat{H}^{(0)}$ 是厄密算符,$E_n^{(0)}$是实数,式(2.8-7)左边可变为

$$\int\psi_n^{(0)*}(\hat{H}^{(0)}-E_n^{(0)})\psi_n^{(1)}\mathrm{d}\tau=\int[(\hat{H}^{(0)}-E_n^{(0)})\psi_n^{(0)}]^*\psi_n^{(1)}\mathrm{d}\tau=0 \tag{2.8-8}$$

于是由式(2.8-8),并注意到 $\psi_n^{(0)}$的正交归一性,可得

$$E_n^{(1)}=\int\psi_n^{(0)*}\hat{H}'\psi_n^{(0)}\mathrm{d}\tau \tag{2.8-9}$$

即能量的一级修正 $E_n^{(1)}$等于 $\hat{H}'$ 在 $\psi_n^{(0)}$态中的平均值。

已知 $E_n^{(1)}$,由式(2.8-6b)即可求得 $\psi_n^{(1)}$。因此,我们将 $\psi_n^{(1)}$按 $\hat{H}^{(0)}$ 的本征函数展开,即

$$\psi_n^{(1)}=\sum_l a_l^{(1)}\psi_l^{(0)}$$

$\psi_n^{(1)}$加上 $a\psi_n^{(0)}$后仍是式(2.8-6b)的解,我们总可以选取 a,使得上面的展开式中不含 $\psi_n^{(0)}$,即

$$\psi_n^{(1)}=\sum_l{}' a_l^{(1)}\psi_l^{(0)} \tag{2.8-10}$$

式中:求和符号右上角加一撇($\sum'$)表示求和时不包括 l=n 的项。

将式(2.8-10)代入式(2.8-6b)中,可得

$$\sum_l{}' E_l^{(0)}\alpha_l^{(1)}\psi_l^{(0)}-E_n^{(0)}\sum_l{}' a_l^{(1)}\psi_l^{(0)}=E_n^{(1)}\psi_n^{(0)}-\hat{H}'\psi_n^{(0)}$$

以 $\psi_m^{(0)*}$($m\neq n$)左乘上式两边,并对整个空间积分,且注意到 $\psi_l^{(0)}$的正交归一性,即

$$\int\psi_m^{(0)*}\psi_l^{(0)}\mathrm{d}\tau=\delta_{ml}$$

可得

$$\sum_l{}' E_l^{(0)}a_l^{(1)}\delta_{ml}-E_n^{(0)}\sum_l{}' a_l^{(1)}\delta_{ml}=-\int\psi_m^{(0)*}\hat{H}'\psi_n^{(0)}\mathrm{d}\tau \tag{2.8-11}$$

令

$$\int\psi_m^{(0)*}\hat{H}'\psi_n^{(0)}\mathrm{d}\tau=H'_{mn} \tag{2.8-12}$$

式中:H'_{mn} 称为微扰矩阵元。

于是式（2.8-11）可简化为

$$(E_n^{(0)}-E_m^{(0)})a_m^{(1)}=H'_{mn}$$

或

$$a_m^{(1)}=\frac{H'_{mn}}{E_n^{(0)}-E_m^{(0)}} \tag{2.8-13}$$

将式（2.8-13）代入式（2.8-10），可得

$$\psi_n^{(1)}=\sum_m{}'\frac{H'_{mn}}{E_n^{(0)}-E_m^{(0)}}\psi_m^{(0)} \tag{2.8-14}$$

为了求能量的二级修正，把式（2.8-10）代入式（2.8-6c），并用 $\psi_n^{(0)*}$左乘式（2.8-6c）两边后，对整个空间积分，可得

$$\int\psi_n^{(0)*}(\hat{H}^{(0)}-E_n^{(0)})\psi_n^{(2)}\mathrm{d}\tau=-\sum_l{}'a_l^{(1)}H'_{nl}+E_n^{(1)}\sum_l{}'a_l^{(1)}\delta_{nl}+E_n^{(2)}$$

这里用了 $\psi_n^{(0)}$的正交归一性。与式（2.8-8）一样，上式左边为零；右边第二项由于 $l\neq n$，也为零。于是有

$$E_n^{(2)}=\sum_l{}'a_l^{(1)}H_{nl}{}'=\sum_l{}'\frac{H'_{nl}H'_{ln}}{E_n^{(0)}-E_l^{(0)}}=\sum_l{}'\frac{|H'_{nl}|^2}{E_n^{(0)}-E_l^{(0)}} \tag{2.8-15}$$

其中，因为 $\hat{H}^{(1)}$ 是厄密算符，由式（2.8-12）有 $H'_{ln}=H'^{*}_{nl}$。

由式（2.8-6c）还可以求出 $\psi_n^{(2)}$，进而用类似的步骤可以求得能量和波函数的更高级修正。

本节讨论的微扰理论适用于条件级数的已知几项中，而后面的项远小于前面的项，由此得到该理论适用的条件为

$$\left|\frac{H'_{mn}}{E_n^{(0)}-E_m^{(0)}}\right|<<1,\quad E_n^{(0)}\neq E_m^{(0)} \tag{2.8-16}$$

这就是本节开始时提到的 $\hat{H}'$ 很小的明确表述式。当式（2.8-16）满足时，计算一级修正一般就可得到相当精确的结果。

由式（2.8-16）可以看出，微扰理论的方法能否适用，不仅取决于矩阵元 H'_{mn} 的大小，同时还取决于能级间的距离$|E_n^{(0)}-E_m^{(0)}|$。例如，在库仑场中体系的能级与量子数 n 的平方成反比；当 n 很大时，能级间的距离很小，在这种情况下，微扰理论只适用于计算低能级（n 很小）的修正，而不能用来计算高能级（n 很大）的修正。

2.8.2　简并情况下的微扰理论

如果能级 $E_n^{(0)}$是简并的，属于 $\hat{H}^{(0)}$ 的本征值 $E_n^{(0)}$有 k 个本征函数 $\phi_1,\phi_2,\cdots,\phi_k$，

$$\hat{H}^{(0)}\phi_i=E_n^{(0)}\phi_i,\quad i=1,2,3,\cdots,k \tag{2.8-17}$$

在这种情况下，首先遇到的问题是如何从这 k 个 ϕ 中挑选出零级近似波函数。作为零级近似波函数，它必须使式(2.8-6b)有解。根据这个条件，我们把零级近似波函数 $\psi_n^{(0)}$写成 k 个 ϕ 的线性组合，即

$$\psi_n^{(0)} = \sum_{i=1}^{k} c_i^{(0)} \phi_i \tag{2.8-18}$$

式中：系数 $c_i^{(0)}$ 可按下面的步骤由式(2.8-6b)求出。

将式(2.8-18)代入式(2.8-6b)中，则有

$$(\hat{H}^{(0)} - E_n^{(0)})\psi_n^{(1)} = E_n^{(1)} \sum_{i=1}^{k} c_i^{(0)} \phi_i - \sum_{i=1}^{k} c_i^{(0)} \hat{H}' \phi_i$$

以 ϕ_l^* 左乘上式两边，并对整个空间积分，以及由式(2.8-8)和上式左边为零，可得

$$\sum_{i=1}^{k} (\hat{H}'_{li} - E_n^{(1)} \delta_{ni}) c_i^{(0)} = 0, \quad l=1,2,\cdots,k \tag{2.8-19}$$

其中

$$\hat{H}'_{li} = \int \phi_l^* \hat{H}' \phi_i \mathrm{d}\tau \tag{2.8-20}$$

式(2.8-19)是以系数 $c_i^{(0)}$ 为未知量的一次齐次方程组，它有不全为零的解的条件为

$$\begin{vmatrix} H'_{11} - E_n^{(1)} & H'_{12} & \cdots & H'_{1k} \\ H'_{21} & H'_{22} - E_n^{(1)} & \cdots & H'_{2k} \\ \cdots & \cdots & \ddots & \cdots \\ H'_{k1} & H'_{k2} & \cdots & H'_{kk} - E_n^{(1)} \end{vmatrix} = 0 \tag{2.8-21}$$

这个行列式方程称为久期方程，解这个方程可以得到能量一级修正 $E_n^{(1)}$的 k 个根 $E_{nj}^{(1)}$(j=1, 2, ⋯, k)。因为 E_n=$E_n^{(0)}$+$E_n^{(1)}$，若 $E_n^{(1)}$的 k 个根都不相等，则一级微扰可以将 k 度简并完全消除；若 $E_n^{(1)}$有几个重根，说明简并只是部分被消除，必须进一步考虑能量的二级修正，才有可能使能级完全分裂开来。

为了确定能量 E_{nj}=$E_n^{(0)}$+$E_{nj}^{(1)}$所对应的零级近似波函数，可以把 $E_{nj}^{(1)}$的值代入式(2.8-19)中解出一组 $c_i^{(0)}$，再代入式(2.8-18)即可。

2.8.3 与时间有关的微扰理论

在第 2.8.1 节定态微扰理论中讨论了分立能级的能量和波函数的修正，所讨论体系的哈密顿算符不含时间，因而求解的是定态薛定谔方程。本节讨论体系的哈密顿算符含有与时间有关的微扰的情况，即体系的哈密顿算符 $\hat{H}(t)$ 由 $\hat{H}_0$ 和 $\hat{H}'(t)$ 两个部分组成，有

$$\hat{H}(t) = \hat{H}_0 + \hat{H}'(t) \tag{2.8-22}$$

式中：$\hat{H}_0$ 与时间无关，仅微扰部分 $\hat{H}'(t)$ 与时间有关。

由于 $\hat{H}(t)$ 与时间有关，体系的波函数要由含时间的薛定谔方程准确解出通常是很困难

的。下面要讨论的与时间有关的微扰理论，使我们能够由 $\hat{H}_0$ 的定态波函数近似地计算出有微扰时的波函数，从而可以计算无微扰体系在微扰作用下由一个量子态跃迁到另一个量子态的跃迁概率。本节后面部分将用这些结果讨论原子对光的发射和吸收等问题。

体系波函数 Ψ 所满足的薛定谔方程为

$$\mathrm{i}\hbar\frac{\partial\Psi}{\partial t}=\hat{H}(t)\Psi \tag{2.8-23}$$

设 $\hat{H}_0$ 的本征函数 ϕ_n 为已知量，即

$$\hat{H}_0\phi_n=\varepsilon_n\phi_n \tag{2.8-24}$$

将 Ψ 按 $\hat{H}_0$ 的定态波函数 $\Phi_n=\phi_n\mathrm{e}^{-\frac{\mathrm{i}}{\hbar}\varepsilon_n t}$ 展开，即

$$\Psi=\sum_n a_n(t)\Phi_n \tag{2.8-25}$$

将式（2.8-25）代入式（2.8-23），可得

$$\mathrm{i}\hbar\sum_n\Phi_n\frac{\mathrm{d}a_n(t)}{\mathrm{d}t}+\mathrm{i}\hbar\sum_n a_n(t)\frac{\partial\Phi_n}{\partial t}=\sum_n a_n(t)\hat{H}_0\Phi_n+\sum_n a_n(t)\hat{H}'(t)\Phi_n \tag{2.8-26}$$

利用 $\mathrm{i}\hbar\frac{\partial\Phi_n}{\partial t}=\hat{H}_0\Phi_n$，消去式（2.8-26）左边第二项和右边第一项后，式（2.8-26）可简化为

$$\mathrm{i}\hbar\sum_n\Phi_n\frac{\mathrm{d}a_n(t)}{\mathrm{d}t}=\sum_n a_n(t)\hat{H}'(t)\Phi_n$$

以 Φ_m^* 左乘上边两式，并对整个空间积分，可得

$$\mathrm{i}\hbar\sum_n\frac{\mathrm{d}a_n(t)}{\mathrm{d}t}\int\Phi_m^*\Phi_n\mathrm{d}\tau=\sum_n a_n(t)\int\Phi_m^*\hat{H}'(t)\Phi_n\mathrm{d}\tau$$

将 $\int\Phi_m^*\Phi_n\mathrm{d}\tau=\delta_{mn}$ 代入上式，可得

$$\mathrm{i}\hbar\frac{\mathrm{d}a_m(t)}{\mathrm{d}t}=\sum_n a_n(t)H'_{mn}\mathrm{e}^{\mathrm{i}\omega_{mn}t} \tag{2.8-27}$$

其中

$$H'_{mn}=\int\Phi_m^*\hat{H}'(t)\Phi_n\mathrm{d}\tau \tag{2.8-28}$$

是微扰矩阵元；

$$\omega_{mn}=\frac{1}{\hbar}(E_m-E_n) \tag{2.8-29}$$

是体系从 E_n 能级跃迁到 E_m 能级的玻尔频率。

式（2.8-27）是式（2.8-23）通过式（2.8-25）改写的结果，因而式（2.8-27）就是薛定谔方程的另一种表示形式。

现在求式（2.8-27）的解。设微扰在 t=0 时开始引入，这时体系处于 $\hat{H}_0$ 的第 k 个本征态 Φ_k，则由式（2.8-25），有

$$a_n(0)=\delta_{nk} \tag{2.8-30}$$

由于式(2.8-27)的右边已含有一级微扰 H'_{mn},在只考虑一级近似而略去二级和更高级近似的情况下,我们把式(2.8-30)的 $a_n(0)$作为 $a_n(t)$代入式(2.8-27)右边,可得

$$i\hbar\frac{da_m(t)}{dt}=\sum_n \delta_{nk}H'_{mn}e^{i\omega_{mn}t}=H'_{mk}e^{i\omega_{mk}t}$$

由此得出式(2.8-27)的一级近似解为

$$a_m(t)=\frac{1}{i\hbar}\int_0^t H'_{mk}\exp(i\omega_{mk}t')dt' \tag{2.8-31}$$

根据式(2.8-25),在 t 时刻发现体系处于中 Φ_m 态的概率是$|a_m(t)|^2$。所以,体系在微扰作用下由初态 Φ_k 跃迁到终态 Φ_m 的概率为

$$W_{k\to m}=|a_m(t)|^2 \tag{2.8-32}$$

2.9 光的吸收和发射

激光的英语原文“laser”是 light amplification by stimulated emission of radiation 首字母的缩写,意思是受激辐射的光放大。自从 1960 年美国人梅曼制造出世界上第一台激光器以后,人们对激光的研究就时刻没有停步,激光也被应用到各个方面,如激光手术可自动止血、全息激光照片可以以假乱真以及激光照排、激光美容等。下面从物质原子的吸收和发光的过程出发,首先引出激光的概念,然后讨论其产生的方法。

2.9.1 光的吸收和发射

在前面介绍黑体辐射时曾提到过,任何物质都会吸收和发射光波。有了能级的思想后,我们来看一下原子吸收和发光的具体过程。该过程可分为受激吸收、自发辐射和受激辐射三种不同形式。

受激吸收是处在低能级 E_1 上的原子接收到等于 E_2-E_1 的外来能量时,吸收这一能量跃迁到高能级的过程,如图 2.9-1 所示。

图2.9-1 原子受激吸收示意图(其中$h\nu=E_2-E_1$)

自发辐射是指原子在没有外界干预的情况下,由处于激发态的高能级 E_2 自动跃迁到低能级 E_1,而发出辐射的过程,如图 2.9-2 所示。这种跃迁也称为自发跃迁。自发辐射是一个随机过程,各个原子的辐射都是独立地、自发地进行的,因而辐射出的光子的运动方向、相位和偏振状态是各不相同的。又由于发光物质中包含大量的原子,而这些原子处于各种不同

的激发态，因此它们发出的光的频率也不尽相同。所以，自发辐射发出的光不具有相干性，属于自然光。普通光源发光，如白炽灯、水银灯发光，属于自发辐射发光。

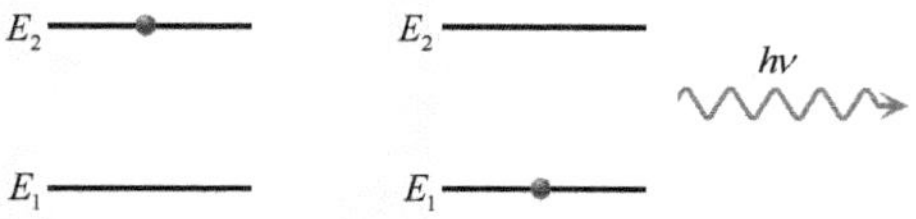

图2.9-2　原子自发辐射示意图（其中$h\nu=E_2-E_1$）

受激辐射是 1917 年爱因斯坦提出的思想，即处于高能级 E_2 的原子会在外来光子（其频率恰好满足 $h\nu=E_2-E_1$）的诱发下向低能级 E_1 跃迁，并发出与外来光子一样特征的光子，如图 2.9-3 所示。

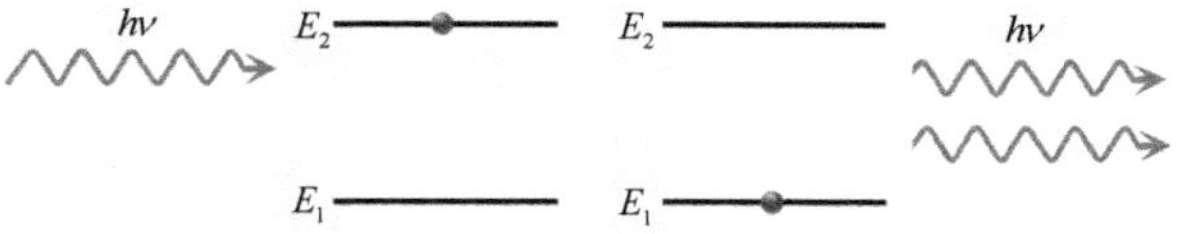

图2.9-3　原子受激辐射示意图

受激辐射是形成激光的基础。受激辐射的特点是产生的新光子与外来光子频率相同、相位相同、偏振方向相同，因而新光子与入射光子是完全相干的。如果这两个光子再诱导其他原子产生受激辐射，就能得到四个特征完全相同的光子。因此，在受激辐射中，光子成倍增长，从而产生了光放大。本质上，这就是激光——受激辐射的光放大。

光与原子相互作用时，总是同时存在受激吸收、受激辐射和自发辐射等三个过程。处于平衡态时，通过受激吸收从低能态跃迁到高能态的原子数等于通过受激辐射和自发辐射从高能态跃迁到低能态的原子数。就受激吸收和受激辐射这两个过程而言，前者使入射光子数减少，而后者使入射光子数得到放大。要得到激光，就要使受激辐射占主导地位，抑制受激吸收和自发辐射。下面分析对于一般的物质如何实现这样的效果，进而产生激光。

2.9.2　粒子数反转及其实现

由能量最小原理可知，通常情况下原子总是处于尽可能低的能量状态。在一个空间中如果有许多原子存在，那么大量的原子会处于基态，处于激发态的原子数要少于处于基态的原子数。从热力学的玻尔兹曼分布规律也可以直接得到相同的结论。根据玻尔兹曼分布律，处于能量状态 E_i 的原子数目 N_i 正比于 $\exp(-E_i/(kT))$，即

$$N_i \propto \exp\left(-\frac{E_i}{kT}\right) \tag{2.9-1}$$

式中：k 是玻尔兹曼常量；T 是热力学温度。

处于激发态的粒子数 N_2 与处于基态的粒子数 N_1 之比为

$$\frac{N_2}{N_1}=\frac{e^{-\frac{E_2}{kT}}}{e^{-\frac{E_1}{kT}}}=e^{-\frac{E_2-E_1}{kT}}<1 \tag{2.9-2}$$

由于处于激发态的粒子数少于基态的粒子数，受激辐射占非主导地位，不能产生激光，要产生激光就要使处于激发态的粒子数多于基态的粒子数，实现所谓的粒子数反转。要实现和维持粒子数反转必须符合两个条件；一是必须有能量输入系统，使尽可能多的粒子跃迁到高能级上，这一能量的供应过程称为激励或者光泵浦，具体有电激励、光激励、热激励、化学激励等；二是粒子必须存在亚稳态能级，即存在激发态寿命 $\tau \approx 10^{-3}$ s 的能级，而一般原子系统的激发态寿命只有 10^{-8} s。

下面分析能够实现粒子数反转的物质的原子能级结构，主要有两种情况，即三能级系统和四能级系统。

图 2.9-4 所示为三能级系统示意图，其中 E_1 是基态能级，E_2 是寿命较长的激发态即亚稳态能级，E_3 是寿命很短的激发态能级。正常情况下，基态能级 E_1 上的粒子数最多，激发态能级 E_2 和 E_3 上的粒子数较少。通过激励可以把基态上的原子迅速抽运到激发态 E_3，由于该能态的寿命很短，通过与其他原子的碰撞会很快跳到亚稳态能级 E_2 上。由于亚稳态的寿命较长，因此会出现原子的堆积。当亚稳态上的原子数目超过基态上的原子数目时，在基态和亚稳态之间就出现了粒子数反转。

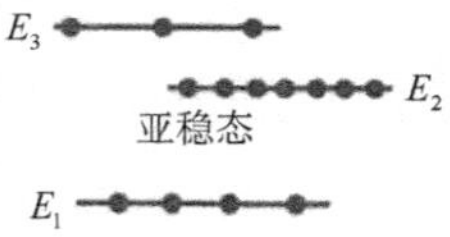

图2.9-4　三能级系统示意图

世界上的第一台激光器——红宝石激光器，就是三能级系统。其激发态 E_3 的寿命是 5×10^{-8}s，亚稳态 E_2 的寿命是 3×10^{-3} s。虽然三能级系统的能级结构比较简单，但是其有一个不足之处，即基态上总是聚集着众多原子，要实现粒子数反转，外界的激励能力必须非常强，于是有人提出了四能级系统。

图 2.9-5 所示为四能级系统示意图，其中，E_1 仍然是基态能级，E_3 是亚稳态能级，E_2 和 E_4 是寿命非常短的激发态能级。原子首先被大量地抽运到激发态能级 E_4，然后迅速跃迁到亚稳态 E_3 并形成堆积。由于激发态 E_2 的寿命很短，不会形成原子的堆积，因此在能态 E_2 和 E_3 之间容易形成粒子数反转。应用十分广泛的 He-Ne 激光器就是四能级系统。

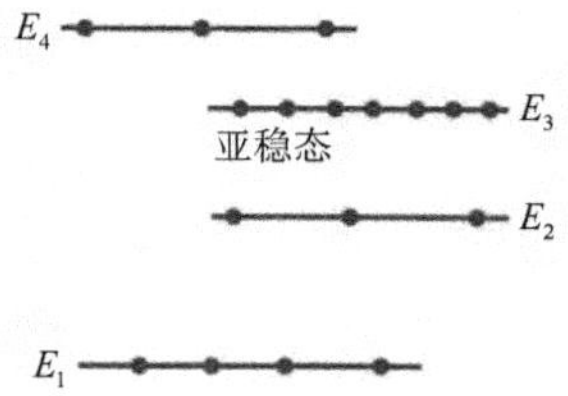

图2.9-5　四能级系统示意图

形成粒子数反转是产生激光的必要条件，但有了粒子数反转还不一定能产生激光。因为引起受激发射的最初光子来源于自发辐射，而自发辐射产生的光的相位、传播方向等都是无规则的，不具有相干性。为了能够产生可应用的激光，必须设计一个装置使某一方向、某一频率的受激辐射得到不断加强，而其他频率、其他方向的辐射受到抑制。这样的装置称为光学谐振腔。

2.9.3　光学谐振腔与激光器

光学谐振腔的示意图如图 2.9-6 所示，其基本的组成部分是两个相互平行的全反射镜和部分透射反射镜，工作物质只在两个镜子之间。

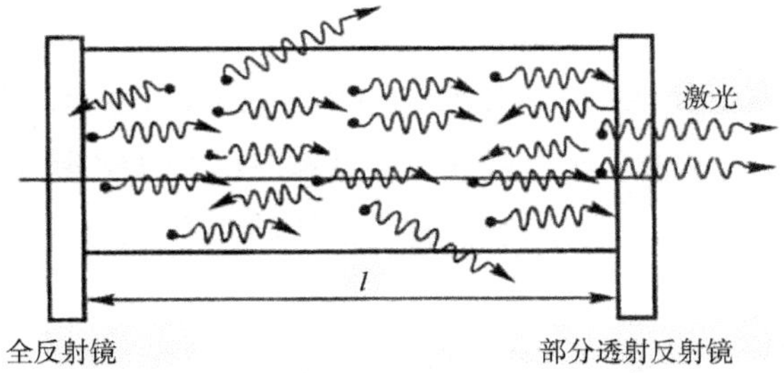

图2.9-6　光学谐振腔示意图

当工作物质在外界激励下实现了粒子数反转后，它们要以自发辐射的形式跃迁到低能态，并辐射出相位、偏振态、传播方向各不相同的光子。在光学谐振腔内，那些偏离镜子轴线方向传播的光子很快会从腔的侧面逸出，而沿轴线运动的光子，由于受到两端镜面的反射会在腔内产生振荡，每一次往返都会使工作物质的原子产生轴向的受激辐射。这样一来，轴向方向的辐射不断加强，同时一部分能量从部分透射反射镜输出，从而产生激光。

光学谐振腔具有选频作用，当光满足驻波条件 $l=k\lambda/2$ 时才能被加强。根据工作物质可以将激光器分为固体激光器、气体激光器、液体激光器、半导体激光器等，如图 2.9-7 所示。

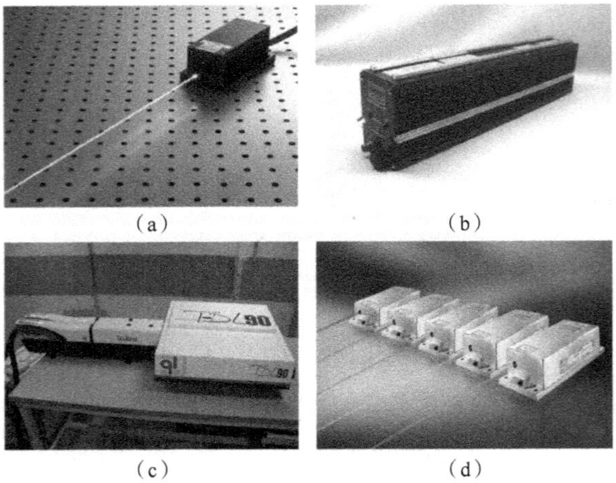

图2.9-7　激光器按工作物质分类

(a)532 nm 绿光固体(Nd：YAG)激光器　(b)二氧化碳激光器　(c)染料(液体)激光器　(d)半导体(GaAs)激光器

习题

1. 量子力学诞生的基础是科学家发现什么物理现象的存在？量子力学建立的基础为玻恩关于波函数的统计解释，试简述该解释。

2.(1)某一时刻 t，在空间某一位置附近的波函数为 $\psi(x, y, z, t)$，试写出此时刻该空间位置的概率密度 $P(x, y, z, t)$的表达式，并指出其量纲以及其值是否可以大于 1。

(2)进一步给出此时刻该空间位置体积微元 $\mathrm{d}V$ 内发现粒子的概率 $\mathrm{d}W(x, y, z, t)$的表达式。

3. 指出波函数 $\psi(x, y, z, t)$必须满足的三个标准化条件。一个质量为 m 的粒子被限制在宽度为 $a(a>0)$的一维有限深势阱中，某学生经过计算得到这个粒子的一个定态波函数为

$$\psi(x)\begin{cases} Ax(x+a), & 0\leqslant x\leqslant a \\ 0, & x<0\text{或}x>a \end{cases}$$

其中，A 为非零常数。试确定这个学生的计算结果是否正确，以及为什么？

4. 在薛定谔方程建立过程中为何考虑经典的 E_k-p 关系，即 $E_k = p^2/(2m)$，而未按照相对论 E-p 关系，即 $E^2=p^2c^2 + m_0^2c^4$。

5. 定态薛定谔方程求得本征函数 $\Psi = \Psi_0 \exp\left[\frac{\mathrm{i}}{\hbar}(xp-Et)\right]$ 也是动量算符的本征函数，对吗？

6. 由定态波函数 $\Psi = A_0 \exp\left[\frac{\mathrm{i}}{\hbar}(xp-Et)\right]$ 可得概率密度 $P=|\psi|^2 \equiv (A_0)^2$，对吗？

7. 量子力学诞生的基础是物质波或波粒二象性，对吗？

8. 求一维谐振子处于第一激发态时概率最大的位置。

9. 设 $\psi(x) = A\mathrm{e}^{-\frac{1}{2}\alpha^2x^2}$（$\alpha$ 为常数），求 A=的值。

10. 一个质量为 m 的粒子在一维无限深势阱中（$0\leqslant x\leqslant a$ 范围内，势能为 0，其他区域势能为∞）运动，t=0 时刻，其归一化的波函数为

$$\Psi(x,t=0) = A\sin\frac{\pi x}{a}\cos\frac{\pi x}{a}$$

（1）求归一化常数 A；

（2）给出粒子在势阱中出现概率最大的位置；

（3）计算在 0~a/2 范围内发现该粒子的概率；

（4）计算能量和动量的本征值；

（5）画出概率密度空间分布草图。

11. 设氢原子处在 $\psi(r,\theta,\varphi) = \dfrac{1}{\sqrt{\pi a_0^3}}\mathrm{e}^{-\frac{r}{a_0}}$ 的态，其中 a_0 为第一玻尔轨道半径。

（1）求 r 的平均值；

（2）求势能 $-\dfrac{e^2}{r}$ 的平均值。

12. 判断 $\hat{x}$ 和 $\hat{L}_x,\hat{L}_y,\hat{L}_z$ 是否分别对易。

13. 简要描述势垒穿透（隧道）效应及其产生的原因，举一个该效应应用的例子，并指出贯穿概率主要取决于哪些因素。

14. 已知某元素+3 价离子的电子排布为 $1s^22s^2p^63s^23p^63d^5$，则该元素在周期表中属于哪一族。

15. 黑体辐射的物理意义在于实验证明了电偶极子辐射（谐振子）量子化。采用类似方法简要说明爱因斯坦光电效应、康普顿散射、戴维逊-革末电子衍射、卢瑟福背散射、弗兰克-赫兹以及斯（施）特恩-盖拉赫实验的物理意义。

16. 简述氢原子的四个量子数 n，l，m_l 及 m_s 的物理意义及取值；写出 l= 3 时角动量的值及其可能的空间量子化取值；计算主量子数 n 的壳层中最多可容纳的电子数目。

17. 电子的自旋磁量子数 m_s 应如何取值？简述泡利不相容原理，并计算能级 n 上可容纳的总电子数。

18. 简述激光中原子吸收和发光过程的三种不同形式，并画出示意图。

第 3 章

固体物理导论

3.1　晶体结构

3.1.1　原子的周期性阵列

晶体是在恒定环境中（通常在溶液中）随着原子的“堆砌”而形成的。如我们常见的天然石英晶体，它是在一定压力下的硅酸盐热水溶液中，经过漫长的地质过程而形成的。从晶形来看，晶体在恒定环境中生长时，犹如完全相同的砌块一块块地不断堆积起来一样。这里所谓的“砌块”，是指原子或原子团。如果不考虑由于偶然因素混入结构中的杂质或缺陷，晶体就是由这些完全相同砌块的三维周期性阵列构成的。

如图 3.1-1 所示，在理想情况下，晶体是由完全相同的原子团在空间无限重复排列而构成的。这样的原子团被称为基元（basis）。在数学上，这些基元可以抽象为几何点，而这些点的集合（空间点阵）被称为晶格（lattice），也被称为布喇菲点阵或布喇菲格子，这种格子的特点是每点周围的情况都一样。晶体的布喇菲格子描写了基元在空间的排列情况，可以这样概括晶体的结构，即晶体结构（图 3.1-1a）是将基元（图 3.1-1b）配置在布喇菲格子（图 3.1-1d）的每个格点上，即

晶体结构=基元+布喇菲格子

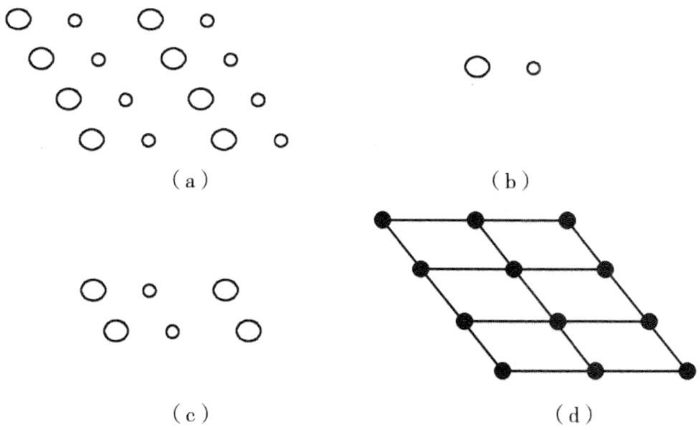

图3.1-1　二维情况下晶体的结构

（a）二维晶体（b）基元　（c）原胞　（d）布喇菲格子

即使微小的晶粒也包含成千上万个粒子，所以布喇菲格子中的结点可以看成是无限多的。通过这些结点，可以作许多平行的直线族和平行的晶面族。这样，点阵就成为一些网格，称为晶格。由于晶格的周期性，可取一个以结点为顶点、以边长等于该方向上的周期长度的平行六面体作为重复单元，来概括晶格的特征。将晶体看成是由某种最小单元无空隙地堆砌而成的，此最小重复单元称作固体物理学原胞，简称原胞（图 3.1-1c）。原胞的边矢量称作晶格基矢，一般用 $\vec{a}_1$, $\vec{a}_2$, $\vec{a}_3$ 表示。对于某个给定的晶格，其基矢及其原胞的选取方式可

以有许多种。但是，对于一种给定的晶体结构，无论怎么选取，其原胞或初基基元中的原子数目却总是相同的。这组矢量所构成的体积 $\vec{a}_1 \cdot \vec{a}_2 \times \vec{a}_3$ 是晶体结构最小的“砌块”。

通过考察图 3.1-1a，可以辨识基元（图 3.1-1b），然后可以引出空间格点（图 3.1-1d）。

图 3.1-1 表示在二维情况下晶体结构、基元、原胞、布喇菲格子的一个例子。在二维情况下，原胞一般取为平行四边形，两边长方向正好为一个周期。应当指出，原胞的取法不是唯一的，即两边长的方向可以有不同的取法，但平行四边形面积总是相同的。另外，不管原胞如何选取，布喇菲格子是唯一的。

在三维情况下，当我们从某一点去观察原子在晶体中的排列时，其与我们在将该点平移晶格基矢的整数倍得到的 $\vec{R}_l$ 点所观察到的原子排列情况在各方面都完全一样，这时有

$$\vec{R}_l = \vec{R}_0 + l_1\vec{a}_1 + l_2\vec{a}_2 + l_3\vec{a}_3 \tag{3.1-1}$$

式中：l_1, l_2, l_3 为任意整数。

这样，根据式（3.1-1），由 l_1，l_2，l_3 的所有可能取值所确定的点 $\vec{R}_l$ 的集合就定义为一个晶格。三维布喇菲格子示意图如图 3.1-2 所示。

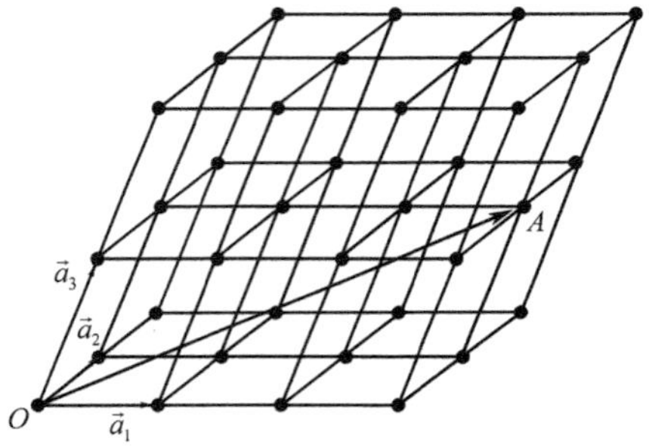

图3.1-2　三维布喇菲格子示意图

在晶格的基础上，在每个格点上配置一个基元即形成晶体。对于给定的晶体，其中的所有基元无论在组成、排列，还是在取向方面都是完全相同的。相对于一个格点，将基元放在何处是无关紧要的，即对基元与格点的相对位置没有要求。

由于晶体结构的周期性，在任何两个原胞中相对应的点上，晶体的微观物理性质完全相同。若设 $\vec{R}$ 为原胞中任意一点的位矢，$U(\vec{R})$为该点的某一微观物理量（如静电势能、电子云密度等），则有

$$U(\vec{R}) = U(\vec{R} + \vec{T}) \tag{3.1-2}$$

或者说，把一个晶体结构平移任一格矢 $\vec{T}$，结果将与原来的晶体结构完全重合，没有任何改变。晶体结构的这种性质被称为平移对称性（平移不变性）。这里，我们认为从微观来看晶体是无限大的。

图 3.1-3a 中除 $\vec{a}_1'''$ 和 $\vec{a}_2'''$ 外，每对 $\vec{a}_1$ 和 $\vec{a}_2$ 都是晶格基矢，因为不可能从 $\vec{a}_1'''$ 和 $\vec{a}_2'''$ 的整数倍组合来构成晶格平移 $\vec{T}$。平行四边形 1、2、3 的面积是相等的，它们中的任何一个都可以

取作原胞（亦即初基晶胞）；而平行四边形 4 的面积是原胞面积的两倍。三维晶格的原胞示意图如图 3.1-3 所示。

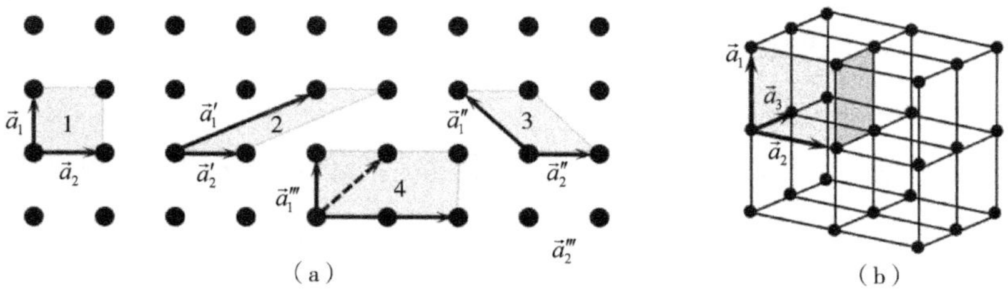

图3.1-3　二维晶格空间格点和三维晶格原胞示意图

（a）二维晶格的空间格点示意图　（b）三维晶格的原胞示意图

基元中的原子数目可以是一个，也可以多于一个。如果晶体由完全相同的一种原子组成，则这种晶体格子称为简单格子。在简单格子中，每个原子的周围情况完全相同。如果晶体的基元中包含两种或两种以上的原子，则每个基元中相应的同种原子各自构成和结点相同的网格，称为子晶格，它们的相对位移会形成所谓的复式格子。显然，复式格子是由若干相同结构的子晶格相互位移套构而成的。简单晶体和复式晶体示意图如图 3.1-4 所示。

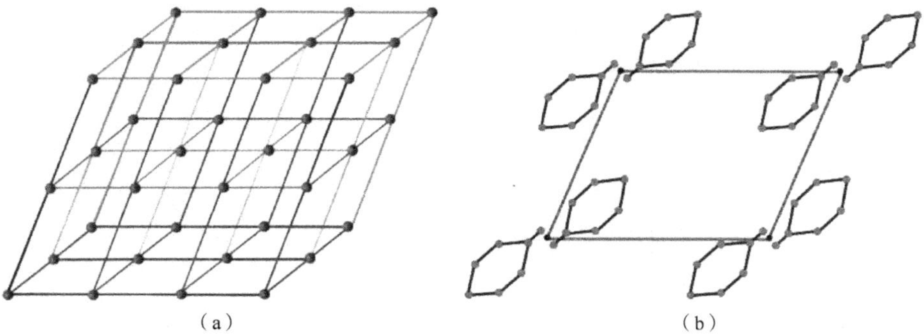

图3.1-4　简单晶体和复式晶体示意图

（a）简单晶体　（b）复式晶体

3.1.2　晶胞与晶体结构

反映晶体对称性的重复单元称作结晶学原胞，简称晶胞。晶胞的大小可以是原胞的若干倍，只有简单立方的晶胞是原胞，有时晶胞与晶格点对称操作的关系要比原胞简单明了得多。

1. 立方晶系

立方晶系包括简单立方、体心立方和面心立方等三种晶胞类型。

1）简单立方

简单立方晶胞的结点在立方体的顶角上，晶胞其他部分没有结点，这样的晶胞自然也就是最小的重复单元，即原胞。每个原胞实际上只包含 1 个结点，因为每一个结点为 8 个原胞所共有，所以它对 1 个原胞的贡献只有 1/8；现在原胞有 8 个结点在其顶点，则这 8 个结点对 1 个原胞的贡献恰好是 1 个结点。原胞的体积也是 1 个结点所“占”有的体积，由于这个原胞只包含 1 个结点，因此原胞的基矢为

$$\vec{a}_1 = \hat{i}a,\ \ a_2 = \hat{j}a,\ \ \vec{a}_3 = \hat{k}a \qquad (3.1\text{-}3)$$

容易看出，对于简单立方晶胞，1 个结点周围最近邻的结点有 6 个，距离为 a；次近邻的结点有 12 个，距离为 $\sqrt{2}a$。

2）体心立方

体心立方晶胞除顶角上有结点外，还有 1 个结点在立方体的中心，故称为体心立方。乍看起来，顶角和体心上结点周围的情况似乎不同，实际上就整个空间的晶格来看，完全可把晶胞的顶点取在晶胞的体心上。这样心就变成角，同时角也变成心，所以在顶角和体心上结点周围的情况仍是一样的。在体心立方中，因为立方体顶角处每一个结点为 8 个原胞所共有，所以它对 1 个原胞的贡献只有 1/8；现在原胞有 8 个结点在其顶点，则这 8 个结点对 1 个原胞的贡献恰好是 1 个结点，再加上体心位置处的结点，体心立方中每个晶胞实际上包含 2 个结点。原胞的体积是 1 个结点所“占”有的体积，在固体物理学中常要求布喇菲格子的原胞中只包含 1 个结点，即按最小重复单元选取原胞，如图 3.1-5a 所示。

按这个取法，原胞的基矢分别为

$$\vec{a}_1 = (-\hat{i} + \hat{j} + \hat{k})a/2,\ \ \vec{a}_2 = (\hat{i} - \hat{j} + \hat{k})a/2,\ \ \vec{a}_3 = (\hat{i} + \hat{j} - \hat{k})a/2 \qquad (3.1\text{-}4)$$

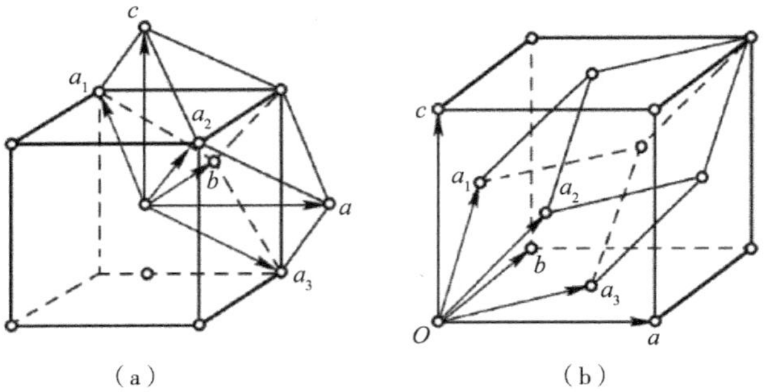

图3.1-5　固体物理学中原胞选取

（a）体心立方　（b）面心立方

容易证明，新取原胞的体积为 $\vec{a}_1 \cdot (\vec{a}_2 \times \vec{a}_3) = a^3/2$。

因为原来晶胞的体积为 a^3，含有 2 个结点，新取原胞的体积恰为 $a^3/2$，所以包含 1 个结点。容易看出，对于体心立方，1 个结点周围最近邻的结点有 8 个，距离为 $\sqrt{3}a/2$；次近邻的结点有 6 个，距离为 a。

3）面心立方

面心立方晶胞除顶角上有结点外，在立方体的 6 个面的中心还有 6 个结点，故称为面心

立方。与对体心立方情形的论证相同,面心的结点和顶角的结点周围的情况实际上也是一样的。每个面为 2 个相邻的晶胞所共有,于是每个面心结点只有 1/2 属于某一个晶胞,则 6 个面心结点事实上只有 3 个属于该晶胞,再加上 8 个顶角结点只有 1 个属于该晶胞,因此面心立方的晶胞具有 4 个结点。在固体物理学中对面心立方晶格所选取的原胞如图 3.1-5b 所示。原来面心立方的 6 个面心结点和 2 个顶角结点构成新取的原胞,它的基矢为

$$a_1 = (\hat{j}+\hat{k})a/2,\quad a_2 = (\hat{i}+\hat{k})a/2,\quad a_3 = (\hat{i}+\hat{j})a/2 \tag{3.1-5}$$

容易证明,新取原胞的体积为 $\vec{a}_1\cdot(\vec{a}_2\times\vec{a}_3) = a^3/4$。

对于面心立方,1 个结点周围最近邻的结点数不容易看出。考虑一个面心,通过它作与上下面平行的平面,此面上有 4 个最近邻结点;通过它作与左右面平行的平面,此面上也有 4 个最近邻结点;同理,在与前后面平行的平面上也有 4 个最近邻点,所以总共有 12 个最近邻结点,距离都为 $\sqrt{2}a/2$。

2. 六角晶系

对于六角晶系,其原胞是一个以含有 120° 夹角的菱形为底的直角棱柱。图 3.1-6 给出了菱形晶胞与六角棱柱之间的关系。

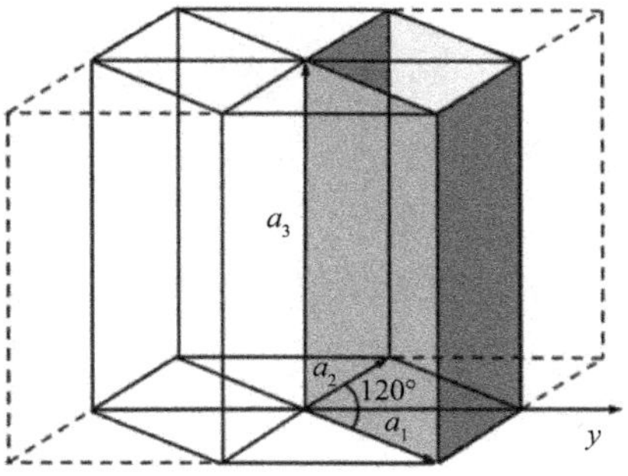

图3.1-6　六角晶系的原胞(粗线)与六角对称棱柱的关系(其中 $\vec{a}_1 = \vec{a}_2 \neq \vec{a}_3$)

下面讨论人们普遍感兴趣的几种简单晶体结构,如氯化钠型结构、氯化铯型结构、六角密堆积型结构、金刚石型结构以及立方硫化锌型结构。

六角晶系中每个离子被 6 个最近邻的异号电荷包围,属于面心立方。为了更清楚地显示空间排列情况,对离子直径与晶胞尺寸的相对关系进行了约化处理。

1)氯化钠型结构

图 3.1-7 和图 3.1-8 所示为氯化钠型晶体结构,其晶格属于面心立方,基元由一个 Na^+ 和一个 Cl^- 组成,基元中这两种离子的间距为一个单位立方体体对角线长度的一半。在每一个单位立方体中有 4 个 NaCl 基元,其原子位置分别为

Cl　$0\ 0\ 0;\ \frac{1}{2}\ \frac{1}{2}\ 0;\ \frac{1}{2}\ 0\ \frac{1}{2};\ 0\ \frac{1}{2}\ \frac{1}{2}$

Na $\frac{1}{2}\ \frac{1}{2}\ \frac{1}{2}$; 0 0 $\frac{1}{2}$; 0 $\frac{1}{2}$ 0; $\frac{1}{2}$ 0 0

每个原子有 6 个不同类原子作为最近邻。

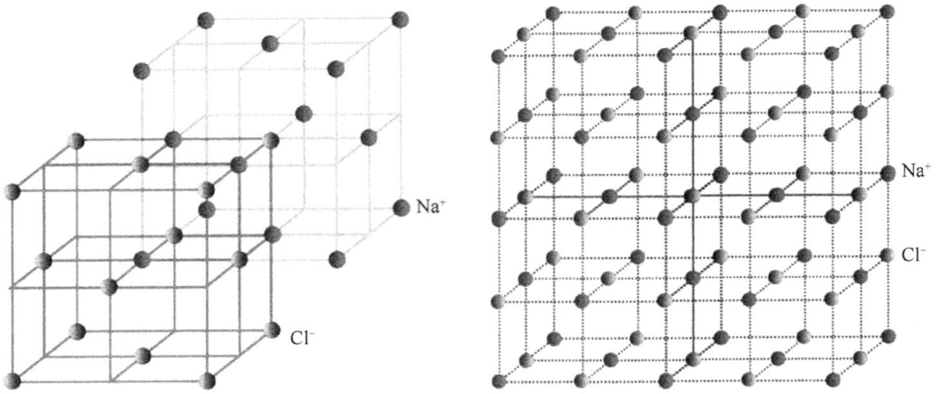

图3.1-7　氯化钠型晶体结构

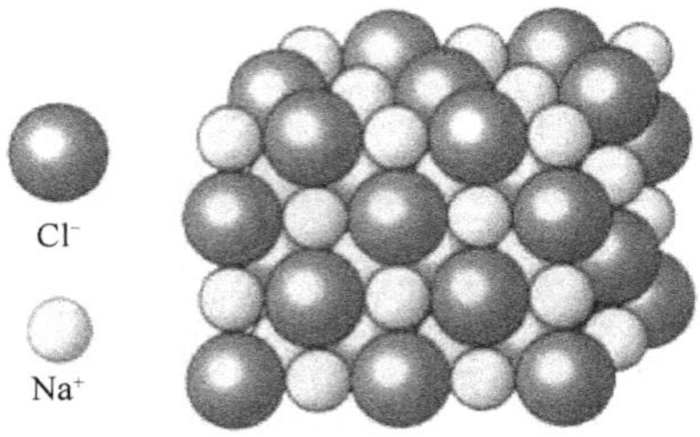

图3.1-8　氯化钠型晶体结构模型（钠离子比氯离子小）

2）氯化铯型结构

图 3.1-9 所示为氯化铯型晶体结构，其每个原胞有一个分子，原子分别位于简单立方晶格的角隅位置 0 0 0 和体心位置 $\frac{1}{2}\ \frac{1}{2}\ \frac{1}{2}$，每个原子位于由异类原子构成的立方体的中心，所以其最近邻数或配位数为 8。具有氯化铯型结构的典型晶体见表 3.1-1。

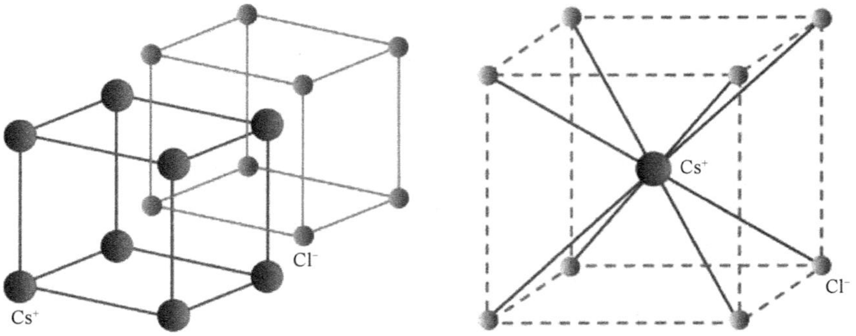

图3.1-9　氯化铯型晶体结构

表 3.1-1　具有氯化铯型结构的典型晶体

晶体	晶格常数(Å)	晶体	晶格常数(Å)
BeCu	2.70	LiHg	3.29
AlNi	2.88	NH_4Cl	3.87
CuZn	2.94	TiBr	3.97
CuPd	2.99	CsCl	4.11
AgMg	3.28	TlI	4.20

3)六角密堆积型结构

对于完全相同的球,若将其堆积成规则阵列之后使最后得到的堆积比率最大,则其堆积方式有两种:一种是面心立方结构;另一种是六角密堆积型结构。对于这两种结构,其总体积中被球占据的体积比率都是 0.74。除此之外,无论是规则还是不规则的堆积结构,都不可能得到比面心立方结构和六角密堆积型结构更密的堆积。

图 3.1-10 表示球的一个密堆积层,球心位于以 A 作为标志的点;第二个完全相同的球层可以安置在它的上面并平行于图中所示的平面,球心位于以 B 作为标志的点的上方;第三层可以有两种不同的排布方式,既可以置于 A 位置的上方,也可以置于 C 位置的上方。如果第三层置于 A 位置上方,则构成序列为 ABABAB……的堆积方式,其结构为六角密堆积型;如果第三层置于 C 位置上方,则构成序列为 ABCABC……的堆积方式,其结构为面心立方。

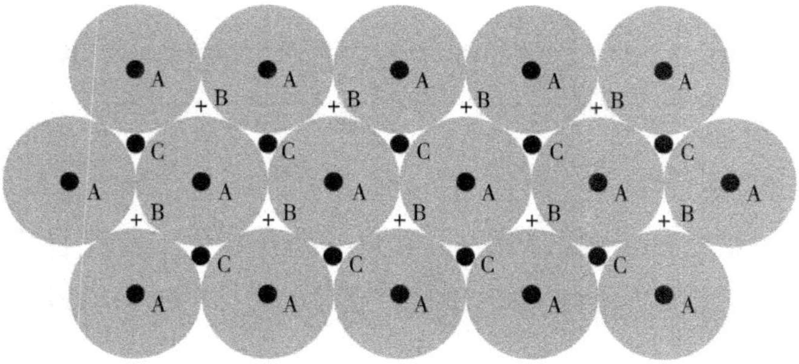

图3.1-10　六角密堆积型晶体结构

可以安放每个球使之与其他 6 个球相接触,这样把球排列成为一个最密集单层,通常记为 A 层。A 层可以是六角密堆积型结构的基层,或面心立方结构的(111)面。类似地,可以堆积排列第二层,亦即每个球与底层 A 的 3 个球相接触,通常记为 B 层。第三层 C 的堆积有两种方式:如果将第三层的球放在第一层的没有被第二层球占据的空隙的正上方,则得到面心立方结构;如果将第三层的球恰好放在第一层球的正上方,则得到六角密堆积型结构。

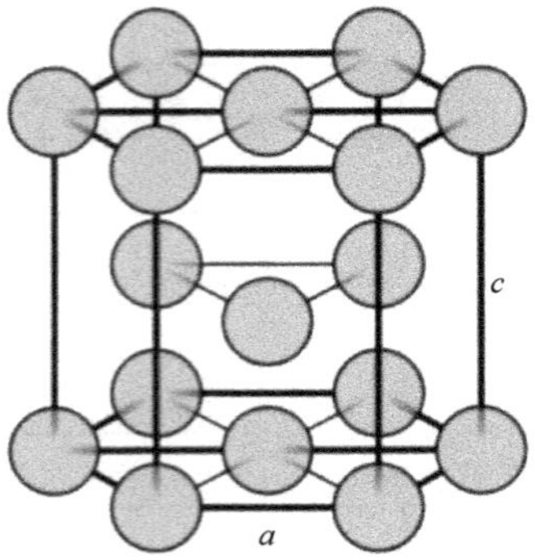

图3.1-11　六角密堆积型结构原胞示意图

六角密堆积型结构和面心立方结构的最近邻原子数均为 12。如果认为结合能(或自由能)仅取决于每个原子的最近邻键的数目,那么六角密堆积型结构和面心立方结构在能量上就不应该有什么差别。具有六角密堆积型结构的典型晶体见表 3.1-2。

表 3.1-2　具有六角密堆积型结构的典型晶体

晶体	c/a	晶体	c/a
He	1.633	Co	1.622
Be	1.581	Y	1.570
Mg	1.623	Zr	1.594
Ti	1.586	Gd	1.592
Zn	1.861	Lu	1.586
Cd	1.886		

4)金刚石型结构

半导体硅和锗的结构是金刚石型结构,并且一些重要的二元化合物半导体也与这种类型的结构有关。金刚石型结构的晶格类型属于面心立方,与每个格点联系着的初基基元含有 2 个完全相同的原子,分别位于 0 0 0 和 $\frac{1}{4}\ \frac{1}{4}\ \frac{1}{4}$ 处。因为面心立方晶格的惯用单位立方体中包含 4 个格点,所以金刚石型结构的惯用单位立方体中应包含 $2\times4=8$ 个原子。无法选择这样一个原胞,使得金刚石型的基元中只包含一个原子。

如图 3.1-12 所示,金刚石型拥有四面体型成键特征,每个原子有 4 个最近邻结点和 12 个次近邻结点。金刚石型结构是比较空的,在总体积中已被硬球填充的最大比率只有 0.34,亦即约为密堆积型结构填充比率的 46%。金刚石型结构是元素周期表中第ⅣA 族元素具有方向性共价键键合的典型例证。碳、硅、锗和锡都能结晶为金刚石型结构,它们的晶格常量分别是 a=3.567 Å、5.430 Å、5.658 Å 和 6.49 Å,其中 a 为惯用立方晶胞的边长。

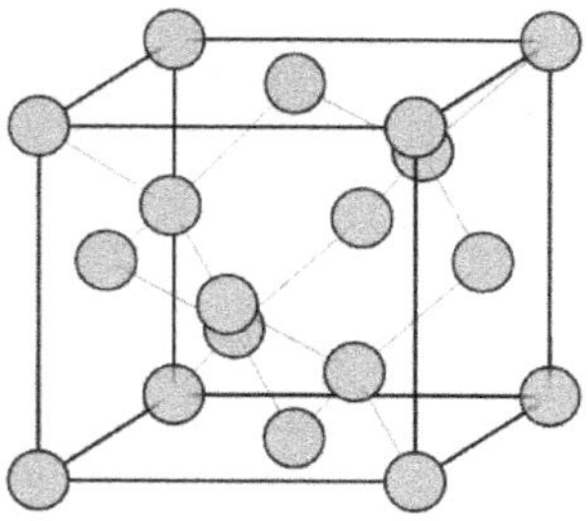

图3.1-12　金刚石型晶体结构（图中显示了四面体键合的排列方式）

5）立方硫化锌型结构

金刚石型结构可以看作两个彼此错开的面心立方结构，其相互错开幅度等于立方体体对角线长度的四分之一。如果 Zn 原子排列在其中一个面心立方体格点上，而 S 原子置于另一个面心立方格点上，就形成立方硫化锌（闪锌矿）型结构，如图 3.1-13 所示。其惯用晶胞是一个立方体。

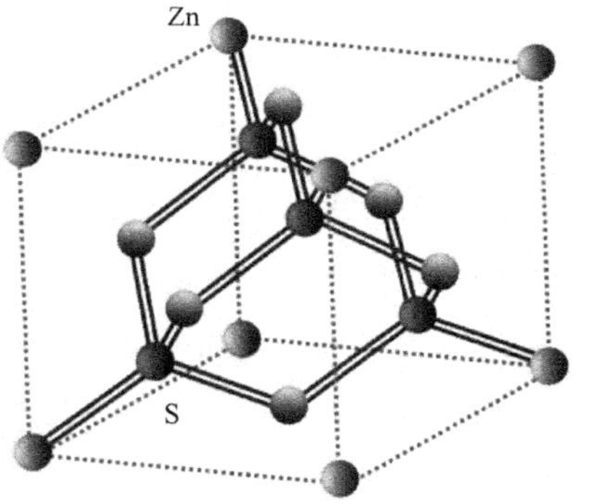

图3.1-13　立方硫化锌型晶体结构

锌原子的坐标为 0 0 0，$0\ \frac{1}{2}\ \frac{1}{2}$，$\frac{1}{2}\ 0\ \frac{1}{2}$，$\frac{1}{2}\ \frac{1}{2}\ 0$。

硫原子的坐标为 $\frac{1}{4}\ \frac{1}{4}\ \frac{1}{4}$，$\frac{1}{4}\ \frac{3}{4}\ \frac{3}{4}$，$\frac{3}{4}\ \frac{1}{4}\ \frac{3}{4}$，$\frac{3}{4}\ \frac{3}{4}\ \frac{1}{4}$。

立方硫化锌型结构的晶格类型为面心立方，每个惯用晶胞含有 4 个硫化锌分子，围绕每个原子有 4 个等间距的异类原子，它们排列在一个正四面体的顶角上。

金刚石型结构存在一个反演对称操作中心，它位于每对最近邻原子连线的中点，反演操作使每个原子的坐标由 r 变成 $-r$；但是立方硫化锌型结构却没有这种反演对称性。具有立方硫化锌型结构的典型晶体见表 3.1-3。

表 3.1-3　具有立方硫化锌型结构的典型晶体

晶体	晶格常数(Å)	晶体	晶格常数(Å)
SiC	4.35	ZnS	5.41
AlP	5.45	GaP	5.45
ZnSe	5.65	GaAs	5.65
AlAs	5.66	InSb	6.46

不难看出,其中有几对化合物晶体的晶格常数非常接近,这样就有可能构造半导体异质结结构,其中最引人注目的是(Al, Ga)P 和(Al, Ga)As 体系。

3.2　晶体衍射和倒格子

3.2.1　晶列与晶面

对于布喇菲格子,所有格点周围的情况都是一样的。如果通过任何两个格点连成一直线(图 3.2-1),则这一直线上包含无限个相同格点,这样的直线称为晶列。晶体外表上所见的晶棱是重要的晶列,晶列上格点的分布具有一定的周期性(即其上任何两个相邻格点的间距是相等的)。由于所有格点周围的情况都是一样的,因此通过任何其他的格点作该晶列的平行线,其上的格点分布与该晶列相同。这样可以得到许多平行的晶列,即所谓的晶列族,它们把所有的格点囊括无遗。在同一平面中,相邻晶列之间的距离相等。此外,通过一个格点可以有无限多个晶列,其中每一个晶列都有一族平行的晶列与之对应,所以共有无限多族的平行晶列。由于每一晶列族中的晶列互相平行,并且完全等同,故一族晶列的特点是晶列的取向,称为晶向。晶列的方向可以用简单的数字来表示。在图 3.2-1 中 O 与 B 是某一晶列上的最近两点,取格点 O 为原点,$\vec{a}_1,\vec{a}_2,\vec{a}_3$ 为原胞的三个基矢,则格点 B 的位矢为

$$\vec{R}_l = l_1\vec{a}_1 + l_2\vec{a}_2 + l_3\vec{a}_3 \tag{3.2-1}$$

式中: l_1, l_2, l_3 均是整数, OB 方向可以用这三个整数来确定,称为晶列指数,习惯上用方括号来表示,记为$[l_1\ l_2\ l_3]$。若两个格点不是其晶列上的最近两点,则相对位矢用基矢展开时, l_1, l_2, l_3 不是互质的,需要简约为互质的后,才能代表晶列的方向。

在图 3.2-1 中,若取 OA 为基矢 $\vec{a}_1$ 方向, OB 为基矢 $\vec{a}_2$ 方向,则沿 OB 方向的晶列指数是[0 1 0],沿 OB_1, OB_2, OB_3 方向的晶列指数分别是[1 1 0], [2 1 0], [3 1 0]。可见,晶列中相邻格点距离越远,则晶列指数越大;格点距离越近,则相互作用就越强。所以,晶体中重要的晶列是那些晶列指数较小的晶列。由于晶格的对称性,晶体在某些晶向上的性质可能是完全相同的,这些晶向称为等效晶向,统称一组等效晶向时用 $\langle l_1\ l_2\ l_3 \rangle$ 表示。

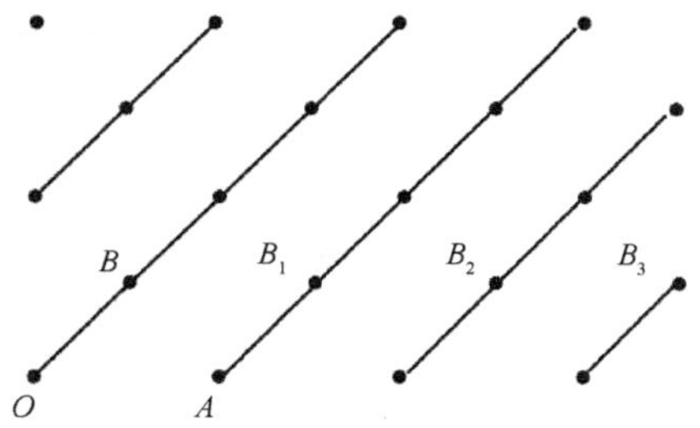

图3.2-1　晶列

一个晶面的取向可以由这个晶面上的任意三个不共线的点确定。如果这三个点处在不同的晶轴上，则通过由晶格常量 $\vec{a}_1,\vec{a}_2,\vec{a}_3$ 表示的这些点的坐标就能标定它们所决定的晶面。然而，对于结构分析来说，采用下述规则确定的指数来标定一个晶面的取向将会更加有用，如图 3.2-2 所示。也就是先找出以晶格常量 $\vec{a}_1,\vec{a}_2,\vec{a}_3$ 量度的、晶面在各个轴上的截距，并取这些截距的倒数，然后转化成与之具有相同比率的三个整数，通常是将其转化成三个最小的整数，若用 h, k, l 表示这三个整数，则 h,、k, l 就是所谓的晶面指数，一般表示为($h\,k\,l$)。即图 3.2-2 中所示晶面在 $\vec{a}_1,\vec{a}_2$ 和 $\vec{a}_3$ 三个轴上的截距分别为 $3\vec{a}_1$，$2\vec{a}_2$ 和 $2\vec{a}_3$，其系数的倒数分别为 1/3、1/2、1/2，与之具有同样比率的三个最小整数是 2、3、3，因而该晶面的指数为(2 3 3)。

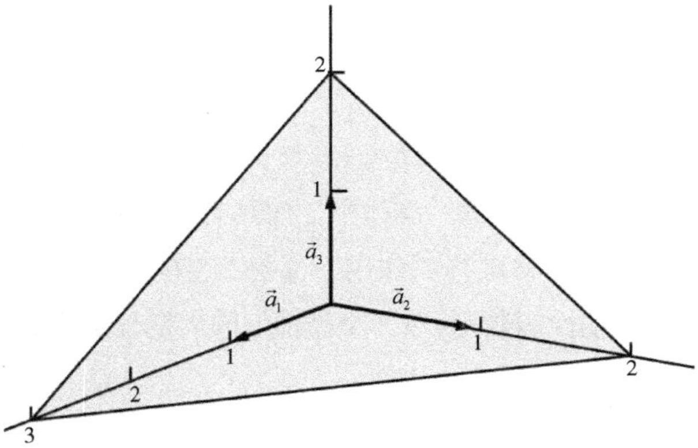

图3.2-2　晶面取向标定

对于截距为 4、1、2 的晶面，求倒数后分别得到 1/4、1 和 1/2，则与其具有相同比率的三个最小整数是 1、4、2，故该晶面挡数为(1 4 2)。如果某一截距为无穷大，那么其对应的指数就是零。晶面指数($h\,k\,l$)可以表示一个平面或一组平行平面。如果一个平面截轴于原点的负侧，那么相应的指数就是负的，并规定将负号置于该指数上方表示，如 ($h\,\bar{k}\,l$)。对于立方晶体，其立方体面分别是(1 0 0)、(0 1 0)、(0 0 1)、($\bar{1}$ 0 0)、(0 $\bar{1}$ 0)和(0 0 $\bar{1}$)。对于因对称性而等价的各晶面，通常约定用花括号(大括号)括上指数来表示。由此，上述立方晶体的一组立方体面的指数就是{1 0 0}。所谓的(2 0 0)晶面，指的是一个平行于(1 0 0)且截 a_1 轴于 $\frac{1}{2}a$ 处的晶面。

晶体中某一方向的指数[$u\ v\ w$]是指这样一组最小整数，即这组最小整数间的比率等于该方向的一个矢量在轴上的各分量的比率，其中 a_1 轴是[1 0 0]方向，$-a_2$ 轴是[0 $\bar{1}$ 0]方向。在立方晶体中，方向[$h\ k\ l$]垂直于与之具有相同指数的晶面($h\ k\ l$)，但在其他晶系中这种关系并非普遍成立。立方晶体中一些重要晶面的指数如图 3.2-3 所示。

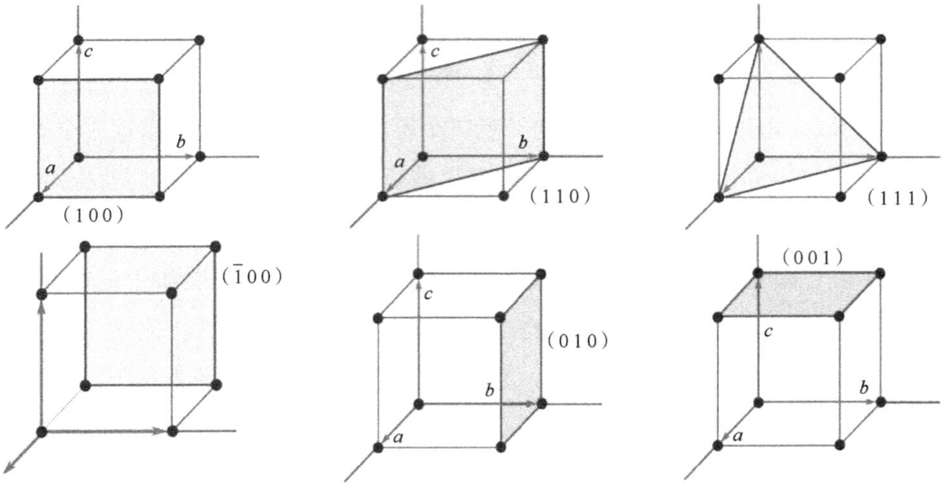

图3.2-3　立方晶体中一些重要晶面的指数

3.2.2　倒格子和布里渊区

由前述讨论可知，在形式为 $\vec{T}=l_1\vec{a}_1+l_2\vec{a}_2+l_3\vec{a}_3$（其中 l_1，l_2，l_3 均为整数，$\vec{a}_1$，$\vec{a}_2$ 和 $\vec{a}_3$ 是基矢）的任何平移操作下，晶体是不变的。晶体中任何具有局域特征的物理性质，如电荷浓度、电子数密度和磁矩密度等，在平移算符 $\vec{T}$ 作用下都是不变的。其中，对我们最重要的莫过于电子数密度 $n(\vec{r})$是 $\vec{r}$ 的周期性函数，其在三个晶轴上的周期分别为 $\vec{a}_1$，$\vec{a}_2$ 和 $\vec{a}_3$。因此，有

$$n(\vec{r}+\vec{T})=n(\vec{r}) \tag{3.2-2}$$

对于进行傅里叶分析而言，这样的周期性将给出一种理想的情况。人们感兴趣的绝大部分晶体性质都可以与电子数密度的傅里叶分量直接联系起来。

我们要找到一组矢量 $\vec{G}$，使下述函数

$$n(\vec{r})=\sum_G n_G \exp(\mathrm{i}\vec{G}\cdot\vec{r}) \tag{3.2-3}$$

在所有满足晶体不变性的平移算符 $\vec{T}$ 作用下不变。

为了进一步讨论电子数密度的傅里叶分析及结果，必须找到式（3.2-3）中傅里叶求和 $\sum_G n_G \exp(\mathrm{i}\vec{G}\cdot\vec{r})$ 中的 $\vec{G}$ 矢量。对此有一个有效而简捷的方法，该方法构成了固体物理学的理论基础，其中傅里叶分析是该方法的主要数学工具。

定义倒格子的轴矢量 $\vec{b}_1$，$\vec{b}_2$ 和 $\vec{b}_3$ 分别为

$$\vec{b}_1 = 2\pi\frac{\vec{a}_2\times\vec{a}_3}{\vec{a}_1\cdot\vec{a}_2\times\vec{a}_3};\quad \vec{b}_2 = 2\pi\frac{\vec{a}_3\times\vec{a}_1}{\vec{a}_1\cdot\vec{a}_2\times\vec{a}_3};\quad \vec{b}_3 = 2\pi\frac{\vec{a}_1\times\vec{a}_2}{\vec{a}_1\cdot\vec{a}_2\times\vec{a}_3} \tag{3.2-4}$$

如果 $\vec{a}_1$,$\vec{a}_2$ 和 $\vec{a}_3$ 是晶格的初基矢量,则 $\vec{b}_1$,$\vec{b}_2$ 和 $\vec{b}_3$ 就是倒格子的初基矢量。由式(3.2-4)定义的每个矢量与晶格的两个轴矢量正交,则 $\vec{b}_1$,$\vec{b}_2$ 和 $\vec{b}_3$ 具有如下性质:

$$\vec{b}_i\cdot\vec{a}_j = 2\pi\delta_{ij} \tag{3.2-5}$$

式中:当 $i=j$ 时,有 $\delta_{ij}=1$;而当 $i\neq j$ 时,有 $\delta_{ij}=0$。

在倒格子中,每个倒格点都可以通过下列一组矢量给出:

$$\vec{G} = \nu_1\vec{b}_1 + \nu_2\vec{b}_2 + \nu_3\vec{b}_3 \tag{3.2-6}$$

式中:ν_1、ν_2、ν_3 均取整数值。具有这种形式的矢量被称为倒格矢。

傅里叶级数式(3.2-3)中的矢量 $\vec{G}$ 就是由式(3.2-6)给出的倒格矢。这样一来,电子数密度的傅里叶级数就会在任何晶体平移算符 $\vec{T}=l_1\vec{a}_1+l_2\vec{a}_2+l_3\vec{a}_3$ 变换下具有所要求的不变性。根据式(3.2-3),即有

$$n(\vec{r}+\vec{T}) = \sum_G n_G \exp(\mathrm{i}\vec{G}\cdot\vec{r})\exp(\mathrm{i}\vec{G}\cdot\vec{T}) \tag{3.2-7}$$

其中

$$\begin{aligned}\exp(\mathrm{i}\vec{G}\cdot\vec{T}) &= \exp[\mathrm{i}(\nu_1\vec{b}_1+\nu_2\vec{b}_2+\nu_3\vec{b}_3)\cdot(l_1\vec{a}_1+l_2\vec{a}_2+l_3\vec{a}_3)]\\ &= \exp[2\pi\mathrm{i}(\nu_1 l_1+\nu_2 l_2+\nu_3 l_3)]\end{aligned} \tag{3.2-8}$$

式中:指数幅角的形式是 $2\pi\mathrm{i}$ 乘以一个整数,这是由于 $\nu_1 l_1+\nu_2 l_2+\nu_3 l_3$ 是整数乘积之和,因而也是一个整数。因此,由式(3.2-2)可以推出所要求的不变性,即

$$n(\vec{r}+\vec{T}) = n(\vec{r}) = \sum_G n_G\exp(\mathrm{i}\vec{G}\cdot\vec{r}) \tag{3.2-9}$$

每个晶体结构都有两套晶格与之相联系:一套是正晶格(或称正格子);另一套是倒晶格(或称倒格子)。它与显微图像有很大不同,显微图像是晶体结构在实空间的真实影像。这两种晶格由定义式(3.2-4)联系起来,因此当我们在样品台上转动晶体时,既转动了正格子,也转动了倒格子。

正格子中的矢量具有长度的量纲,而倒格子中的矢量则具有长度倒数的量纲。倒格子是与真实空间相联系的傅里叶空间中的晶格。关于傅里叶空间,我们知道波矢是在傅里叶空间中作出的,其量纲始终与倒格矢相同。因此,傅里叶空间中的每一位置正如波矢的描述一样,都可以有一定的意义。

现在,我们在倒格子空间,或者称为 $\vec{k}$ 和 $\vec{G}$ 的空间中考虑问题。取 $\vec{G}$ 表示由原点至某个倒格点的矢量,作一个垂直平分矢量 $\vec{G}$ 的平面,这个平面构成布里渊区边界的一部分(图3.2-4(a)),倒格矢 $\vec{G}_C$ 连接 O 和 C 两点,$\vec{G}_D$ 连接 O 和 D 两点,两个平面 1 和 2 分别垂直于平分矢量 $\vec{G}_C$ 和 $\vec{G}_D$。

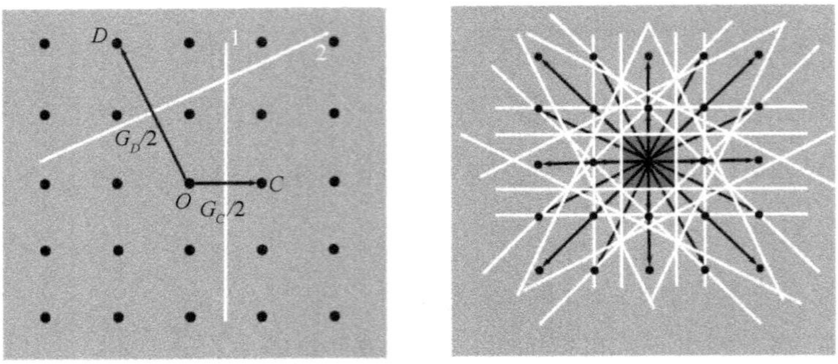

（a）　　　　（b）

图3.2-4　倒格子原点附近倒格点分布和正方形倒格子示意图

（a）倒格子原点 O 附近的倒格点分布示意图　（b）正方形倒格子示意图（其倒格矢用细黑线表示）

这些平面将晶体的傅里叶空间分割成许多小的区域，如图 3.2-4（b）所示给出了正方形格子情形下的分割情况。其中，白线垂直平分倒格矢，中央的正方形是包围原点的完全由白线围成的最小面积，该正方形是倒格子的原胞。也就是倒格子空间的维格纳-赛茨原胞。倒格子的中央晶胞在固体物理学中特别重要，人们称之为第一布里渊区。作由原点出发的各倒格矢的垂直平分面，由这些垂直平分面所围成的完全封闭的最小体积就是第一布里渊区。图 3.2-5 和图 3.2-6 分别是二维晶格和一维晶格的第一布里渊区。布里渊区是晶体电子能带理论中极其重要的一部分内容。

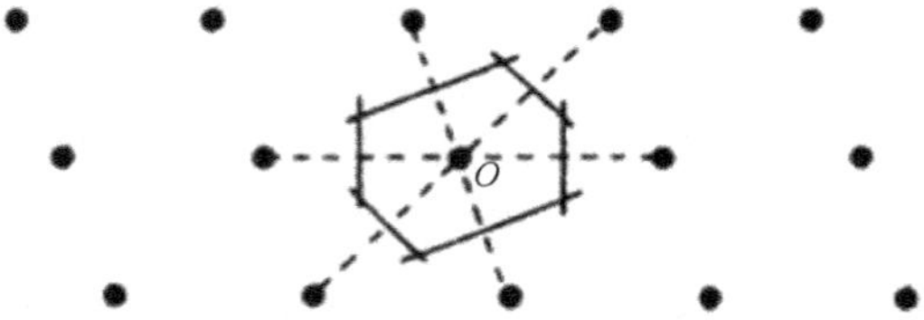

图3.2-5　二维斜晶格第一布里渊区（首先在倒格子中从O点到邻近各点画若干矢量，然后通过这些矢量的中点作垂直线，被其围成的最小面积就是第一布里渊区）

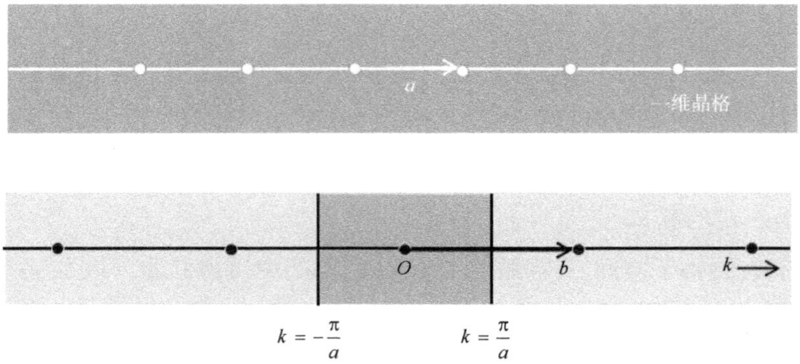

图3.2-6　一维晶体第一布里渊区（倒格子空间中的基矢是$\vec{b}$，其长度等于$2\pi/a$，由原点O出发的最短倒格矢是$\vec{b}$和$-\vec{b}$，这些矢量的垂直平分线构成第一布里渊区的边界，边界位于$k=\pm\pi/a$。

考察简单立方晶格的倒格子，简单立方晶格的初基平移矢量可以按下式选定：

$$\vec{a}_1 = a\hat{x};\ \ \vec{a}_2 = a\hat{y};\ \ \vec{a}_3 = a\hat{z} \tag{3.2-10}$$

式中：$\hat{x},\hat{y},\hat{z}$ 是正交的单位矢量；晶胞的体积为 $\vec{a}_1\cdot\vec{a}_2\times\vec{a}_3 = a^3$。

倒格子的初基平移矢量可以由其标准定义式（3.2-4）给出：

$$\vec{b}_1 = (2\pi/a)\hat{x};\ \ \vec{b}_2 = (2\pi/a)\hat{y};\ \ \vec{b}_3 = (2\pi/a)\hat{z} \tag{3.2-11}$$

因此，倒格子本身也是一个简单立方晶格，其晶格常量为 $2\pi/a$。

第一布里渊区边界是过 6 个倒格矢 $\pm\vec{b}_1$、$\pm\vec{b}_2$ 和 $\pm\vec{b}_3$ 的中点，并与之正交的平面：

$$\pm\frac{1}{2}\vec{b}_1 = \pm(\pi/a)\hat{x};\ \ \pm\frac{1}{2}\vec{b}_2 = \pm(\pi/a)\hat{y};\ \ \pm\frac{1}{2}\vec{b}_3 = \pm(\pi/a)\hat{z} \tag{3.2-12}$$

这 6 个平面围成一个边长为 $2\pi/a$、体积为（$2\pi/a$）^{3} 的立方体，这个立方体就是简单立方晶格的第一布里渊区。

考察体心立方晶格的倒格子，体心立方晶格的初基平移矢量（图 3.2-7）可以表示为

$$\vec{a}_1 = \frac{1}{2}a(-\hat{x}+\hat{y}+\hat{z});\ \ \vec{a}_2 = \frac{1}{2}a(\hat{x}-\hat{y}+\hat{z});\ \ \vec{a}_3 = \frac{1}{2}a(\hat{x}+\hat{y}-\hat{z}) \tag{3.2-13}$$

式中：a 是惯用立方体的边长；$\hat{x},\hat{y},\hat{z}$ 是平行于立方体边的正交单位矢量。

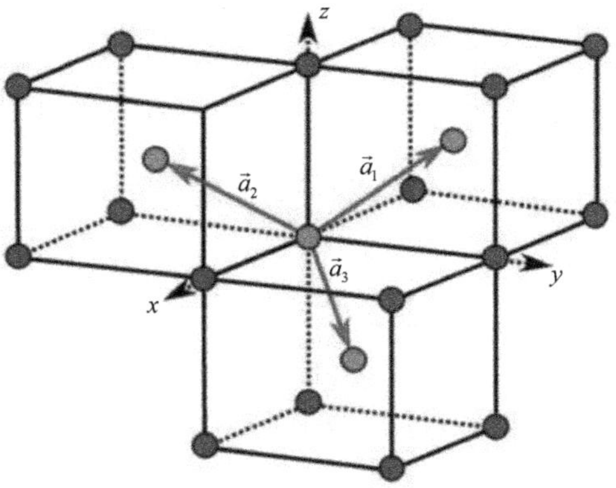

图3.2-7　体心立方晶格的初基基矢

体心立方晶格的原胞体积为

$$V = |\vec{a}_1\cdot\vec{a}_2\times\vec{a}_3| = \frac{1}{2}a^3 \tag{3.2-14}$$

倒格子的初基平移矢量通过式（3.2-4）和式（3.2-13）确定：

$$\vec{b}_1 = (2\pi/a)(\hat{y}+\hat{z});\ \ \vec{b}_2 = (v)(\hat{x}+\hat{z});\ \ \vec{b}_3 = (2\pi/a)(\hat{x}+\hat{y}) \tag{3.2-15}$$

与后续式 3.2-8 比较可以看出，它们恰好是面心立方晶格的初基矢量。因此，体心立方晶格的倒格子是一个面心立方晶格。

如果 ν_1、ν_2、ν_3 取整数，则一般的倒格点可以表示为

$$\vec{G}=v_1\vec{b}_1+v_2\vec{b}_2+v_3\vec{b}_3=(2\pi/a)[(v_2+v_3)\hat{x}+(v_1+v_3)\hat{y}+(v_1+v_2)\hat{z}] \quad (3.2\text{-}16)$$

最短的 $\vec{G}$ 矢量是下面列出的 12 个矢量，其中所有符号的选取都是独立的：

$$(2\pi/a)(\pm\hat{y}\pm\hat{z});\ (2\pi/a)(\pm\hat{x}\pm\hat{z});\ (2\pi/a)(\pm\hat{x}\pm\hat{y}) \quad (3.2\text{-}17)$$

倒格子的原胞是由式(3.2-16)定义的 3 个矢量 $\vec{b}_1$、$\vec{b}_2$ 和 $\vec{b}_3$ 所给出的平行六面体。倒易空间的这一晶胞的体积为 $\vec{b}_1\cdot\vec{b}_2\times\vec{b}_3$=2(2π/a)3。

对于体心立方晶格而言，其第一布里渊区由 12 个平面围成，这些平面分别垂直平分由式(3.2-17)给出的 12 个矢量。如图 3.2-8 所示，这个区域是一个正十二面体。

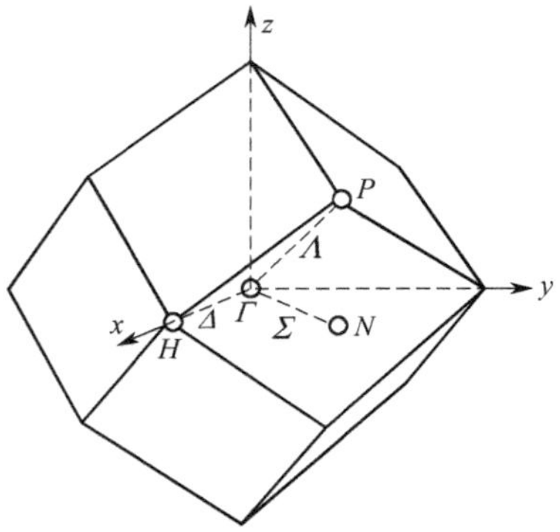

图3.2-8 体心立方晶格的第一布里渊区（其是一个正十二面体）

考察面心立方晶格的倒格子，面心立方晶格的初基平移矢量(图 3.2-9)可以写为

$$\vec{a}_1=\frac{1}{2}a(\hat{y}+\hat{z});\quad \vec{a}_2=\frac{1}{2}a(\hat{x}+\hat{z});\quad \vec{a}_3=\frac{1}{2}a(\hat{x}+\hat{y}) \quad (3.2\text{-}18)$$

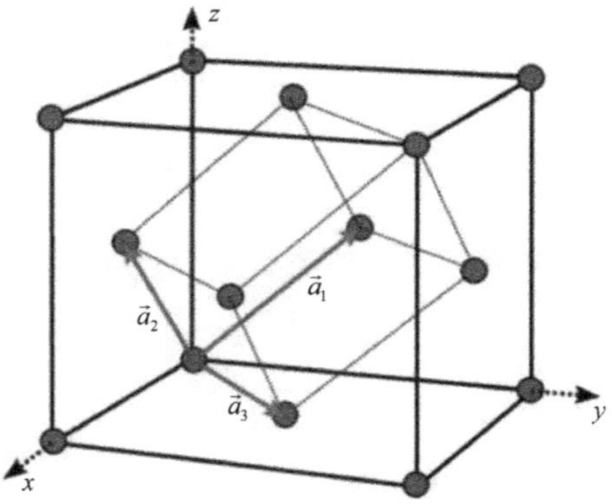

图3.2-9 面心立方晶格的初基基矢

其原胞体积为

$$V=\left|\vec{a}_1\cdot\vec{a}_2\times\vec{a}_3\right|=\frac{1}{4}a^3 \quad (3.2\text{-}19)$$

面心立方晶格的倒格子初基平移矢量由下列式子给出：

$$\vec{b}_1 = (2\pi / a)(-\hat{x} + \hat{y} + \hat{z});\quad \vec{b}_2 = (2\pi / a)(\hat{x} - \hat{y} + \hat{z});\quad \vec{b}_3 = (2\pi / a)(\hat{x} + \hat{y} - \hat{z}) \tag{3.2-20}$$

经过与式（3.2-13）比较，显然可以看出，由式（3.2-20）给出的初基平移矢量等同于体心立方晶格的初基平移矢量，因此面心立方晶格的倒格子是一个体心立方晶格，倒格子的原胞体积等于 $4(2\pi/a)^3$。

图 3.2-10 所示为倒易空间中的晶胞，其倒格子是体心立方晶格。最短的 $\vec{G}$ 矢量是下列 8 个矢量：

$$\left(\frac{2\pi}{a}\right)(\pm\hat{x} \pm \hat{y} \pm \hat{z}) \tag{3.2-21}$$

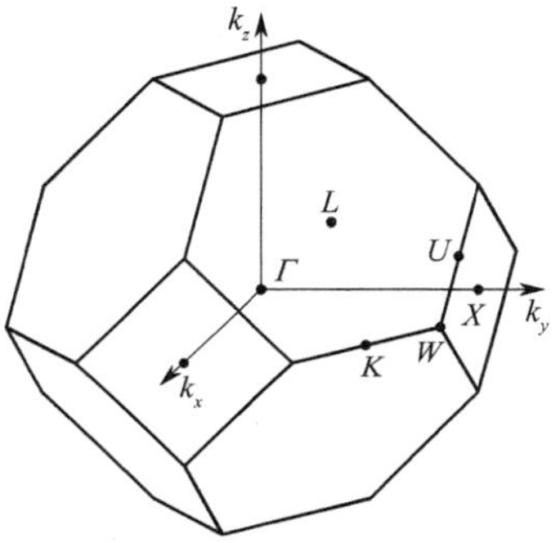

图3.2-10　面心立方晶格的第一布里渊区

倒格子中央晶胞的边界主要是由垂直等分这些矢量的 8 个平面确定。但是，由此所围成的八面体的角隅被另外 6 个平面切割，这 6 个平面是下列 6 个倒格矢的垂直等分面：

$$\left(\frac{2\pi}{a}\right)(\pm 2\hat{x});\quad \left(\frac{2\pi}{a}\right)(\pm 2\hat{y});\quad \left(\frac{2\pi}{a}\right)(\pm 2\hat{z}) \tag{3.2-22}$$

应当注意，$\left(\frac{2\pi}{a}\right)(\pm 2\hat{x})$ 是一个倒格矢，因为它等于 $\vec{b}_2 + \vec{b}_3$。第一布里渊区是围绕原点被封闭的最小体积，其截角八面体如图 3.2-10 所示。在截角之前，上述 6 个平面围成一个边长为 $4\pi/a$、体积为 $(4\pi/a)^3$ 的立方体。

3.2.3　晶体衍射

人们通常利用光子衍射、中子衍射和电子衍射来研究晶体结构。衍射依赖于晶体结构和入射粒子的波长。当辐射的波长与晶格常量相当或小于晶格常量时，在与入射方向完全不同的方向上将出现衍射束。假设入射波在晶体中的平行原子平面发生镜面反射，每一个平面反射很少一部分辐射，就像一个轻微镀银的镜子一样。在这种类似镜子的镜面反射中，其反射角等于入射角。当来自平行原子平面的反射发生相长干涉时，就会出现衍射束，如图 3.2-11 所示。我们考虑的是弹性散射，此时 X 射线的能量在反射中不变。

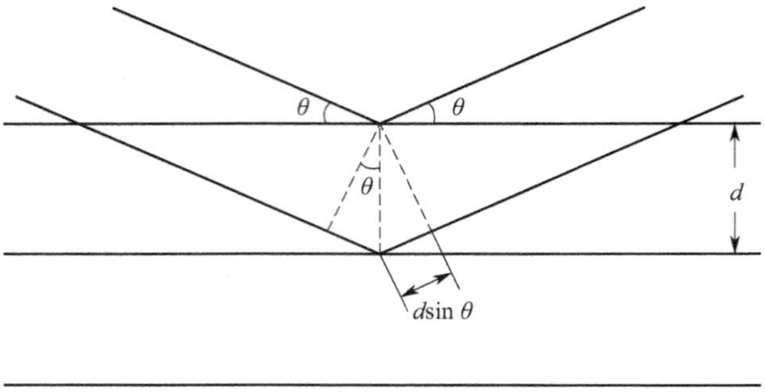

图3.2-11 推导布拉格方程$2d\sin\theta=n\lambda$的示意图

（其中d为平行原子平面间的距离，$2\pi n$为相邻原子平面反射辐射之间的相位差，反射面与具体样品的表面无关）

考虑间距为d的平行晶面，入射辐射线位于纸平面内。相邻平行晶面反射的射线行程差是$2d\sin\theta$。当该行程差是波长λ的整数(n)倍时，来自相邻平面的辐射就发生相长干涉。所以，有

$$2d\sin\theta=n\lambda \tag{3.2-23}$$

这就是布拉格定律，布拉格定律成立的条件是波长$\lambda\leqslant 2d$。

虽然每个晶面的反射是镜面反射，然而只有某些θ值，对于来自所有平行晶面的反射才会同相位地相加，并相干相长，产生一个强反射束。当然，如果每个平面都是全反射的，那么就只有平行平面组的第一个平面能感受到入射辐射，而且任何波长的辐射都将被反射。但是，每个平面只反射入射辐射的10^{-3}~10^{-5}部分，因而对于一个理想晶体，来自其10^3~10^5个晶面的贡献将可以形成布拉格反射束。

布拉格定律是晶格周期性的直接结果。衍射条件式(3.2-23)的推导简捷而清楚地给出了被格点散射的波的相长干涉条件。为了确定来自基元中原子的散射强度(即每个晶胞中电子空间分布给出的散射强度)，必须做进一步深入的分析。可以证明，晶体的衍射图样是晶体倒格子的映像(详见《固体物理》教材)。

有关结构周期性，最初的实验证据源于矿物学家们的发现，即一个晶体的所有各面的方向指数都是精确的整数。后来，1912年公布的关于晶体X射线衍射实验结果，有力地支持了这一发现。当时，劳厄建立了周期性阵列的X射线衍射理论，并由其合作者报道了关于X射线被晶体衍射的第一个实验结果。X射线在这一研究工作中的重要性在于X射线也是电磁波，并且其波长与晶体结构的一个“砌块”的线度相当。现在我们知道，晶体结构的这种分析也可以通过中子衍射或电子衍射来完成，不过X射线仍是人们通常选择的分析工具。

衍射实验证明了晶体是由原子或原子团的周期性阵列组成的。正是由于晶体结构的原子模型的建立，物理学家们才可能进一步深入地开展有关固体物理学的相关研究。其中，量子理论的发展对固体物理学的诞生起到非常重要的作用。目前，固体物理学的相关研究已拓展到非晶固体和量子流体。这个更宽的研究领域被称为凝聚态物理学(Condensed Matter

Physics),它是当前物理学中最广泛、最活跃的研究领域之一。

3.2.4 X 射线衍射仪的基本工作原理

X 射线的众多特性中使用最多的是其衍射特性,应用最广泛的是对晶体结构的检测和物质成分的分析。晶体是具有一定结构的原子团在三维空间的周期性排列。我们生活中常见的材料,如金属、聚合物、石料、炸药、药品等都是晶体。材料自身的全部性能都与晶体的结构有关,不同物质拥有不同的结构,如果知道一种晶体的结构,便可确定该晶体属于哪种物质。材料研究的一项主要任务就是研究结构与性能的关系,并根据这种关系改进材料或研制新材料。而要想对这些研究内容进行深入研究,首先就要获取晶体的内部结构。

在不借助仪器的情况下,要分辨晶体与非晶体,最直观的做法是加热。晶体随着温度的升高会直接变成液体,如生活中常见的冰、盐等都属于晶体。而非晶体加热以后的状态与晶体完全不同,其一般会先由硬变软或者由稠变稀,加热到最后才会变成液体,如橡胶、沥青、石蜡、玻璃等。在微观上,晶体可以使 X 射线产生衍射现象, X 射线衍射法是目前判断物质是否是晶体的主要方法。

1912 年,德国物理学家劳厄(Laue)提出了一个假设,并通过实验验证了 X 射线穿过晶体时会发生衍射现象,这也证明了 X 射线是一种电磁波。当 X 射线入射到晶体时,由于晶体是由晶胞周期性排列组成的,而且原子间的距离和 X 射线的波长相近,由不同原子散射的 X 射线相互干涉叠加,在某些特殊方向上 X 射线强度加强,而在其他方向上减弱。衍射光强度和衍射方向与晶胞的形状、大小、排列方式等密切相关。

劳厄的发现在科学界引起了很大的轰动, 1913 年英国物理学家布拉格父子在劳厄发现的基础上推导出了著名的布拉格公式(3.2-23)。其中,d 为相邻原子面之间的距离,θ 为入射线与反射晶体间的夹角,λ 为 X 射线的波长,n 为任意正整数。当 X 射线以一定的角度入射到某一晶面间距为 d 的晶体上时,在符合式(3.2-23)的条件下,将在反射方向上得到因相干叠加而加强的衍射线。

对于特定波长的 X 射线,晶体的衍射图谱是唯一的,这就相当于人的指纹,即不同的物质具有不同的衍射图谱。美国材料实验协会推出了一种名为“PDF(Powder Diffraction File)卡”的 X 射线衍射标准卡片,它是利用纯度极高的标准样品在高精度的 X 射线衍射仪(图 3.2-12)上扫描后绘制的谱图。实验时,只需将待测样品在 X 射线衍射仪上扫描一遍,经过寻峰以后,找出波峰所对应的角度值,最后通过对比 PDF 卡就能够准确地分析待测样品的成分。X 射线衍射仪的主要任务就是通过扫描得到晶体准确的衍射图谱,为后续的分析和研究提供有效的数据参考。

图3.2-12　X射线衍射仪

X 射线衍射仪总体来说由五部分组成,其系统框图如图 3.2-13 所示。第一部分为 X 射线的产生,具体包括用来产生稳定 X 射线的 X 射线管,为 X 射线管提供产生条件的高频高压电源,以及用来降低 X 射线管工作温度的冷却设备等;第二部分为探测器,用来检测接收到的 X 射线衍射强度,并将强度信号转换成电信号,它是后续频谱图的主要数据来源;第三部分为测角仪,由精密的机械装置组成,用来保证衍射仪正常的扫描工作,通过调整测角仪与样品的角度,找到满足衍射条件的角度,并寻找衍射波峰;第四部分为衍射仪控制系统,控制衍射仪按照预定的方式运行,控制测角仪的转动并进行强度计数。第五部分为一些其他的附加部分,如与计算机进行数据交换,将数据传送给计算机处理,同时在计算机的控制下完成一系列的动作,最终得到完整的衍射图谱。

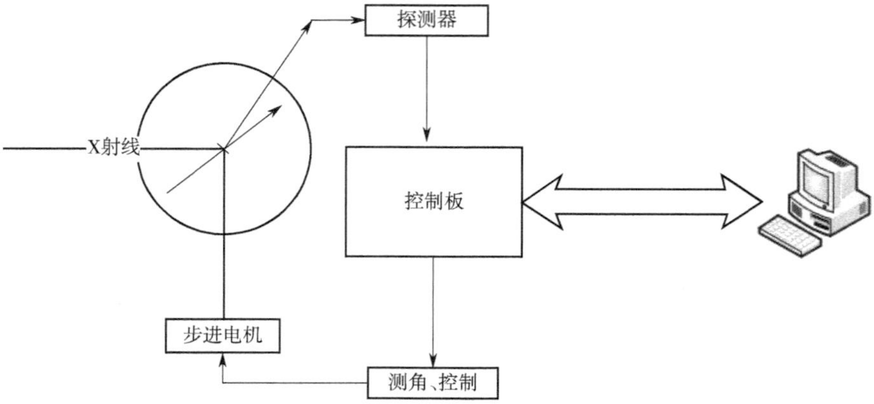

图3.2-13　X射线衍射仪框图

X 射线衍射仪的基本工作原理：在 X 射线管两端加一个高压，X 射线管的阴极产生电子流并碰撞阳极激发 X 射线；当 X 射线以一定的角度照射到样品上时，发生衍射；衍射波被探测器接收并转换成电信号，然后经后续电路处理后得到数字信号；在测量过程中，X 射线管与探测器按照一定扫描步宽和强度计数时间进行扫描；最后利用计算机对得到的衍射角度和强度数据进行处理，生成最终的衍射谱图。

3.3　晶体结构的对称性与晶系

3.3.1　物体的对称性与对称操作

下面先分析晶体的布喇菲格子的对称性，由于晶体周期性的限制，布喇菲格子的对称轴只有有限种不同类型。

设想有一转动对称轴，转角为 θ，画出布喇菲格子中垂直于转轴的晶面，在这个晶面内有两个近邻格点 A 与 B，如图 3.3-1 所示。如绕 A 逆时针转 θ 角，则将使 B 格点转到 B' 的位置，由于转动不改变格子，在 B' 处必定原来就有一个格点。因为布喇菲格子的特点是所有的格点都是等价的，即格点 B 和 A 完全等价，所以转动也同样可以绕 B 进行。如绕 B 顺时针转 θ 角，则将使 A 格点转到 A' 的位置，且在 A' 处原来也必定有一个格点。不难看出，$B'A'$ 平行于 AB，两条平行晶列上的格点分布完全相同，而前面假定 A 与 B 是近邻格点，即相距一个周期，故 $B'A'$ 距离应为 AB 距离的整数倍，即

$$B'A' = nAB \tag{3.3-1}$$

式中：n 为整数。

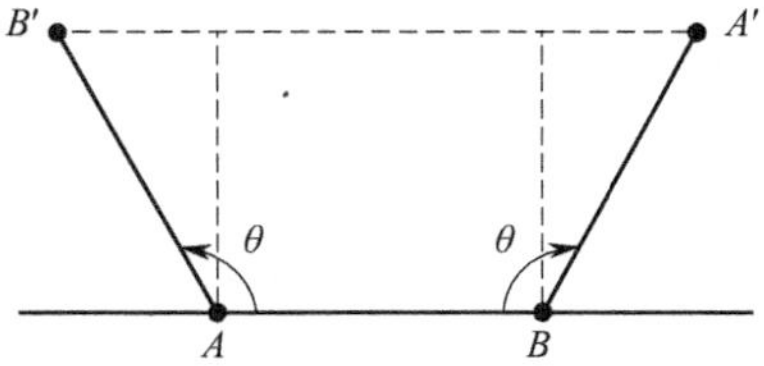

图3.3-1　布喇菲格子的转动对称特性

另外，根据图形的几何关系可得

$$B'A' = AB+2AB\cos(\pi-\theta)=AB(1-2\cos\theta) \tag{3.3-2}$$

由式(3.3-1)和式(3.3-2)可得 $n=1-2\cos\theta$，因为 $\cos\theta=-1\text{-}1$，则 n 只能取-1，0，1，2，3 等 5 个值，相应地有

$$\theta = 0°, 60°, 90°, 120°, 180° \tag{3.3-3}$$

由于以上论证只假设布喇菲格子的存在，故具有一般适用性。这就表明，不论任何晶

体，它的宏观对称只可能有下列 10 种对称素：

$$1,\ 2,\ 3,\ 4,\ 6 \text{和} \bar{1},\ \bar{2},\ \bar{3},\ \bar{4},\ \bar{6}$$

晶格可以通过晶格平移算符 $\vec{T}$ 或其他各种对称操作与其自身重合。其中，典型的对称操作就是围绕一个通过格点的晶轴进行转动。对于转动角度为 2π，$2\pi/2$，$2\pi/3$，$2\pi/4$ 和 $2\pi/6$ 弧度或者是这些角度的整数倍，总可以使转动后的晶格与转动前重合，因而与这些角度相对应的转动轴分别被称为一重、二重、三重、四重和六重轴。通常，用符号 1、2、3、4 和 6 分别表示这些转动轴。

值得指出的是，对称素 $\bar{2}$ 代表先转动 π，再对原点做中心反演，总的效果是由 $-r$ 取代 r，这相当于有一个对称面，如图 3.3-2 所示。因此，这个对称素一般称为镜面，常引入符号 m 表示。

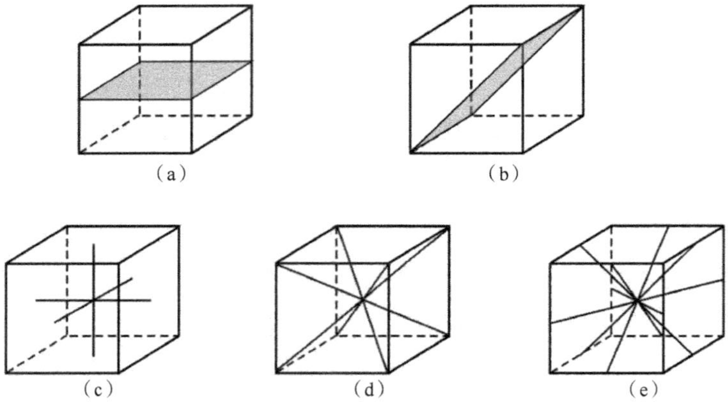

图3.3-2　晶格的对称面和转动轴

(a)平行于立方体表面的一个对称面　(b)立方体中的一个对角对称面　(c)立方体的 3 个四重轴　(d)立方体的 4 个三重轴　(e)立方体的 6 个二重轴

对于除此之外其他角度的转动，如转动 $2\pi/7$ 弧度或 $2\pi/5$ 弧度，不可能找到与其自身重合的晶格。适当设计的单个分子可以有任意角度的转动对称性，但是一个无限的周期晶格则不可能。可以用分子制作一个晶体，其中单独的分子具有五重转动轴，但是不能期望晶格具有五重转动轴。图 3.3-3 所示为试图制作一个具有五重对称性的周期晶格将会遇到的情况，即这些五边形不能都相互贴紧地充填整个空间。这就表明，不可能将五重对称性与所需要的平移周期性结合起来。

晶格点群是一些对称操作的集合，即相对于某一格点进行这些对称操作后，晶格保持不变。

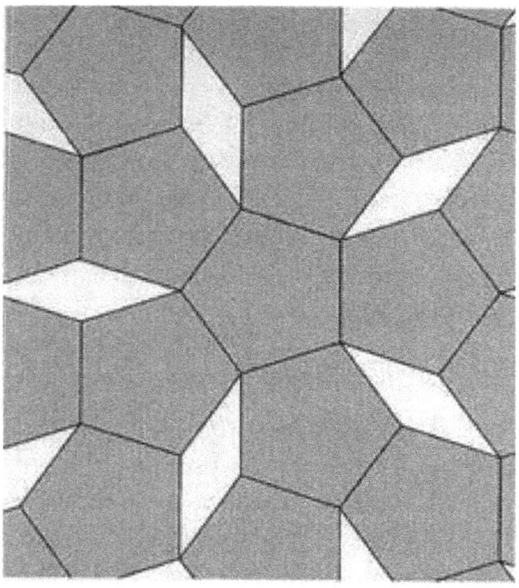

图3.3-3　试图制作一个具有五重对称性的周期晶格将会遇到的情况（周期晶格不可能存在五重对称轴，因为不可能使五边形相互连接的阵列不留空隙地充满整个空间）

如图 3.1-3a 所示，其晶格示意图中的晶格平移矢量 $\vec{a}_1$ 和 $\vec{a}_2$ 具有任意性，由此给出的一般性晶格通常被称为斜方晶格。当围绕任意一个格点转动时，只有在转动 π 和 2π 弧度时才能保持不变。但是，对于一些特殊的斜方晶格，转动 2π/3，2π/4 或 2π/6 弧度，或做镜面反映，均可以保持不变。如果要构造一个晶格，使之在这些新的一种或多种操作下保持不变，那么就必须对 $\vec{a}_1$ 和 $\vec{a}_2$ 施加一些限制性条件。对此，有四种不一样的限制，每一种限制都会引导出一种所谓的特殊晶格类型。因此，我们将有五种不同的二维晶格类型，即一种斜方晶格和如图 3.3-4 所示的四种特殊晶格。布喇菲晶格是对某种具体晶格类型的通称，也就是我们有五种二维布喇菲晶格。

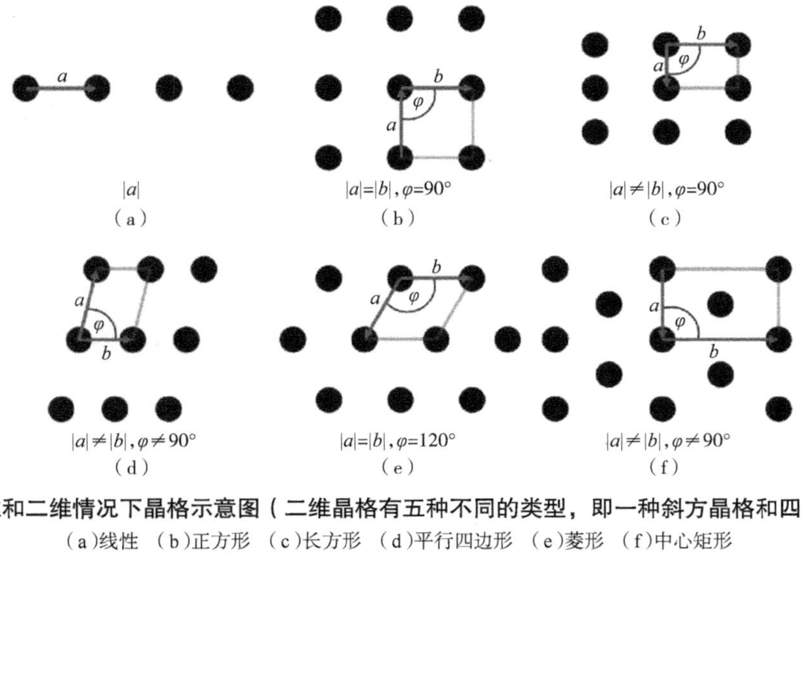

图3.3-4　一维和二维情况下晶格示意图（二维晶格有五种不同的类型，即一种斜方晶格和四种特殊晶格）

（a）线性　（b）正方形　（c）长方形　（d）平行四边形　（e）菱形　（f）中心矩形

以上所考虑的对称操作都是保持两格点距离不变的正交变换。研究晶体的宏观对称性正是考察物体在正交变换下的不变性。

在三维情况下，正交变换可以写为

$$\begin{pmatrix} x \\ y \\ z \end{pmatrix} \to \begin{pmatrix} x' \\ y' \\ z' \end{pmatrix} = \begin{pmatrix} a_{11} & a_{12} & a_{13} \\ a_{12} & a_{22} & a_{23} \\ a_{13} & a_{13} & a_{33} \end{pmatrix} \begin{pmatrix} x \\ y \\ z \end{pmatrix} \tag{3.3-4}$$

其中，矩阵是行列式绝对值等于 1 的正交矩阵。

空间转动矩阵的行列式等于 1，绕 z 轴转 θ 角（图 3.3-5）的正交矩阵为

$$\begin{pmatrix} \cos\theta & -\sin\theta & 0 \\ \sin\theta & \cos\theta & 0 \\ 0 & 0 & 1 \end{pmatrix}$$

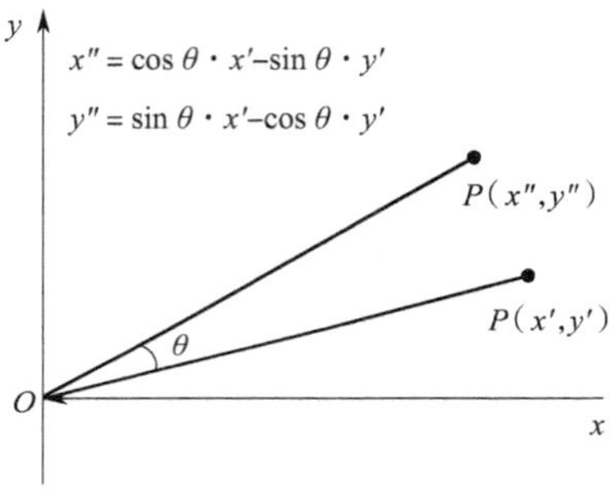

图3.3-5　二维情况下旋转操作的矩阵表示

中心反演矩阵的行列式等于−1，中心反演（x、y、z）→（$-x$、$-y$、$-z$）的正交矩阵为

$$\begin{pmatrix} -1 & 0 & 0 \\ 0 & -1 & 0 \\ 0 & 0 & -1 \end{pmatrix}$$

空间转动加中心反演的矩阵行列式等于−1。

不动也是一个操作，其对应矩阵为

$$\begin{pmatrix} 1 & 0 & 0 \\ 0 & 1 & 0 \\ 0 & 0 & 1 \end{pmatrix}$$

一个物体在某一个正交变换下保持不变，物体的对称操作越多，其对称性越高。下面介绍几种典型结构的对称操作。

（1）立方体的对称操作，如图 3.3-2 所示。

①绕 3 个立方轴转动 θ（$\theta=\frac{\pi}{2},\pi,\frac{3\pi}{2}$），有 9 个对称操作。

②绕 6 条面对角线轴转动 θ（$\theta=\pi$），有 6 个对称操作。

③绕 4 个立方体对角线轴转动 θ($\theta=\frac{2\pi}{3},\frac{4\pi}{3}$),有 8 个对称操作。

④不动,有 1 个对称操作。

⑤以上 24 个对称操作加中心反演仍是对称操作。

综上所述,立方体的对称操作共有 48 个。

(2)正四面体的对称操作,如图 3.3-6 所示。

①绕 3 个立方轴转动 θ($\theta=\pi$),有 3 个对称操作。

②绕 4 个立方体对角线轴转动 θ($\theta=\frac{2\pi}{3},\frac{4\pi}{3}$),有 8 个对称操作。

③不动,有 1 个对称操作。

④绕 3 个立方轴转动 θ($\theta=\frac{2\pi}{3},\frac{4\pi}{3}$)加中心反演,有 6 个对称操作。

5)绕 6 条面对角线轴转动 θ($\theta=\pi$)加上中心反演,有 6 个对称操作。

综上所述,正四面体的对称操作共有 24 个。

(3)正六面柱的对称操作,如图 3.3-7 所示。

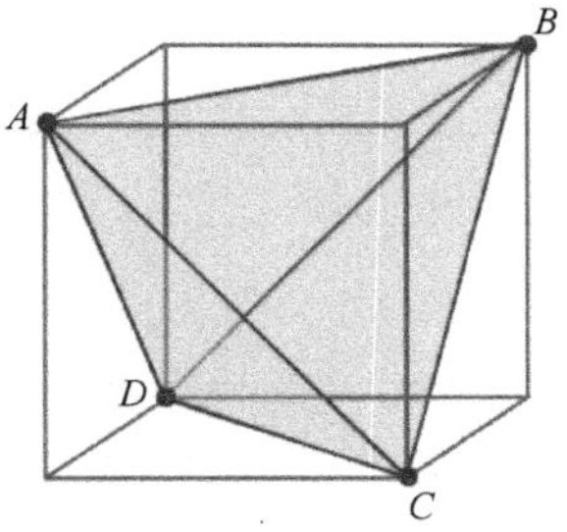

图3.3-6　正四面体的对称操作

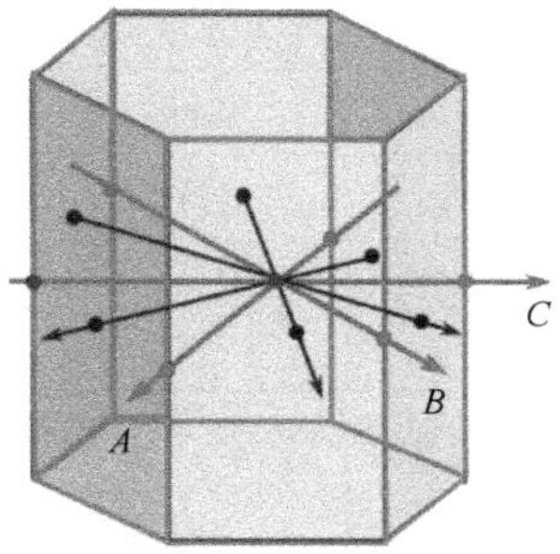

图3.3-7　正六面柱的对称操作

①绕中心轴线转动 $\theta\left(\theta=\frac{\pi}{3},\frac{2\pi}{3},\pi,\frac{4\pi}{3},\frac{5\pi}{3}\right)$,有 5 个对称操作。

②绕对棱中点连线转动 θ($\theta=\pi$),有 3 个对称操作。

③绕相对面中心连线转动 θ($\theta=\pi$),有 3 个对称操作。

④不动,有 1 个对称操作。

⑤以上 12 个对称操作加中心反演仍是对称操作。

综上所述,正六面柱的对称操作共有 24 个。

(4)正三角形的对称操作。

①绕中心转动 $\theta\left(\theta=\frac{2\pi}{3},\pi\right)$,有 2 个对称操作。

②不动,有 1 个对称操作。

③以上 3 个对称操作加中心反演仍是对称操作。

综上所述，正三角形的对称操作共有 6 个。

（5）正四边形的对称操作。

①绕三个立方轴转动 $\theta\left(\theta=\frac{\pi}{2},\pi,\frac{3\pi}{2}\right)$，有 3 个对称操作。

②不动，有 1 个对称操作。

③以上 4 个对称操作加中心反演仍是对称操作。

综上所述，正四边形的对称操作共有 8 个。

表 3.3-1 给出了在三维情况下有 14 种不同类型的晶格满足点对称群的要求。一般的晶格类型为三斜晶格，另外 13 种是特殊的晶格类型。方便起见，通常按照 7 种惯用晶胞将这 14 种晶格划分为 7 个晶系，即三斜、单斜、正交、四角、立方、三角和六角晶系。由表 3.3-1 不难看出，这种晶系的划分是以惯用晶胞轴间的特定关系进行归纳分类的。

表 3.3-1　晶体的 32 种宏观对称类型

符号	符号的意义	对称类型	数目
C_n	具有 n 重旋转对称轴	C_1,C_2,C_3,C_4,C_6	5
C_i	对称心（i）	C_i	1
C_S	对称面（m）	C_S	1
C_{nh}	h 代表除 n 重轴外，还有与轴垂直的水平对称面	$(C_{1h}=CS),C_{2h},C_{3h},C_{4h},C_{6h}$	4
C_{nV}	V 代表除 n 度轴外，还有通过该轴的铅垂对称面	$(C_{1V}=C_S),C_{2V},C_{3V},C_{4V},C_{6V}$	4
D_n	具有 n 重旋转轴及 n 个与之垂直的二重旋转轴	$(D_1=C_2),D_2,D_3,D_4,D_6$	4
D_{nh}	h 的意义与前相同	$D_{2h},D_{3h},D_{4h},D_{6h}$	4
D_{nd}	d 代表还有一个平分两个二重轴间夹角的对称面	D_{2d},D_{3d}	2
S_n	经 n 重旋转后，再经垂直该轴的平面的镜像	$(S_1=C_S,S_2=C_i,S_3=C_{3h}),S_4,S_6$	2
T	代表有四个三重旋转轴和三个二重轴（正四面体的旋转对称性）	T	1
T_h	h 的意义与前相同	T_h	1
T_d	d 的意义与前相同	T_d	1
O	代表三个互相垂直的四重旋转轴及六个二重、四个三重的转轴（立方体的旋转对称性）	O	1
O_h	h 的意义与前相同	O_h	1
总共			32

3.3.2　晶体的对称点群

群代表一组“元素”的集合，如 $G=\{E, A, B, C, D, \cdots\}$，这些“元素”被赋予一定的“乘法法则”，满足下列性质：

（1）集合 G 中任意两个元素的“乘积”仍为集合内的元素，即若 $A, B \in G$，则 $AB=C \in G$，称为群的封闭性；

（2）存在单位元素 E，使得所有元素满足 $AE=A$；

（3）对于任意元素 A，存在逆元素 A^{-1}，有 $AA^{-1}=E$；

（4）元素间的“乘法运算”满足结合律，即 $A(BC)=(AB)C$。

上一节中已经证明，不论任何晶体，它的宏观对称只可能有下列 10 种对称素：

$1, 2, 3, 4, 6$ 和 $\bar{1}, \bar{2}, \bar{3}, \bar{4}, \bar{6}$

在以上 10 种对称素的基础上组成的对称操作群，一般称为点群。

如果不计入平移对称性，可以证明由 10 种对称素只能组成 32 种不同的对称操作群，即晶体的宏观对称只有 32 个不同类型，见表 3.3-2。

表 3.3-2　三维空间的 14 种晶格类型

晶系	包括的晶格类型数	对惯用晶胞的轴和角的限制
三斜	1	$a_1 \neq a_2 \neq a_3$ $\alpha \neq \beta \neq \gamma$
单斜	2	$a_1 \neq a_2 \neq a_3$ $\alpha = \gamma = 90° \neq \beta$
正交	4	$a_1 \neq a_2 \neq a_3$ $\alpha = \beta = \gamma = 90°$
四角	2	$a_1 = a_2 \neq a_3$ $\alpha = \beta = \gamma = 90°$
立方	3	$a_1 = a_2 = a_3$ $\alpha = \beta = \gamma = 90°$
三角	1	$a_1 = a_2 = a_3$ $\alpha = \beta = \gamma < 120°$，且 $\neq 90°$
六角	1	$a_1 = a_2 \neq a_3$ $\alpha = \beta = 90°$，$\gamma = 120°$

由于群中所包含的对称操作都可以看作环绕某一点而进行的，通常把这些对称性群称为点群，以区别于包含平移操作的空间群。由于对称素组合时受到严格的限制，由这 10 种对称素只能组成 32 个不相同的点群。这就是说，晶体的宏观对称只有 32 个不同类型，分别由 32 个点群来概括。

下面介绍一些常见的点群。

(1)最简单的点群只含一个元素,用 C_1 标记,它表征没有任何对称性的晶体。

(2)只包含一个转轴的点群称为回转群,标记为 C_2, C_3, C_4, C_6, C_n 表示有一个 n 重旋转轴。

(3)包含一个 n 重旋转轴和 n 个垂直的二重轴的点群称为双面群,标记为 D_n,这样的点群有 D_2,D_3,D_4,D_6。

(4)还有许多点群是由上述点群增加反演中心或一些镜面而成的,用以上的点群标记增加一定的角码来表示,如 C_{nh},C_{nV},D_{nh} 等。

(5)正四面体有 24 个对称操作,它们构成所谓的正四面体群,标记为 T_d。

(6)在正四面体群的 24 个对称操作中有 12 个是纯转动(正交矩阵行列式等于 1),构成 T 群。

(7)正立方体的 48 个对称操作构成立方点群 O_h。

(8)立方点群的 48 个操作中有一半是纯转动,构成 O 群。

3.3.3 晶系

晶胞不仅反映晶格的周期性,并且反映晶体的对称性。晶胞不一定是最小的重复单元,大多晶胞包括几个最小的重复单元,结点不仅可以在顶角上,而且可以在体心或面心上。晶胞的基矢沿对称轴或对称面的法向,构成晶体的坐标系。基矢的晶向就是坐标轴的轴向,称为晶轴。晶轴上的周期就是基矢的大小,称为晶格常数。按坐标系的性质,晶体可划分为七大晶系。每一晶系有一种或数种特征性的晶胞,共有 14 种晶胞,称作 14 种布喇菲格子。结晶学中的三个基矢 $\vec{a}$,$\vec{b}$,$\vec{c}$ 沿晶体的对称轴或对称面的法向,在一般情况下,它们构成斜坐标系。它们间的夹角用 α, β, γ 表示,即 $\vec{a}$、$\vec{b}$ 间的夹角为 γ,$\vec{b}$、$\vec{c}$ 间的夹角为 α,$\vec{c}$、$\vec{a}$ 间的夹角为 β。

下面介绍按坐标系性质划分的七大晶系。

1. 三斜晶系

$$\alpha \neq \beta \neq \gamma \neq 90^\circ, \vec{a} \neq \vec{b} \neq \vec{c} \tag{3.3-5}$$

其晶胞就是一般的平行六面体,没有任何对称轴。平行六面体的几何中心是其对称中心,所以这种晶系中的晶体最多只有两种对称操作,即不动和中心反演。

2. 单斜晶系

$$\alpha = \gamma = 90^\circ, \beta \neq 90^\circ, \vec{c} < \vec{a} \tag{3.3-6}$$

其晶胞只有一个角不是直角,即 $\vec{b}$ 垂直于 $\vec{a}$ 与 $\vec{c}$ 所在平面,$\vec{b}$ 是二重转轴。一个二重轴和对称中心组合最多可得到 4 个不同的对称操作。因为只有 $\vec{a}$ 与 $\vec{c}$ 是互相倾斜的,所以称为单斜晶系。

3. 正交晶系

$$\alpha=\beta=\gamma=90^\circ,\vec{a}\neq\vec{b}\neq\vec{c} \tag{3.3-7}$$

其晶胞实际是一个长方体，对面中心连线都是二重轴，即有三个二重轴。它们与对称中心组合最多可得到 8 个不同的对称操作。

4. 四方晶系（又称正方晶系或四角晶系）

$$\alpha=\beta=\gamma=90^\circ,\vec{a}=\vec{b}\neq\vec{c} \tag{3.3-8}$$

其晶胞实际是一个四方体，即上、下底面为正方形，四个侧面为长方形。上、下底面的中心连线为四重轴；侧面的对面中心连线是二重轴，有两个；另外，侧棱中的对棱中点连线也是二重轴，也有 2 个。一个四重轴、四个二重轴以及对称中心组合最多可得到 16 个不同的对称操作。

5. 六角晶系

$$\alpha=\beta=90^\circ,\gamma=120^\circ,\vec{a}=\vec{b} \tag{3.3-9}$$

其晶胞可取为正六角柱，这种晶系中的晶体最多有 24 个不同的对称操作。

6. 三角晶系

$$\alpha=\beta=\gamma\neq 90^\circ,\vec{a}=\vec{b}=\vec{c} \tag{3.3-10}$$

其晶胞三个角都相等的顶点有两个，其连线是三重轴，与之垂直的有三个二重轴。其最多有 12 个不同的对称操作。

7. 立方晶系

$$\alpha=\beta=\gamma=90^\circ,\vec{a}=\vec{b}=\vec{c} \tag{3.3-11}$$

其晶胞取为立方体，这种晶系中的晶体最多有 48 个不同的对称操作。

晶系是按对称性来划分的，同一晶系中不同的布喇菲格子的对称性相同。对于某些晶系，在体心或面心放置格点并不破坏其对称性，但却形成不同的周期性结构，即有不同类型的布喇菲格子。七类晶系的 14 种布喇菲格子如图 3.3-8 所示。

需要指出的是，对于复式格子，晶体的对称性可能低于其布喇菲格子的对称性。这是因为复式格子是由若干相同结构的子晶格相互位移套构而成的。复式格子中的各个粒子分别构成一个子晶格，虽然各子晶格中格点的相对分布是相同的，但各子晶格的对称中心在空间不一定重合，即有相对位移。只有各子晶格共同的对称操作才是晶体的对称操作，所以晶体的对称群一般是其布喇菲格子对称群的一个子群。例如，金刚石型结构是一个复式格子，单独对一类碳原子，形成面心立方的点阵分布，其对称性与立方体相同，有 48 个对称操作；但由于两个面心立方的子晶格彼此沿其空间对角线位移 1/4 的长度，故对两类碳原子都适合的对称操作却只有 24 个。

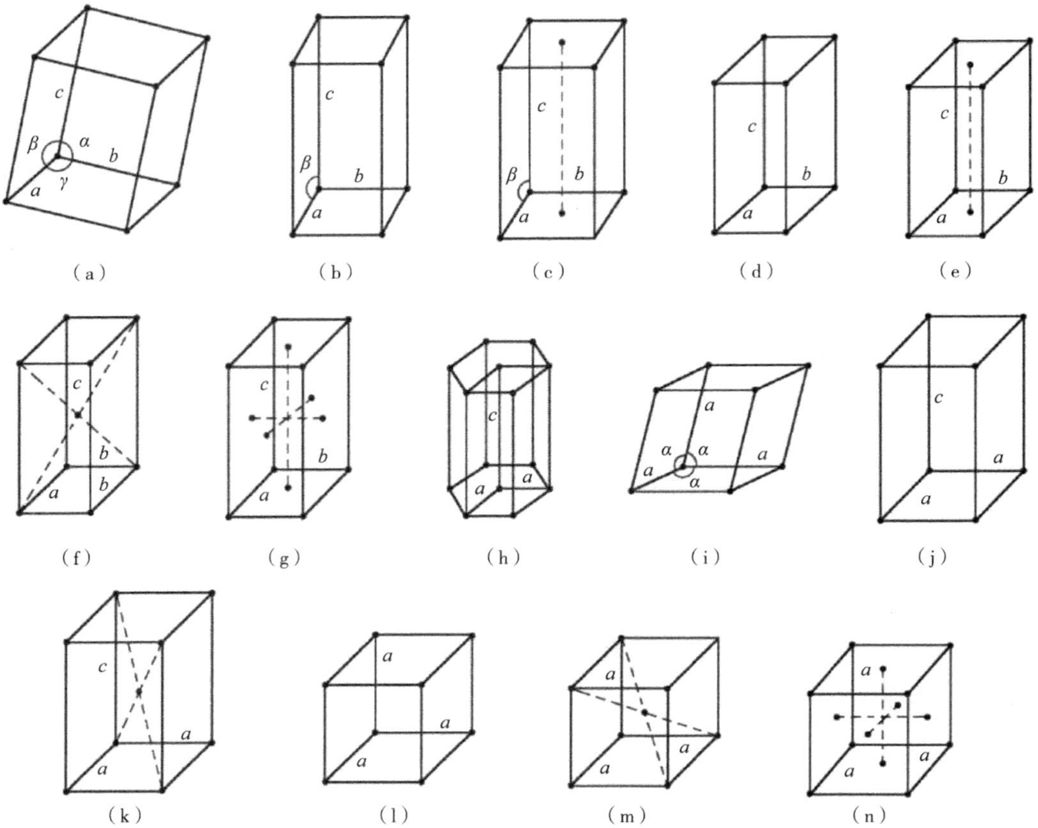

图3.3-8 14种布喇菲格子的晶胞

(a)简单三斜 (b)简单单斜 (c)底心单斜 (d)简单正交 (e)底心正交 (f)体心正交 (g)面心正交 (h)六角 (i)三角 (j)简单四角 (k)体心四角 (l)简立方 (m)体心立方 (n)面心立方

3.4 晶体的结合

分散的原子相互结合成晶体的根本原因在于这些原子结合起来后,整个系统具有更低的能量。在此结合过程中,有一定的能量 W 释放出来,称为晶体的结合能。如果以分散的原子作为计量相互作用势能的零点,则 $-W$ 就是结合成晶体后系统的相互作用势能(内能)。

对于各种不同的晶体,其结合力的类型和大小是不同的。但是,在任何晶体中,两个原子之间的相互作用力或相互作用势与它们之间距离的关系在定性上是相同的。晶体中原子的相互作用可以分为两大类,即吸引作用和排斥作用。吸引作用是异性电荷之间的库仑引力,排斥作用是同性电荷之间的库仑斥力和泡利原理引起的排斥力。在某一适当的距离,两种力平衡,使晶格处于稳定状态。两个原子的相互作用势能通常可以用幂函数描述,即

$$U(r) = -\frac{A}{r^m} + \frac{B}{r^n} \tag{3.4-1}$$

式中:r 为两个原子之间的距离;A,B,m,n 皆为大于零的常数。

式(3.4-1)右边第一项表示吸引能,第二项表示排斥能。由势能 $U(r)$可以计算相互作用力,即

$$f=-\frac{\mathrm{d}U(r)}{\mathrm{d}r} \tag{3.4-2}$$

当相互作用力为零时,晶格最稳定,由此可以确定原子之间的平衡距离 r_0,即有

$$\left.\frac{\mathrm{d}U}{\mathrm{d}r}\right|_{r=r_0}=0 \tag{3.4-3}$$

内能是晶体体积的函数,假设开始原子相距很远,逐渐被压缩而相互靠近,体积逐渐缩小,系统的相互作用势能 U 逐渐下降,当体积 V 缩小到一定程度时,系统的相互作用势能达到极小值。这时如果再压缩系统,排斥作用将转变为主要因素,相互作用势能将上升。根据功能原理,系统温度不变时外界做功 $p(-\mathrm{d}V)$。

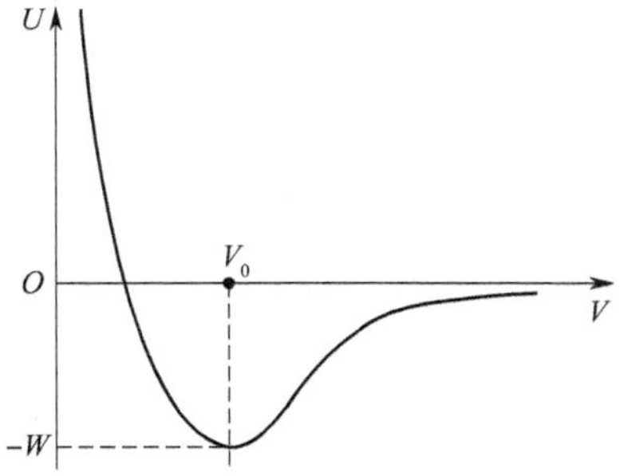

图3.4-1　晶体体积与能量关系曲线

一般情况下,晶体受到的仅是大气压力 p_0,由于数量级为大气压的压力对一般固体体积的影响很小,因此可以近似看作零,即

$$-\frac{\mathrm{d}U}{\mathrm{d}V}=p_0\approx 0 \tag{3.4-4}$$

这个关系确定了吸引作用与排斥作用相平衡时晶体的体积。根据晶体中质点间作用力的差别,可将晶体分成四大基本类型,即离子晶体、共价晶体、分子晶体和金属晶体。本节主要介绍各类晶体结构的特征以及这些结构与晶体性质的关系。

3.4.1　离子晶体

离子晶体由正离子和负离子组成。离子键由正、负离子间的静电相互作用产生。人们发现,离子晶体有两种常见的晶体结构,即氯化钠型结构和氯化铯型结构。

在简单的离子晶体中,所有离子的电子组态都变为闭合电子壳层,就如同惰性气体原子。例如,氟化锂(图 3.4-2)中性原子的电子组态是 Li: $1s^22s^1$, F: $1s^22s^22p^5$;单电荷离子的电子组态是 $Li+$: $1s^2$, F^-: $1s^22s^22p^6$;Li 原子失去电子,F 原子获得电子,形成离子键。离子为结合单元,电子分布高度局域在离子实的附近,形成稳定的球对称性的电子壳层结构。离子晶体

结合得稳定性强、导电性能差、熔点高、硬度高和膨胀系数小。

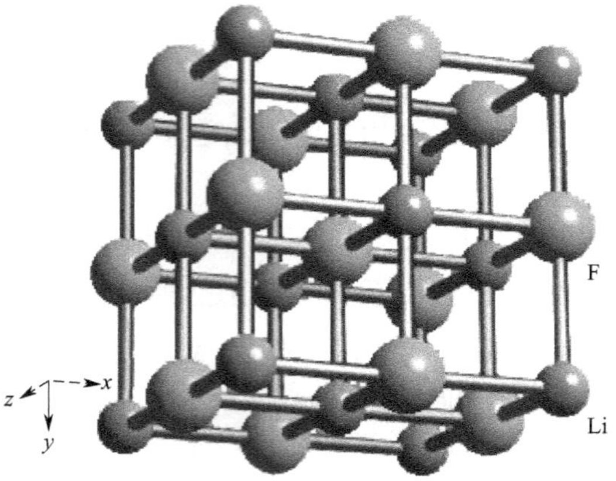

图3.4-2 氟化锂离子晶体

3.4.2 共价晶体

共价键是指化学特别是有机化学中的传统电子对键或同极键,它是一种强键。共价结合是依靠两个原子各贡献一个电子,从而形成共价键。成键态上可以填充自旋相反的两个电子,所以如果原子 A 和原子 B 各有一个电子,两个电子可以同时填充在成键态上,自旋取相反方向,使体系的能量下降,意味着有相互吸引的作用。这样一对为两个原子所共有、自旋相反配对的电子结构称为共价键。相对于分立中性原子的结合强度,金刚石中两个碳原子之间的键与离子晶体中的键强度差不多。硅元素有 4 个价电子,因此在它的原子中可形成 4 个共价键。这个四面体结构使得硅元素非常稳定,能够保持共价键的稳定性。由共价键结合形成的金刚石晶体结构如图 3.4-3 所示。

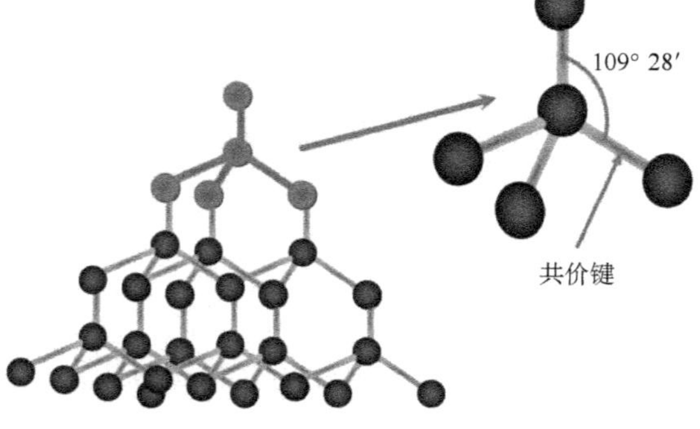

图3.4-3 由共价键结合形成的金刚石晶体结构

3.4.3 金属晶体

当原子结合成金属时,原来属于各原子的价电子不再束缚在原子上,而转变为在整个晶体中运动，它们的波函数遍及整个晶体。金属的导电性、导热性等都与共有化电子可以在整个晶体中自由运动有关。金属结合的特征性质是金属中价电子的动能与自由原子相比有所降低。碱金属可以想象为淹没在近均匀负电荷海洋中的正电荷阵列。负电子云和正离子实之间存在库仑吸引作用，显然体积越小，库仑吸引作用就越强，库仑相互作用的能量越低。

排斥作用有两个来源：一方面，当体积缩小，共有化电子数密度 n 增加时，它们的动能也增加；另一方面，当原子实相互接近到它们的电子云发生显著交叠时，由于泡利原理会产生强烈的排斥作用。

晶体的平衡是依靠库仑吸引和以上两种排斥作用共同决定的。由于金属结合没有方向性和饱和性，金属结合首先是一种体积效应，原子越紧凑，库仑能就越低。因此，很多金属元素采取面心立方或六角密积结构，它们都是排列最紧密的晶体结构（图 3.1-10），体心立方也是比较普遍的金属结构。

金属的最大特征就是其电导率高，因而在金属中必然有大量可以自由运动的电子（通常每个原子有一个或两个）。能自由运动的电子称为传导电子。在金属中，原子中的价电子就是传导电子。在某些金属中，离子实与传导电子之间的相互作用为结合能提供了较大贡献，但是与自由原子相比，金属成键的特征是金属中价电子的能量降低。金属倾向于结晶为比较紧密的密堆积结构，如六角密堆积、面心立方、体心立方以及其他相关结构，而不倾向于形成像金刚石那样疏松的堆积结构。金属晶体结构如图 3.4-4 所示。

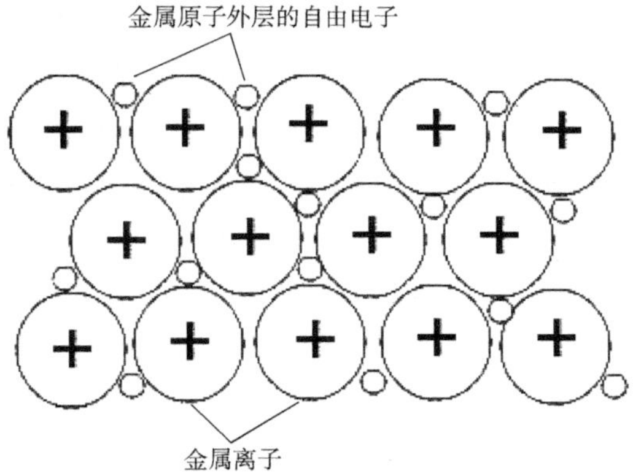

图3.4-4　金属晶体结构

3.4.4　分子晶体（范德瓦耳斯晶体）

稀有气体元素在低温时结合成非极性分子晶体。这些元素最外层恰好有 8 个电子，具有球对称的稳定封闭结构。惰性气体原子最外电子壳层被完全填满。在自由原子中电子电荷的分布是球对称的。在晶体中，这些惰性气体原子尽可能紧密地堆积在一起，如图 3.4-5 所示。

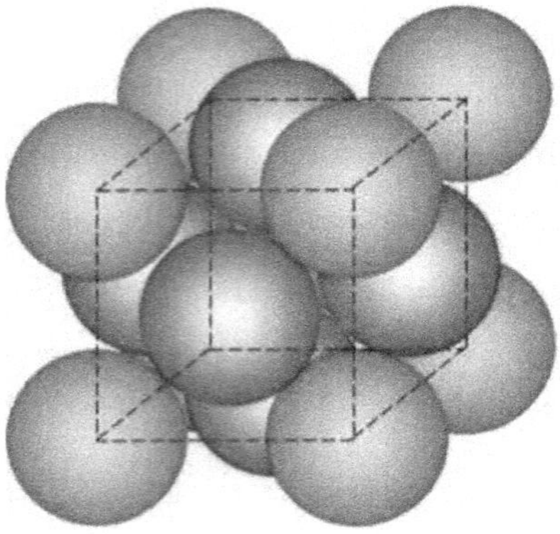

图3.4-5　惰性气体（Ne、Ar、Kr和Xe）的立方密堆积（面心立方）晶体结构

假定有两个完全相同的惰性气体原子，它们之间的距离 R 为远大于原子半径。那么，这两个中性原子之间存在什么样的相互作用呢？如果认为原子的电荷分布是“刚性”的，则原子之间的相互作用将为零，因为球对称分布的电子电荷的静电势在中性原子以外被原子核电荷的静电势所抵消。某一瞬时正、负电中心不重合使原子呈现出瞬时偶极矩，非极性分子晶体依靠瞬时偶极矩的相互作用而结合，因而作用力非常微弱。这种相互作用称为分子间相互作用，也称为范德瓦耳斯相互作用。

另一种特殊的分子间相互作用关系称为氢键。因为中性氢原子只有一个电子，所以它应该是与一个其他原子形成一个共价键。但是我们知道，在某些条件下，一个氢原子可以受到两个原子的较强的吸引，从而在它们之间形成所谓的氢键，其键能为 0.1 eV 的量级。人们认为，氢键的特征主要是离子性的，并且仅在电负性最强的原子（典型的 F、O 和 N）之间形成。在氢键变成纯离子性的极端情况下，氢原子失去其电子，并交给分子中另一个原子，这个裸露的质子构成氢键。这时，邻接质子的各原子将比原来靠得更近，以至于两个以上的原子就会彼此干扰，因此氢键仅连接两个原子，如图 3.4-6 所示。

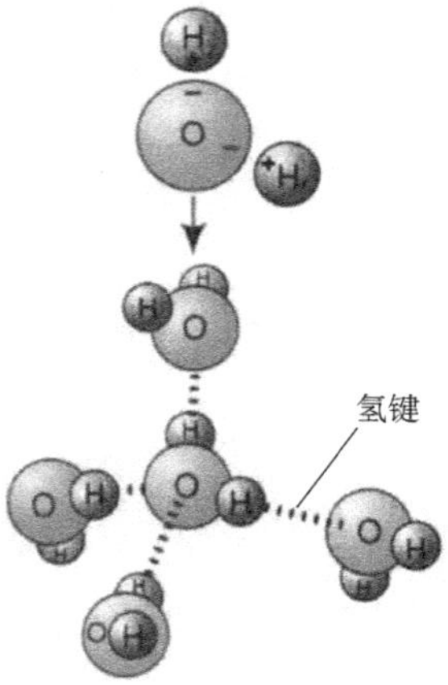

图3.4-6　氢键

氢键是 H_2O 分子间相互作用的一个重要组成部分，并且与电偶极负层的静电吸引作用共同引起水和冰的特异物理性质。如水在 4 ℃以下会发生“冷胀热缩”的现象；当水温从 0 ℃升高到 4 ℃时，水的密度逐渐增大，体积反而减小，表现为“冷胀”；而当水温超过 4 ℃而继续升高时，水的密度逐渐减小，体积反而增大，表现为“热缩”。产生这种现象的原因是水分子的特殊结构。水分子的氢键在低温下断裂，使得分子间距减小，密度增大；而随着温度升高，氢键断裂和分子热运动加快共同作用，但氢键断裂的影响在 4 ℃时达到最大，导致水的密度在 4 ℃时最大。

此外，氢键在某些铁电晶体和 DNA 中也发挥着重要作用。

以上四类晶体的结合类型及其特征对比见表 3.4-1。

表 3.4-1　四类晶体的结合类型及其特征对比

结合类型	结合力性质	结构单元	特征性质	举例
离子晶体	异类荷电离子间的库仑吸引力	离子	高熔点、高升华热、硬而脆、密堆积、球对称电荷分布、可溶于极性溶液、电解导电	NaCl、LiF
共价晶体	电子共用	原子	高硬度、高熔点	金刚石、Si、Ge
金属晶体	金属离子湮没在自由电子气金属中	金属离子	密堆积、良导电和导热、强反射本领、不透明、易于延伸和延展	Na、Fe
分子晶体	范德瓦耳斯力	分子、原子	低熔点和沸点、低升华热、能溶于非极性有机溶剂	惰性气体晶体 Ar、有机晶体 CH_4

3.5　晶格振动与声子

3.5.1　晶格振动

考虑原胞中只含有一个原子的晶格弹性振动，目的是求出用波矢（描述波的特征量）和弹性常量表示的弹性波频率。在立方晶体中，当波沿[1 0 0]、[1 1 0]、[1 1 1]三个方向传播时，其数学上的解是最简单的。这些方向分别对应于立方体的三个特殊方向，即立方体边的方向、面对角线方向和体对角线方向。当波沿这三个方向中的一个方向传播时，整个原子平面做同相位运动，其位移方向或是平行于波矢的方向或是垂直于波矢的方向。我们可以通过单一坐标 u_s 来描述平面 s 离开其平衡位置的位移，这样上述问题就变成一维的了。对应于每个波矢存在三种模式，即一个纵向极化（或偏振）（图 3.5-1）和两个横向极化（或偏振）（图 3.5-2）。

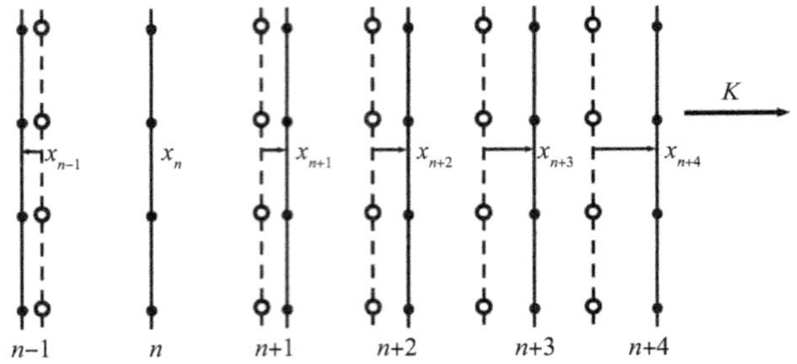

图3.5-1　纵波通过时发生位移的原子面示意图（虚线表示原子面的平衡位置，实线表示存在纵波时原子面移动的位置）

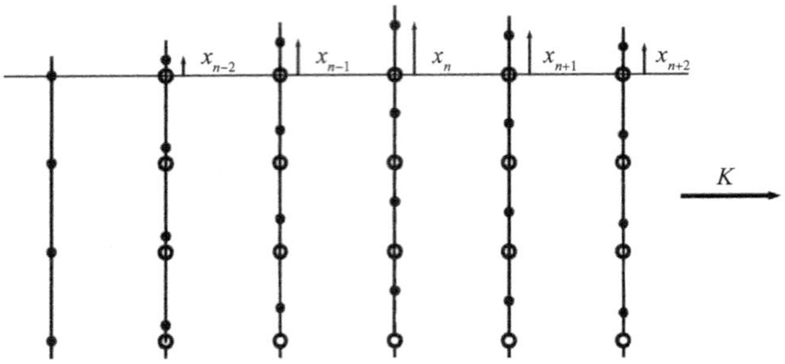

图3.5-2　横波通过时发生位移的原子面示意图（空心圆环表示原子的平衡位置，实心圆点表示存在横波时原子移动的位置）

假定晶体的弹性响应是作用力的线性函数。这一假定等价于把弹性能量当作晶体中任意两点相对位移的二次函数。在平衡位置，能量中的那些位移线性项将变为零。对于充分小的弹性形变，三次及更高次项可以忽略不计。

简便起见，考虑一维无限长单原子链的振动情况，如图 3.5-3 所示。其中，原子间距（晶格常量）为 a，原子质量为 m。用 x_n 和 x_k 分别表示序号为 n 和 k 的原子在 t 时刻偏离平衡位置的位移，用 $x_{nk}=x_n-x_k$ 表示在 t 时刻第 n 个和第 k 个原子的相对位移。当原子处于平衡位置时，第 k 个原子与第 n 个原子相距 $|n-k|a=r$。两个原子间的相互作用势能记为 $U(r)$，平衡位置处的势能为 $U(r_0)$，且 $\left(\dfrac{\mathrm{d}U}{\mathrm{d}r}\right)_{r_0}=0$。

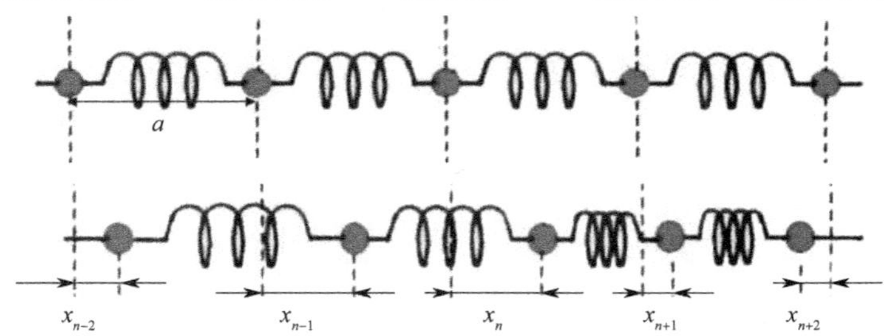

图3.5-3　一维无限长单原子链的振动模型

t 时刻序号为 n 和 k 的原子之间相互作用能为

$$U(r)=U(r_0+\delta r)$$

$$=U(r_0)+\left(\frac{\mathrm{d}U}{\mathrm{d}r}\right)_{r_0}\delta r+\frac{1}{2}\left(\frac{\mathrm{d}^2U}{\mathrm{d}r^2}\right)_{r_0}(\delta r)^2+\frac{1}{6}\left(\frac{\mathrm{d}^3U}{\mathrm{d}r^3}\right)_{r_0}(\delta r)^3+\cdots \tag{3.5-1}$$

式中：δr 为第 n 个和第 k 个原子的相对位移 x_{nk}，所以式（3.5-1）可以改写为

$$U(r)=U(r_0)+\left(\frac{\mathrm{d}U}{\mathrm{d}r}\right)_{r_0}x_{nk}+\frac{1}{2}\left(\frac{\mathrm{d}^2U}{\mathrm{d}r^2}\right)_{r_0}x_{nk}^2+\frac{1}{6}\left(\frac{\mathrm{d}^3U}{\mathrm{d}r^3}\right)_{r_0}x_{nk}^3+\cdots \tag{3.5-2}$$

由第 n 个和第 k 个原子间的相互作用势能可以确定这两个原子间的相互作用力为

$$f_{nk}=-\frac{\mathrm{d}U}{\mathrm{d}r}=-\left(\frac{\mathrm{d}^2U}{\mathrm{d}r^2}\right)_{r_0}x_{nk}-\frac{1}{2}\left(\frac{\mathrm{d}^3U}{\mathrm{d}r^3}\right)_{r_0}x_{nk}^2-\cdots \tag{3.5-3}$$

当振动很微弱时，可以将势能展开式中 δr 二次方以上的高次项忽略掉，只保留到（δr）^{2} 项。这种忽略掉作用力中非线性项的近似称为“简谐近似”。利用简谐近似可以得到

$$f_{nk}=-\left(\frac{\mathrm{d}^2U}{\mathrm{d}r^2}\right)_{r_0}x_{nk}=-\beta_{nk}x_{nk}$$

其中，$\beta_{nk}=\left(\frac{\mathrm{d}^2U}{\mathrm{d}r^2}\right)_{r_0}$ 称为弹性恢复力系数。

为了进一步简化模型，假定原子只和最近邻的原子之间有相互作用，而与距离更远的原子间的相互作用可以忽略，即第 n 个原子只与第 $n\pm1$ 个原子间存在相互作用。于是，第 n 个原子上的总力为

$$m\ddot{x}_n=-\beta(x_n-x_{n-1})-\beta(x_n-x_{n+1}) \tag{3.5-4}$$

或写成

$$m\frac{\mathrm{d}^2x_n}{\mathrm{d}t^2}=-\beta(2x_n-x_{n-1}-x_{n+1}) \tag{3.5-5}$$

现在，我们要求得出所有具有时间依赖关系 $\exp(-\mathrm{i}\omega t)$ 的位移的解。原子振动具有平面波的形式，即有

$$\frac{\mathrm{d}^2x_n}{\mathrm{d}t^2}=-\omega^2x_n \tag{3.5-6}$$

于是式（3.5-5）可写成为

$$-m\omega^2x_n=\beta(x_{n+1}+x_{n-1}-2x_n) \tag{3.5-7}$$

这是关于位移的差分方程。它具有如下形式的行波解：

$$x_{n\pm1}=x_n\exp(\pm\mathrm{i}qa)=x_1\exp(\mathrm{i}nqa)\exp(\pm\mathrm{i}qa) \tag{3.5-8}$$

式中：q 为波矢。

利用式（3.5-7）和式（3.5-8），可得

$$-\omega^2 m x_1 \exp(inqa)=\beta x_1\{\exp[i(n+1)qa]+\exp[i(n-1)qa]-2\exp(inqa)\} \tag{3.5-9}$$

将式(3.5-9)两边消去 $x_1\exp(inqa)$,可得

$$\omega^2 m=-\beta[\exp(iqa)+\exp(-iqa)-2] \tag{3.5-10}$$

利用恒等式 $2\cos qa=\exp(iqa)+\exp(-iqa)$,可以得到联系 ω 和 q 的色散关系为

$$\omega^2=(2\beta/m)(1-\cos qa) \tag{3.5-11}$$

由图(3.2-6)可知,一维单原子晶体的第一布里渊区边界位于 $q=\pm\pi/a$。由式(3.5-11)可以证明,ω 作为 q 的函数,其函数曲线在布里渊区边界处的斜率为零,即有

$$\mathrm{d}\omega^2/\mathrm{d}q=(2\beta a/m)\sin qa=0 \tag{3.5-12}$$

因为当 $q=\pm\pi/a$ 时,$\sin qa=\sin(\pm\pi)=0$。由三角恒等式,式(3.5-11)可以写成

$$\begin{cases}\omega^2=(4\beta/m)\sin^2\dfrac{1}{2}aq\\ \omega=(4\beta/m)^{1/2}\left|\sin\dfrac{1}{2}aq\right|\end{cases} \tag{3.5-13}$$

ω 作为 q 的函数,当 $q=\pm\dfrac{\pi}{a}$ 时,$\omega=\omega_{max}=2\sqrt{\dfrac{\beta}{m}}$;当 $q=0$ 时,$\omega=\omega_{min}=0$。由此其色散曲线由图 3.5-4 给出。

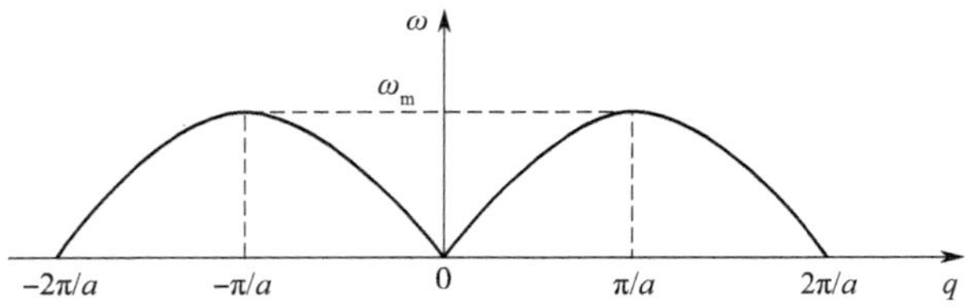

图3.5-4 ω关于q的函数曲线(区域$q\ll 1/a$(即$\lambda\gg a$)相应于连续系统近似,在这个区间里ω正比于q)

对于弹性波,q 值取什么样的范围才具有物理意义呢?答案是只有那些取在第一布里渊区内的 q 值。根据式(3.5-8),两个相邻平面的位移之比可以由下式给出:

$$\frac{x_{n+1}}{x_n}=\frac{x_1\exp[i(n+1)aq]}{x_1\exp(inaq)}=\exp(iaq) \tag{3.5-14}$$

位于$-\pi\sim+\pi$ 区间的相位 aq 涵盖了指数函数所有独立的值。

独立 q 值的区间由

$$-\pi<aq\leqslant+\pi \quad 或 \quad -\frac{\pi}{a}<q\leqslant\frac{\pi}{a}$$

给出。这个区间是线型晶格的第一布里渊区,极限值为 $q_{max}=\pm\pi/a$,如图 3.5-5 所示。

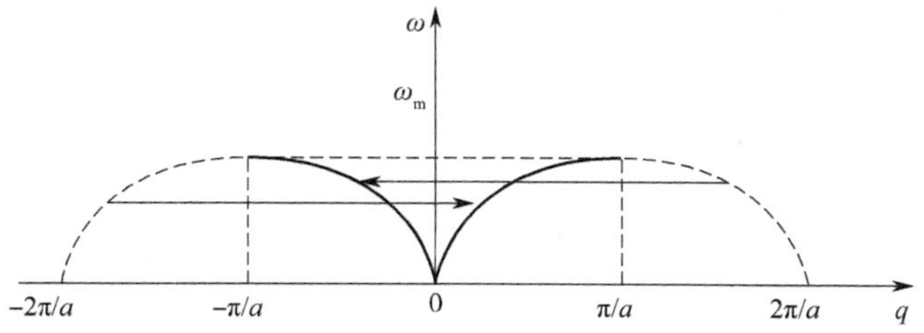

图3.5-5　第一布里渊区示意图

第一布里渊区以外的 q 值不过是再现由 $\pm\pi/a$ 界限限定范围内的 q 值所描述的晶格振动，如图 3.5-6 所示。

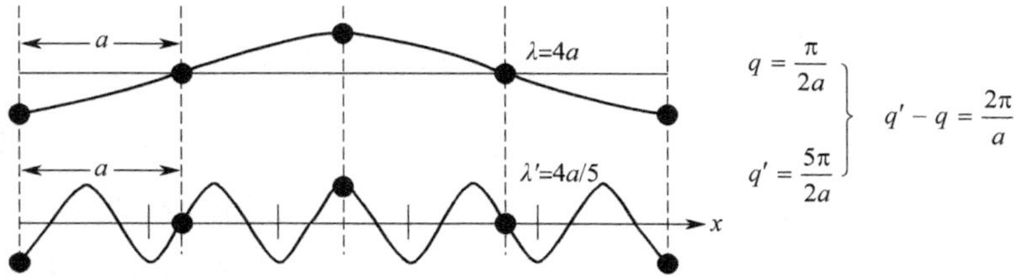

图3.5-6　上下两个波虽然表示形成不同，但原子的运动方式却是一致的，为了表示这个运动，只需要限定波长大于2a，即可得到唯一的表示

对于取值在图 3.5-6 中两个极限值以外的 q 值，可以由它减去 $2\pi/a$ 的整数倍，从而给出位于这两个极限值以内的一个波矢。假定 q 在第一布里渊区以外，但是由 $q' \equiv q-2n\pi/a$ 定义的相应波矢 q' 位于第一布里渊区以内，其中 n 为整数。因此，式（3.5-14）变为

$$\frac{x_{n+1}}{x_n}=\exp(\mathrm{i}aq)\equiv\exp(\mathrm{i}2\pi n)\exp[\mathrm{i}(aq'-2\pi n)]\equiv\exp(\mathrm{i}aq') \tag{3.5-15}$$

式中：$\exp(\mathrm{i}2n\pi)=1$。

因此，位移总可以用第一布里渊区内的波矢来表示，第一布里渊区也称为简约布里渊区。应该指出，$2n\pi/a$ 是一个倒格矢，因此由 q 减去一个适当的倒格矢，总可以在第一布里渊区内得到一个与其等价的波矢。

在布里渊区边界 $q_{max}=\pm\pi/a$ 处，其解 $x_n=x_1\exp(\mathrm{i}naq)$ 不代表一个行波，而是表示一个驻波。在布里渊区边界 $naq_{max}=\pm n\pi$ 处，有

$$x_n=x_1\exp(\pm\mathrm{i}n\pi)=x_1(-1)^n \tag{3.5-16}$$

这是一个驻波，即相邻原子的振动相位是相反的，因为按照 n 取为偶数或奇数，x_n 分别等于 +1 或−1。这个波既不向右运动也不向左运动，而是通过相继的来回反射形成驻波。因为在两个原子之间的空间内电磁波振幅是没有意义的，而弹性波的位移振幅只在原子本身处才有意义。对于确定的 n，第 n 个原子的位移随时间做简谐振动。对于某一确定的时刻 t，不同的原子有不同的振动位相。沿波的传播方向（即沿 q 的方向），单位距离两点间的振动位相差恒定。晶体中所有原子共同参与的一种频率相同的振动，不同原子间有振动位相差，这种

振动以波的形式在整个晶体中传播，称为格波。由式（3.5-15）可以看出，对于某个特定的格波，n 可以取任意整数值。

图3.5-7　玻恩-卡曼边界条件示意图

以上讨论是针对波矢 q 的取值范围进行的，下面将进一步讨论波矢 q 具体有哪些取值。一个有限的原子链两端的原子与体内原子所处情况不一样，这使得方程的求解变得十分复杂。考虑到在实际晶体中两端（或表面）原子所占比例很小，故在研究体内原子运动情况时可以忽略。

玻恩和卡曼提出了如图 3.5-7 所示的简化模型，即用包含 N 个原胞的环状链作为有限链的模型，这样每个原胞都是等价的。对于晶体中任一个原子，当其原胞标数增加 N 后，其振动情况复原。在由 N 个原胞组成的单原子链中，玻恩-卡曼周期性边界条件为

$$x_n = x_{n+N} \tag{3.5-17}$$

对于一维布喇菲晶格，第 x_n 和 x_{n+N} 个原子的振幅满足：

$$Ae^{i(\omega t - naq)} = Ae^{i[\omega t-(n+N)aq]} \tag{3.5-18}$$

可以得到 $e^{iNaq}=1$，$Naq=2\pi\cdot s$，且 s 为整数，即

$$q = \frac{2\pi}{Na}s \tag{3.5-19}$$

式中：$-\dfrac{\pi}{a} < q \leqslant \dfrac{\pi}{a}$，$-\dfrac{N}{2} < s \leqslant \dfrac{N}{2}$。

因而，波矢 q 只能取 N 个不同的值，或者说晶格振动波矢只能取分立的值，且波矢的数目（个数）等于晶体原胞的数目。

以上是对一维单原子链中原子振动形式的讨论。对于每个初基基元含有两个及两个以上原子的晶体，其声子色散关系将表现出新的特征。现在考虑每个原胞含有两个原子的情况，如 NaCl 结构（两个原子的核电荷数不同）、金刚石结构（两个原子的相对空间位置不同）都属于这种情况。

考虑一个立方晶体，其中质量为 M 的原子位于一组平面上，而质量为 m 的原子位于插入第一组平面之间的另一组平面上，如图 3.5-8 所示。一般而言，两个原子质量的差别并不

重要；但是，如果基元的两个原子处在不完全等价的格点上，那么力常量或质量将会不一样。令两个原子质量分别为 m 和 M，且 $m<M$，相邻原子间距均为 a。

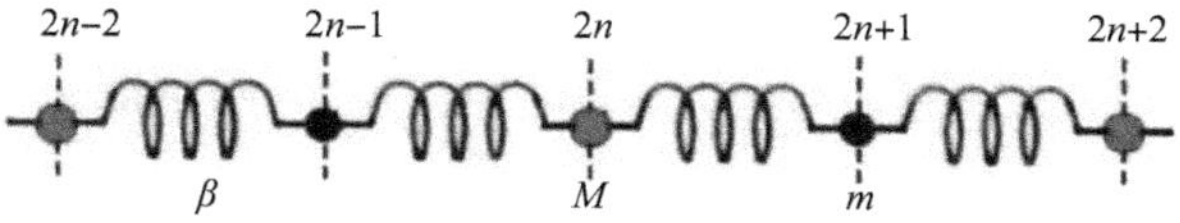

图3.5-8　一个双原子晶体结构（质量分别为M和m的原子由相邻原子之间的相互作用联系，原子M的位移表示为x_{2n-2}、x_{2n}、x_{2n+2}，…，而原子m的位移为x_{2n-1}、x_{2n+1}、x_{2n+3}，…，a为沿波矢q方向上相邻原子间的距离，图中表示出的原子都处于平衡位置）

假定每个平面只和最近邻平面有相互作用，并且所有最近邻平面之间的恢复力系数均为 β，且同种原子周围的情况都相同，所以其振幅相同；不同种类的原子，其振幅不同。参照图 3.5-8 写出相应的运动方程，即有

$$\begin{cases} M\dfrac{\mathrm{d}^2x_{2n}}{\mathrm{d}t^2}=\beta(x_{2n+1}+x_{2n-1}-2x_{2n}) \\ m\dfrac{\mathrm{d}^2x_{2n+1}}{\mathrm{d}t^2}=\beta(x_{2n+2}+x_{2n}-2x_{2n+1}) \end{cases} \tag{3.5-20}$$

下面寻求具有行波形式的解。在这里，相邻交替平面上的振幅 A 和 B 是不同的：

$$\begin{cases} x_{2n+1}=A\exp[-\mathrm{i}(2n+1)aq]\exp(\mathrm{i}\omega t) \\ x_{2n}=B\exp(-\mathrm{i}2naq)\exp(\mathrm{i}\omega t) \end{cases} \tag{3.5-21}$$

将式（3.5-21）代入式（3.5-20），可得

$$\begin{cases} -M\omega^2B=\beta(\mathrm{e}^{\mathrm{i}aq}+\mathrm{e}^{-\mathrm{i}aq})A-2\beta B \\ -m\omega^2A=\beta(\mathrm{e}^{\mathrm{i}aq}+\mathrm{e}^{-\mathrm{i}aq})B-2\beta A \end{cases} \tag{3.5-22}$$

要使这两个关于未知数 A、B 的齐次线性方程具有非平凡解，则 A 和 B 的系数行列式必须为零，即

$$\begin{vmatrix} 2\beta\cos aq & M\omega^2-2\beta \\ m\omega^2-2\beta & 2\beta\cos aq \end{vmatrix}=0 \tag{3.5-23}$$

可以从式（3.5-23）严格地解出 ω^2，两个两根分别为

$$\omega_{\mathrm{O}}^2=\frac{\beta}{mM}\{(m+M)+[m^2+M^2+2mM\cos(2aq)]^{1/2}\}\quad（光学支）\tag{3.5-24}$$

$$\omega_{\mathrm{A}}^2=\frac{\beta}{mM}\{(m+M)-[m^2+M^2+2mM\cos(2aq)]^{1/2}\}\quad（声学支）\tag{3.5-25}$$

对于在一个给定传播方向上的每一种极化（或偏振）模式，其 ω 关于 q 的色散关系将演化为两个分支，分别称为声学支和光学支，如图 3.5-9 所示。于是就有纵声学（LA）模式和横声学（TA）模式，以及纵光学（LO）模式和横光学（TO）模式。

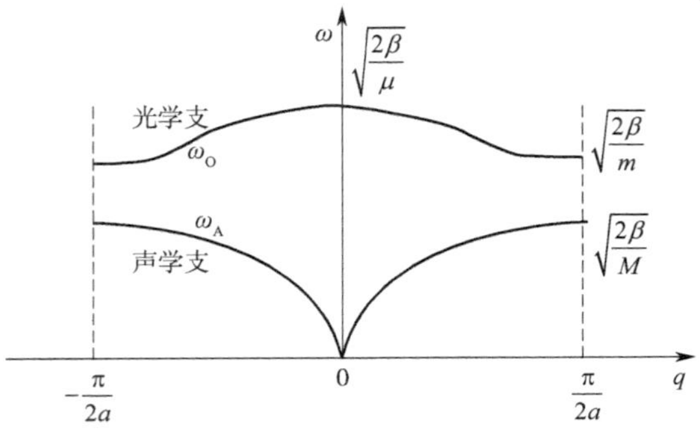

图3.5-9　一维双原子晶格色散关系的光学支和声学支（给出了在q=0和$q=q_{max}=\pi/a$处的极限频率，其中a是晶格常量）

第一布里渊区的范围为$-\pi/2a\leqslant q\leqslant\pi/2a$。在$q_{max}=\pm\pi/2a$处，式(3.5-23)的两个根变为

$$\begin{cases}\omega_{O\min}=\sqrt{\dfrac{2\beta}{m}}\\ \omega_{A\max}=\sqrt{\dfrac{2\beta}{M}}\end{cases}\tag{3.5-26}$$

当$M>m$时，参见图3.5-9给出的ω对q的依赖关系曲线，原子在横声学(TA)和横光学(TO)情况下的位移示如图3.5-10所示。对于光学支，当q=0时，将式(3.5-24)代入式(3.5-22)，可得

$$\left(\frac{A}{B}\right)_O=\frac{2\beta}{2\beta-m\dfrac{2\beta(m+M)}{mM}}=\frac{1}{1-\dfrac{m+M}{M}}=-\frac{M}{m}\tag{3.5-27}$$

这表明两个原子反向振动，但是它们的质心却是固定的。如果这两个原子带有异号电荷，就可以用光波电场来激发这种类型的运动，因此这一支称为光学支。长光学波代表原胞中两个原子的相对振动。在q值比较小的情况下，振幅比的另一个解是$A=B$，此即式(3.5-25)在q=0时的极限。这时，原子(以及它们的质心)一起运动，与长波声学振动中的情形相仿，由此得到声学支。长声学波中相邻原子的位移相同，原胞内的不同原子以相同的振幅和位相做整体运动。长声学波代表了原胞质心的运动。当q=0时，有

$$\omega_{O\max}=\sqrt{\frac{2(m+M)\beta}{mM}}=\sqrt{\frac{2\beta}{\mu}}\tag{3.5-28}$$

式中：μ称为折合质量。

对于某些频率，将不存在类波解，这些频率介于$(2\beta/M)^{1/2}$和$(2\beta/m)^{1/2}$之间。这是多原子晶格中弹性波具有的一个特性。在第一布里渊区边界$q_{max}=\pm\pi/a$处有一个频率空隙。

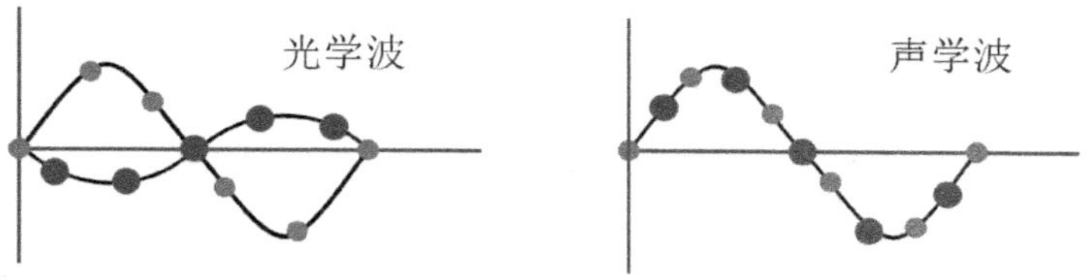

图3.5-10　一维双原子晶格中的横声学波和横光学波（利用在同一波长下两种模式的粒子位移，给出了形象的表示；声学支格波，相邻原子振动方向是相同的；光学支格波，相邻原子振动方向是相反的）

由玻恩-卡曼边界条件，设晶体包含 N 个原胞，则有

$$x_{2n} = x_{2(n+N)} \tag{3.5-29}$$

$$A\mathrm{e}^{\mathrm{i}[\omega t-2naq]} = A\mathrm{e}^{\mathrm{i}[\omega t-2(n+N)aq]} \tag{3.5-30}$$

可以得出 $q=\dfrac{\pi}{Na}s$，其中 s 是整数。在第一布里渊区内 $-\dfrac{\pi}{2a}<q\leqslant\dfrac{\pi}{2a}$，相应的 $-\dfrac{N}{2}<s\leqslant\dfrac{N}{2}$。由 N 个原胞组成的一维双原子链，每个原胞有两个原子波矢的数目均为 N，频率的数目为 $2N$，格波（振动模式）数目为 $2N$，晶体的自由度数是 $2N$。

3.5.2　弹性波量子化和声子

通过薛定谔方程来求解晶格做简谐振动的运动状态，应首先写出晶格做简谐振动部分的哈密顿量。其中，势能项中的原子间相互关联作用为求解相应薛定谔方程带来困难。处理这类多体问题的一个标准做法是设法找到一个正交变换，将 $3N$ 个原子位移坐标 x 变换为 $3N$ 个简正坐标 Q_i（i=1，2，3，⋯，$3N$），从而使哈密顿量可写成

$$H=\sum_{i=1}^{3N}H(Q_i) \tag{3.5-31}$$

的形式，从而将多体问题化解成单体问题求解。

简单起见，以一维单原子链为例（即 N 个质量为 m 的原子），只考虑近邻相互作用，已知其晶格振动由简正模表示，易于找到相应的简正坐标。波矢为 q 的格波在 t 时刻引起第 n 个原子的位移为

$$\mu_{nq}=A_q\mathrm{e}^{\mathrm{i}(\omega_q t-naq)}$$

第 n 个原子的总位移为

$$\mu_n=\sum_q A_q\mathrm{e}^{\mathrm{i}(\omega_q t-naq)} \tag{3.5-32}$$

定义简正坐标为

$$Q_q=\sqrt{Nm}A_q\mathrm{e}^{\mathrm{i}\omega_q t} \tag{3.5-33}$$

则可将原子总位移和简正坐标改写为

$$\begin{cases} \mu_n = \dfrac{q}{\sqrt{Nm}} \displaystyle\sum_q Q_q \mathrm{e}^{-\mathrm{i}naq} \\ Q_q = \sqrt{\dfrac{m}{N}} \displaystyle\sum_{n=1}^{N} \mu_n \mathrm{e}^{\mathrm{i}naq} \end{cases} \tag{3.5-34}$$

可见 Q_q 和 μ_n 之间是傅里叶变换关系，Q_q 表达的是 N 个原子的集体振动，是集体坐标。对于只考虑近邻相互作用时的一维单原子链，其中的动能项为

$$T = \frac{1}{2} m \sum_{n,\ n'} \dot{u}(naq)\dot{u}(n'aq) = \frac{1}{2}\sum_{q,q'} \dot{Q}_q \dot{Q}_{q'} \delta_{q',-q} = \frac{1}{2}\sum_q \dot{Q}_q^* \dot{Q}_q \tag{3.5-35}$$

其中利用了式(3.5-34)，以及当波矢限制在 1 个布里渊区内时，有

$$\frac{1}{N}\sum_n \mathrm{e}^{\mathrm{i}(n-n')aq} = \delta_{q',q} \tag{3.5-36}$$

类似地，可得到势能项为

$$U = \frac{\beta}{m}\sum_q Q_q^* Q_q (1-\cos qa) \tag{3.5-37}$$

由动能项和势能项公式可写出拉格朗日函数 $L=T-U$，并求出 Q_q 的正则动量，即

$$P_q = \frac{\partial L}{\partial \dot{Q}_q} = \dot{Q}_q^* \tag{3.5-38}$$

这样，只考虑近邻相互作用时的一维单原子链哈密顿量可写成

$$H = \frac{1}{2}\sum_q [P_q^* P_q + \omega^2(q) Q_q^* Q_q] \tag{3.5-39}$$

且

$$M\omega^2(q) = 2\beta(1-\cos qa) \tag{3.5-40}$$

至此，采用简正坐标，哈密顿量已表示为 N 个独立项之和。由式(3.5-39)，可得

$$\dot{P}_q = -\frac{\partial H}{\partial Q_q} = -\omega^2(q) Q_q^* \tag{3.5-41}$$

因而，简正坐标 Q_q 满足的方程为

$$\ddot{Q}_q + \omega^2(q) Q_q = 0 \tag{3.5-42}$$

这正是频率为 $\omega(q)$ 的谐振子的运动方程。由于式(3.5-40)的限制，$\omega(q)$ 和第 3.5.1 节给出的结果相同，有同样的色散关系。对于三维情形，同样可借助简正坐标将由 N 个相互耦合关联的原子组成的晶格的振动转化为 $3N$ 个独立谐振子的简谐振动。

利用正交条件式(3.5-36)，对式(3.5-34)式进行逆变换，可得

$$Q_q = \sqrt{\frac{M}{N}} \sum_{R_n} u(R_n, t) \mathrm{e}^{-\mathrm{i}qR_n} \tag{3.5-43}$$

简正坐标 Q_q 与原子位移坐标 x 不同，不再只和个别的原子相联系，而是代表 N 个原子

的集体运动，是一种集体坐标。

将式（3.5-39）中的 P_q 和 Q_q 看成算符，即可过渡到对晶格振动的量子力学处理。但从式（3.5-34）及式（3.5-38）可见，式（3.5-39）实际上为

$$\hat{H} = \frac{1}{2}\sum_q [P_{-q}P_q + \omega^2(q)Q_{-q}Q_q] \tag{3.5-44}$$

式（3.5-44）中仍有 q 项和 $-q$ 项的混杂，并不完全对应于量子力学中简谐振子的哈密顿量。严格的处理，需要通过线性变换引进新的算符，使哈密顿量成为不含 q 与 $-q$ 交叉项的对角形式。这可以在一般的固体理论教科书中查到。其结果易于理解，相当于简正坐标运动方程（3.5-43）描述的简谐振子能量以 $h\omega(q)$ 为单位的量子化。一维单原子链晶格振动的总能量为

$$E = \sum_q \left(n_q + \frac{1}{2}\right)\hbar\omega(q), \quad n_q = 0,\ 1,\ 2,\cdots \tag{3.5-45}$$

式中：不等价 q 的取值数为 N，等于原胞数。

对于三维情形，总能量同样为所有简正模能量之和，即

$$E = \sum_{qs} \left(n_{qs} + \frac{1}{2}\right)\hbar\omega_s(q), \quad n_{qs} = 0,\ 1,\ 2,\cdots \tag{3.5-46}$$

式中：q 的取值为原胞数 N；n=1，2，⋯，$3p$，p 为晶格基元中的原子数。

由于格波的能量是以 $\hbar\omega(q)$ 为单位的量子化，通常把这个能量量子称为声子 。

把声子看作具有能量 $\hbar\omega(q)$、动量 $\hbar q$ 的玻色子，对于处理固体中的相互作用问题，如声子-声子、电子-声子、光子-声子等是十分方便的。但要注意，声子并不是真正的粒子，声子可以产生和湮灭，有相互作用时声子数不守恒；声子的动量称为格波动量。稍后将看到，声子的守恒律不同于一般粒子，同时声子不能脱离固体单独存在。声子只是晶格中原子集体运动的激发单元，格波激发的量子通常称为元激发或准粒子。

ω 又是什么呢？式（3.5-6）所示运动方程是关于 ω^2 的方程，因此如果 ω^2 为正，那么 ω 就有取“+”或“−”两种可能。但是，声子的能量必须是正的，所以把 ω 取为正值是习惯使然，并且也是适当的（对于圆偏振波，两种符号经常同时使用，目的在于能区分其旋转的方向）。如果晶体结构不稳定，那么 ω^2 将为负，从而 ω 将成为虚值。

一个波矢为 q 的声子将和各种粒子（如光子、中子、电子等）发生相互作用，犹如它是一个具有动量 hq 的粒子。但是，我们首先要明确，声子并不携带物理动量。在第 3.2 节我们曾提到 X 射线光子在晶体中会受到弹性散射，只有当入射角为一些特定角度值时，反射光才会发生相长干涉，晶体衍射图样是晶体倒格子的映像。实际上，这种散射受波矢选择定则的支配：

$$k' = k + G \tag{3.5-47}$$

式中：G 是倒格矢；k 是入射光子的波矢；k' 是被散射后的光子的波矢。

在这种弹性散射反射过程中，晶体作为整体将发生动量为 $\hbar G$ 的反冲，但是这种均匀模式动量很少以显式形式给出。在周期晶格中相互作用的波的总波矢守恒，包括可能加上一个倒格矢，式（3.5-47）便是这一定则的一个例子。整个系统的真实动量始终严格守恒。如果光子的散射是非弹性的，在相互作用过程中产生一个波矢为 q 的声子，那么其波矢选择定则就变成

$$k'+q=k+G \tag{3.5-48}$$

如果在散射过程中吸收一个波矢为 q 的声子，则得到另一个关系式：

$$k'=k+q+G \tag{3.5-49}$$

式（3.5-48）和式（3.5-49）是式（3.5-47）的自然推广。

3.5.3 拉曼光谱仪的基本原理

光与物体接触时会发生反射、透射和散射等现象。其中，光的散射是指光通过不均匀介质时一部分光偏离原方向传播的现象。在分子层面，根据入射光与物质分子发生碰撞后入射光的频率是否发生变化，即是否发生弹性碰撞，可将光的散射分为瑞利散射和拉曼散射，其中拉曼散射是碰撞前后入射光频率发生改变的散射。拉曼散射属于非弹性散射，在散射过程中，光子与光学声子发生作用，导致频率发生变化，如图 3.5-11 所示。从微观的角度来解释，带有一定能量的入射光以固定频率投射至物体上时，在两者接触瞬间，能量发生置换，构成物质的分子将吸收入射光的能量，致使其振动频率发生改变，同时吸收或放出声子。这个过程称为拉曼散射，又称为拉曼效应。拉曼散射的本质是光子与声子之间的能量转换。

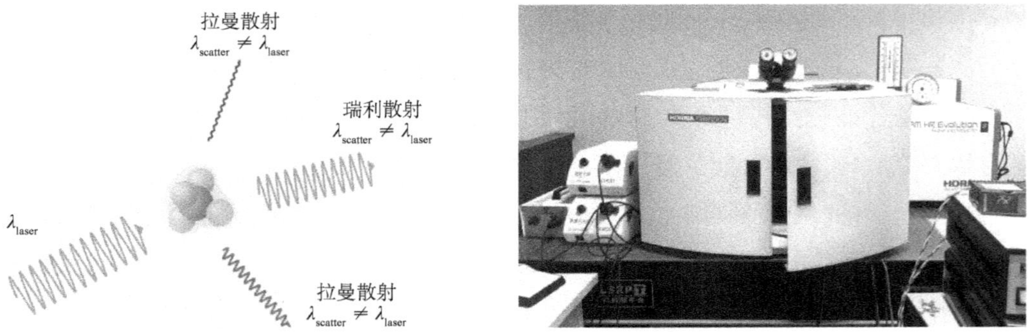

图3.5-11　拉曼散射过程示意图和拉曼光谱仪实物

如图 3.5-12 所示，E_0 表示基态，E_1 表示振动激发态，在整个拉曼散射过程中将会发生两种现象。

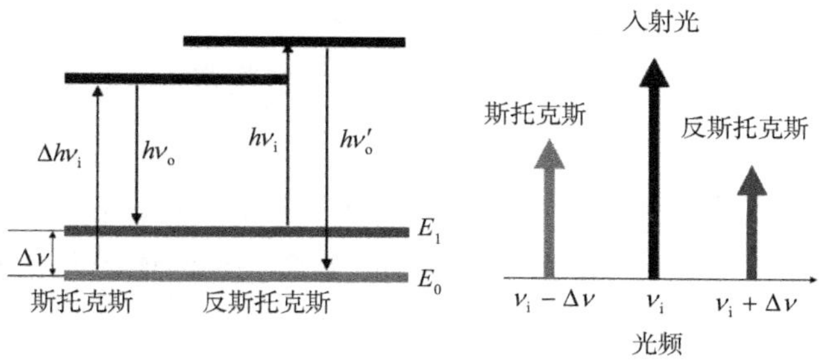

图3.5-12　拉曼散射能级跃迁图

（1）频率为 ν_i 的入射光与处于基态（E_0）的物质分子相互作用时，物质分子吸收入射光的能量并从基态跃迁至虚能级（$E_0+h\nu_i$），但很快又跃迁至较低能级，最终停留在振动激发态的状态（E_1），这种情况下将产生一个比原有入射光频率更低的散射光子（$h\nu_o$），同时激发一个拉曼声子（hq），且满足：

$$h\nu_i = hq + hh\nu_o$$

式中：q 为声子频率。

这种情况下产生的散射光，被称为斯托克斯（Stokes）线。

（2）处于基态（E_0）的物质分子吸收一个拉曼声子后进入振动激发态（E_1）。此时，入射光与处于振动激发态的物质分子相互作用，物质分子先跃迁至虚能级（$E_1+h\nu_i$），然后会立刻跃回至基态（E_0），同时放出一个光子，这种情况下将产生比原有入射光频率更高的散射光，且满足：

$$h\nu_i + hq = h\nu_o$$

这种情况下产生的散射光，被称为反斯托克斯线。

上述两种情况均会产生与原有入射光有频差 $\Delta\nu = |\nu_o - \nu_i|$ 的散射光子。根据玻尔兹曼分布律可知，由于基态能量更低，故物质分子大多处于基态，且数量远超处于振动激发态的物质分子，所以在拉曼散射过程中上述第一种情况占据主导地位，即研究拉曼散射时将以斯托克斯线 $\nu_o = \nu_i - \Delta\nu$ 为依据，并将频差 $\Delta\nu$ 称为拉曼位移（单位为 cm^{-1}），用于表征不同物质的组成分子对入射光频率产生的影响程度。

利用拉曼散射原理测量样品分子组成时，激发光的波长 λ_o 已知，拉曼散射光的波长 λ_i 可由 CCD 探测器接收，此时拉曼位移可表示为

$$拉曼位移=\frac{1}{\lambda_o}-\frac{1}{\lambda_i} \tag{3.5-50}$$

1928 年，印度科学家拉曼发现了拉曼散射效应。在接下来的几十年里，拉曼散射在很长一段时间内都没有真正成为一种有价值的工具，其原因是存在拉曼散射光强度很弱，激发光源（汞灯）的能量很低等制约因素。激发光源使用的激光拉曼光谱仪的出现打破了这种制

约，使拉曼光谱的检测准确度和灵敏度有了很大的提高，拉曼光谱技术应用范围的宽度和广度也逐渐扩大。国际拉曼光谱会议每两年举办一次，每次都设立拉曼光谱在生物学和医学中的发展和应用的专门性质的讨论会。目前，在环保、高分子、材料、石油、化工、生物、地质等各个工业和学科部门，拉曼光谱技术都有深入而广泛的应用。拉曼光谱技术和红外光谱技术相结合使用可以在分析测试领域内更加深入、系统和全面地研究分子的振动状态，并且对分子结构方面的研究提供更多的有参考价值的信息。

作为拉曼光谱仪的重要组成部分之一，拉曼光谱仪大多采用各种光栅的色散效应进行分光，如图 3.5-13 所示。这类光谱仪的光学部分主要由光学准直系统、光学色散系统和光学聚焦系统等三大部分构成，分别对应光路系统中必不可少的三个元件，即准直镜、衍射光栅、聚焦镜。其中，微型光谱仪至关重要，其质量不仅会影响整台仪器的分辨率和光通量，还会对最终拉曼光谱信号的信噪比产生重要影响。色散型拉曼光谱仪的分辨率普遍较高，且可根据实际需求调整光栅的线对数；可供选择的激光波长较为多样，适合更多的测量条件；拉曼光谱仪往往通过 CCD 等光电探测器进行信号的转换，方便光谱数据在上位机中进行实时显示和处理。

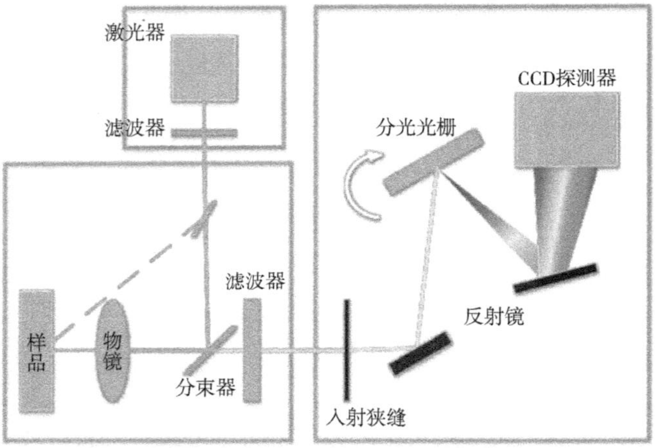

图3.5-13 色散型拉曼光谱仪基本结构

3.6 自由电子气模型

借助自由电子气模型，我们可以理解金属特别是简单金属的许多物理性质。该模型指出，原子中的价电子变成传导电子，并且能够在金属体内自由运动。在讨论主要依赖于传导电子动力学的相关性质时，自由电子与模型获得了很大成功。

3.6.1　一维情况下的能级

现在，我们利用量子理论和泡利不相容原理首先研究一维情况下的自由电子气。假设一个质量为 m 的电子被限制在宽度为 L 的无限深势阱中。这个电子的波函数 $\psi_n(x)$ 是薛定谔方程 $H\psi=E\psi$ 的一个解；如果不计势能，便有 $H=\frac{p^2}{2m}$，其中 p 为动量。在量子理论中，p 由算符 $-\mathrm{i}\hbar\frac{\mathrm{d}}{\mathrm{d}x}$ 表示，于是有

$$H\psi_n=-\frac{\hbar^2}{2m}\frac{\mathrm{d}^2\psi_n}{\mathrm{d}x^2}=E_n\psi_n \tag{3.6-1}$$

式中：E_n 为电子的轨道能量。

在这里，我们引用“轨道”这个词来表示单电子系统的波动方程的解。同时，利用这个词以便区分由 N 个电子系统波动方程给出的严格意义上的量子态和一种近似量子态，后者是通过令 N 个电子分别隶属于 N 个不同的轨道而构建的，其中每个轨道都是单电子波动方程的一个解。只有在电子之间不存在相互作用时，轨道模型才是精确的。

实际晶体的大小是有限的，有两种方法可以用来处理晶体有限性对晶体内部电子状态的影响。一种方法是从简化晶体边界附近的势场入手，如认为晶体外部的势能高于晶体内部，用一个阶跃势代替晶体边界附近的实际势场；甚至用一个无限高的势垒来简化，将电子看成在无限深势阱中运动的粒子。另一种方法类似于晶格振动中的周期性边界条件，不去研究晶体边界势场如何简化，而假想所研究的晶体是许多首尾相连的完全相同的晶体中的一个，每块晶体对应处的运动状态相同，即

$$\psi(x+L)=\psi(x) \tag{3.6-2}$$

周期性边界条件虽然没有规定波函数在晶体边界上的具体取值，但仍能反映晶体的有限大小给晶体内部电子状态带来的限制。这种处理方式更具普遍性，不仅能用于金属情况，也能用于其他晶体。

如果波函数为正弦形式，并且从 0 到 L 的宽度是半波长的整数 n 倍，则这些边界条件就能得到满足。于是有

$$\psi_n=A\sin(k_x x);\quad k_x=2\pi n/L \tag{3.6-3}$$

式中：A 为常量；波矢 k_x 只能取分立值，邻近两波矢的间隔为 $\delta k_x=2\pi/L$。

式(3.6-3)是式(3.6-1)的一个解，由

$$\frac{\mathrm{d}\psi_n}{\mathrm{d}x}=Ak_x\cos(k_x x);\frac{\mathrm{d}^2\psi_n}{\mathrm{d}x^2}=-Ak_x^2\sin(k_x x) \tag{3.6-4}$$

可得出能量 E_n 的表达式为

$$E_n=\frac{\hbar^2}{2m}k_x^2 \tag{3.6-5}$$

图 3.6-1 所示为一维自由电子的量子态,可以看出:

(1)由于 L 为晶体的长度,且其远远大于晶格常数,故 δk_x 是很小的,k_x 可视为准连续地取值;

(2)能量是波矢的偶函数,即 $E_n(k_x)=E_n(-k_x)$,按统计原理,能量相同的状态被电子占有的概率相同,故无外场时 k_x 与 $-k_x$ 出现的概率相同;

(3)在波矢 k_x 轴上,由于 k_x 的取值是等间隔的,如果用一个点代表一个量子态,则点在 k_x 轴上均匀分布。

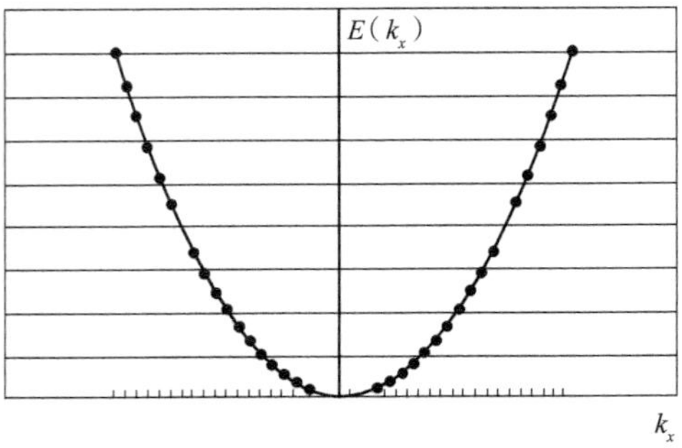

图3.6-1 一维自由电子的量子态

既然 k_x 的取值是等间隔的($\delta k_x=2\pi/L$),那能量取值是等间隔的吗?由式(3.6-5)可知,能量是波矢的二次函数,能量的取值间隔 $\delta E_n = \dfrac{\hbar^2 k_x}{m}\delta k_x$,所以能量取值不是等间隔的,它随 k_x 增加而增加。由于 k_x 是准连续地取值,所以可用微分的方法求单位能量间隔内的量子态数。

能量在 $0\sim E_n$ 范围内所对应的波矢范围为 $0 \sim k_x = \pm\sqrt{2mE_n}/\hbar$。由于 k_x 可正负取值,所以能量在 $0\sim E_n$ 范围内所对应的波矢范围总宽度为 $2\sqrt{2mE_n}/\hbar$,用这个值除以波矢间隔 δk_x,就是能量在 $0\sim E_n$ 范围内的量子态数,即

$$N = 2(\sqrt{2mE_n}/\hbar)/(2\pi/L) = 2L\sqrt{2mE_n}/h \tag{3.6-6}$$

对式(3.6-6)微分,可以得到能量在 $E_n\sim E_n+\Delta E_n$ 范围内的量子态数为

$$\Delta N = \frac{L}{h}\sqrt{\frac{2m}{E_n}}\Delta E_n \tag{3.6-7}$$

考虑到电子自旋具有向上和向下两种状态,式(3.6-7)应再乘以 2,故有

$$\Delta N = 2\frac{L}{h}\sqrt{\frac{2m}{E_n}}\Delta E_n \tag{3.6-8}$$

但根据泡利不相容原理,两个电子的所有量子数不能彼此完全相同。也就是说,每个轨道最多只能容纳一个电子。这条原理适用于原子、分子以及固体中的电子。

3.6.2　三维情况下的能级

三维自由电子的波函数 $\psi(\boldsymbol{r})=A\exp(\mathrm{i}kr)=A\exp[\mathrm{i}(k_x x+k_y y+k_z z)]$。若电子在边长为 L 的立方体内运动，归一化后的波函数为 $\psi(\boldsymbol{r})=\frac{1}{L^{3/2}}\mathrm{e}^{\mathrm{i}(k_x x+k_y y+k_z z)}$，而能量为

$$E_m=\frac{\hbar^2(k_x^2+k_y^2+k_z^2)}{2m}=\frac{\hbar^2k^2}{2m} \tag{3.6-9}$$

式中：k_x、k_y、k_z 的取值类似于式（3.6-3），即都是等间隔取值，间隔为 $2\pi/L$，所以在 k_x、k_y、k_z 构成的波矢空间中代表量子态的点分布是均匀的（图 3.6-2），且一个点占有的“体积”是 $\delta\Omega=(2\pi/L)^3$。

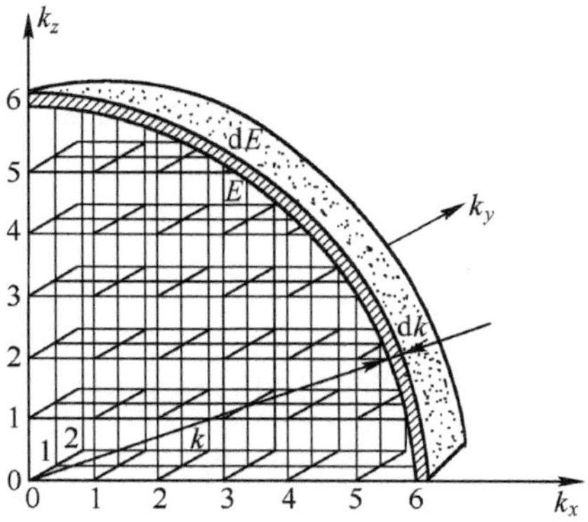

图3.6-2　三维能态密度示意图

由能量表达式（3.6-9）解出波矢 k 的取值为

$$k=\sqrt{2mE_m}/\hbar \tag{3.6-10}$$

能量在 $0\sim E_m$ 范围内、在 k 空间占有的“体积”，就是以式（3.6-10）所确定的波矢值为半径的球体体积，即

$$\Omega=\frac{4}{3}\pi k^3=\frac{4}{3}\pi(2mE_m)^{3/2}/\hbar^3 \tag{3.6-11}$$

所以，能量在 $0\sim E_m$ 范围内的量子态数为

$$N=\frac{\Omega}{\delta\Omega}=\frac{4\pi(2mE_m)^{3/2}/\hbar^3}{3(2\pi/L)^3}=\frac{4}{3}\pi L^3\frac{(2mE_m)^{3/2}}{h^3} \tag{3.6-12}$$

对式（3.6-12）微分，就可以得到能量在 $E_m\sim E_m+\Delta E$ 范围内的量子态数为

$$\Delta N=2\pi L^3(2m)^{3/2}E_m^{1/2}\Delta E/h^3 \tag{3.6-13}$$

考虑到电子自旋具有向上和向下两种状态，式（3.6-13）应再乘以 2，并注意到晶体体积为 $V=L^3$，故单位能量间隔的量子态数（也称能态密度）为

$$D(E)=\Delta N/\Delta E=4\pi V(2m)^{3/2}E_m^{1/2}/h^3 \tag{3.6-14}$$

式(3.6-14)是假设金属为立方体情况下导出的结果,实际上它同样适用于其他外形的情况。能态密度是一个重要的概念,半导体中载流子浓度的计算、以及固体比热容、热导率、磁导率的计算都要用到能态密度公式。

金属比热容与能态密度之间的关系主要体现在电子热容量上。金属的比热容,即单位质量金属在温度变化时吸收或放出的热量,与其电子热容量有关。而电子热容量又与费米面附近的能态密度成正比。这意味着金属在费米面附近具有较大的能态密度时,其电子热容量较高,从而金属的比热容也相应增大。因此,能态密度是影响金属比热容的一个重要因素。

金属热导率与能态密度之间也存在一定的关系。金属的热导率主要依赖于传导电子的扩散,这些传导电子主要位于费米能级附近。能态密度,即单位能量范围内的量子态数量,在费米能级附近的值越高,意味着该区域有更多的电子可以参与热传导过程。因此,金属在费米能级附近具有较高的能态密度时,其热导率也相应较高。简而言之,能态密度是影响金属热导率的一个重要因素。

3.6.3 费米球

如果 k 空间从原点到半径为 k_F 的球面之间的量子态数正好等于电子数目 N,则称此球为费米球。费米球的体积为 $\left(\frac{4}{3}\pi k_F^3\right)$,考虑到自旋有向上和向下两种状态,因此有

$$2\times\left(\frac{4}{3}\pi k_F^3\right)\bigg/\left(\frac{2\pi}{L}\right)^3=N \tag{3.6-15}$$

若 N 已知,而晶体体积 $V=L^3$,则由式(3.6-15)可得费米球半径为

$$k_F=\left(\frac{3\pi^2 N}{V}\right)^{1/3} \tag{3.6-16}$$

费米球表面处电子的运动速度称为费米速度,即有

$$v_F=\frac{p_F}{m}=\frac{\hbar k_F}{m}=\frac{\hbar}{m}\left(\frac{3\pi^2 N}{V}\right)^{\frac{1}{3}} \tag{3.6-17}$$

费米球表面处的能量称为费米能量,即有

$$E_F=\frac{\hbar^2 k_F^2}{2m}=\frac{\hbar^2}{2m}\left(\frac{3\pi^2 N}{V}\right)^{2/3} \tag{3.6-18}$$

费米能量是表示基态系统电子所占据的最高能级的能量。所谓基态,是指具有 N 个电子系统,且处于绝对零度时的状态。当温度升高时,电子气的动能增加。这时,某些在绝对零度时原本空着的能级将被占据,而某些在绝对零度时被占据的能级将空出来,如图 3.6-3 所示。当理想电子气处于热平衡时,能量为 E 的轨道被占据的概率可以由费米-狄拉克分布

得到，即

$$f(E)=\frac{1}{\exp\left[\frac{(E-\mu)}{k_BT}\right]+1} \tag{3.6-19}$$

式中：μ 称为化学势，并且在绝对零度下化学势等于费米能。费米能在前面被定义为绝对零度时最高被填满轨道的能量。在有限的温度下，通常把占据概率为 50%的能级称为费米能级。

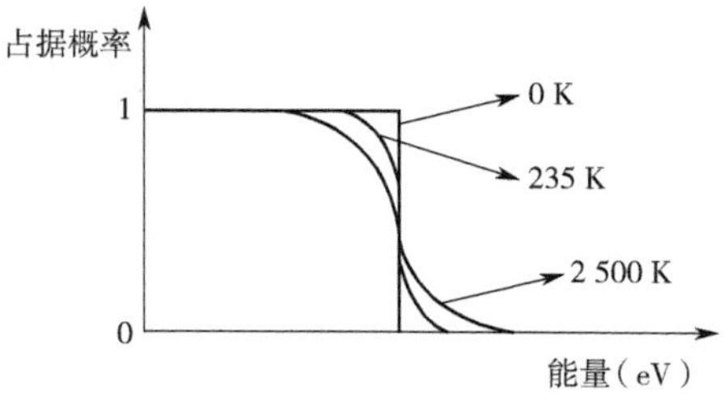

图3.6-3　在不同温度下的费米-狄拉克分布函数（这些结果也可用于三维情况下的电子气）

费米-狄拉克分布的高能尾部对应于 $E-\mu \gg k_BT$ 的部分，这时式（3.6-19）分母中的指数项起主导作用，因此 $f(E)\approx\exp[(\mu-E)/k_BT]$。这个极限分布就是所谓的玻尔兹曼分布或麦克斯韦分布（详见《热力学与统计物理》相关教程）。

3.7　能带理论

金属的自由电子模型使我们对金属的比热容、热导率等简单问题有了一定的了解。但是对于其他的问题，这个模型就无能为力了，如金属、半金属、半导体和绝缘体之间的区别等，因而需要进行更深入的理论研究。

良导体和良绝缘体之间的差异很显著，如在 1 K 时纯钨的电阻率可低至 10^{-10} Ω · cm，而良绝缘体的电阻率可高达 10^{22} Ω · cm，相差 10^{32} 数量级可能是固体所有常见物理性质中最宽的变化范围。

每个固体都含有电子，关于固体的电导率，最重要的问题是外加电场会对电子产生什么样的作用。下面将要看到，晶体中的电子分布在各个能带上，这些能带之间间隔着不存在类波电子轨道的能量区域。这种能量禁区称为“能隙”或“带隙”，它们是由于传导电子波和晶体中的离子实相互作用而产生的。如果允许电子分布的能带是充满的或是全空的，则晶体就是绝缘体，因为这时在电场中没有电子能够运动；如果一个或更多的能带被部分填满，如 10%~90%，则晶体的行为就是金属性的；如果除一个或两个能带是几乎空着或几乎充满外，其余所有能带全部充满，则晶体就是半导体。

为了理解绝缘体和导体之间的差别，必须将自由电子模型加以扩充，以考虑固体周期性晶格的作用。考虑晶格周期性后，新显示出的最重要性质是能隙的存在。

3.7.1 近自由电子模型

根据自由电子模型，允许能量值自零连续分布至无限。在第 3.6 节中曾给出：

$$E_k = \frac{\hbar^2}{2m}(k_x^2 + k_y^2 + k_z^2) \tag{3.7-1}$$

依照关于边长为 L 的立方体的周期性边界条件，式（3.7-1）中 k 的取值为

$$k_x,\ k_y,\ k_z = 0, \pm\frac{2\pi}{L}, \pm\frac{4\pi}{L}, \cdots \tag{3.7-2}$$

自由电子波函数具有如下形式：

$$\psi_k(r) = \exp(\mathrm{i}k \cdot r) \tag{3.7-3}$$

它表示行波，并且携带动量 $p = \hbar k$。

通常采用近自由电子模型来描述晶体的能带结构，在这种模型中能带电子被看作仅受到离子实周期势场的微扰。这个模型能够给出几乎所有关于金属中电子问题的定性答案。

简便起见，首先讨论晶格常量为 a 的一维固体，并由此从物理上解释能隙的起因。如图 3.7-1 所示，定性地给出了能带结构的低能部分，其中 3.7-1（a）对应于自由电子，图 3.7-1（b）对应于近自由电子，但在 $k=\pm\pi/a$ 处有一个能隙。在 k 空间中 $-\pi/a$ 与 π/a 之间的区域就是这一晶格的第一布里渊区，其余的能隙则出现在 $\pm n\pi/a$ 处，这里 n 取除 1 以外的其他整数。

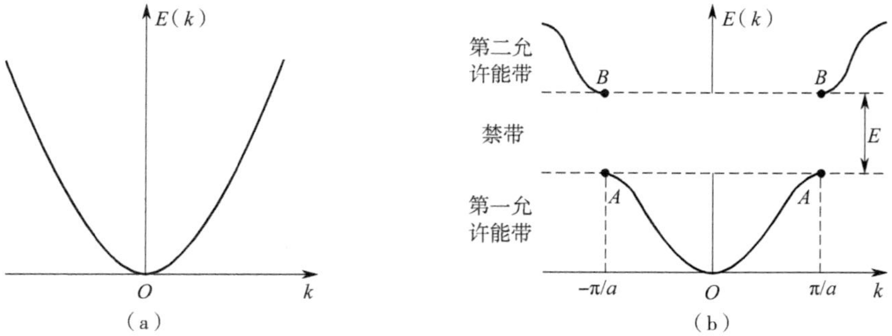

图3.7-1 能带结构的低能部分

（a）自由电子的能量 E 对波矢 k 的关系曲线 （b）晶格常量为 a 的单原子线型晶格中电子的能量对波矢的关系曲线。（所示能隙 E_g 与 $k=\pm\pi/a$ 的第一级布拉格反射相联系，其他能隙出现在 $\pm n\pi/a$ 处，这里 n 取整数）

当 $k=\pm\pi/a$ 时，其波函数不是自由电子模型中的行波 $\exp(\mathrm{i}\pi x/a)$ 和 $\exp(-\mathrm{i}\pi x/a)$。这些特殊 k 值处的波函数将由从左向右和从右向左的行波等量地构成。也就是说，当波矢满足布拉格反射条件 $k=\pm\pi/a$ 时，一个向右行进的波受到布拉格反射后将变成向左行进的波，反之亦然。每次相继的布拉格反射使行进方向重新逆转一次。既不向右行进也不向左行进的

波是一个驻波，它不向任何方向行进。

与时间无关的态的典型代表就是驻波。由以下两个行波：

$$\exp(\pm \mathrm{i}\pi x/a)=\cos(\pi x/a)\pm \mathrm{i}\sin(\pi x/a) \tag{3.7-4}$$

可以构成以下两个不同的驻波：

$$\psi(+)=\exp(\mathrm{i}\pi x/a)+\exp(-\mathrm{i}\pi x/a)=2\cos(\pi x/a) \tag{3.7-5}$$

$$\psi(-)=\exp(\mathrm{i}\pi x/a)-\exp(-\mathrm{i}\pi x/a)=2\mathrm{i}\sin(\pi x/a) \tag{3.7-6}$$

这两个驻波由向右、向左行进的行波组合而成。当用$-x$代替x时，根据其变号与否，将驻波分别记作$\psi(+)$和$\psi(-)$。

一个粒子的概率密度$\rho=\psi^*\psi=|\psi|^2$。两个驻波$\psi(+)$和$\psi(-)$使电子聚集在不同的区域内，或者说$\psi(+)$和$\psi(-)$使电子具有不同的分布概率，因此这两个驻波在晶格离子场中具有不同的势能值，这就是能隙的由来。对于纯粹的行波$\exp(\mathrm{i}kx)$，有$\rho=\exp(-\mathrm{i}kx)\exp(\mathrm{i}kx)=1$，因此概率密度为恒量。对于平面波的线性组合，概率密度却不是恒量。试考虑式(3.7-5)和式(3.7-6)的驻波，对于驻波$\psi(+)$，其概率密度为

$$\rho(+)=|\psi(+)|^2 \propto \cos^2(\pi x/a) \tag{3.7-7}$$

这个函数使电子(负电荷)聚集在中心位于$x=0, a, 2a, \cdots$的正离子上，这些地方势能最低，如图 3.7-2 所示。

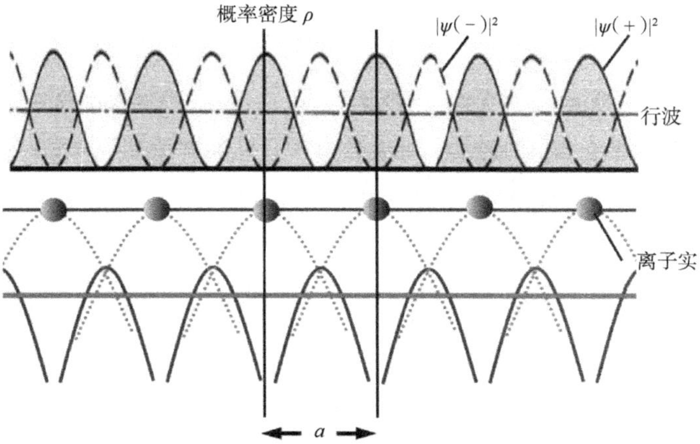

图3.7-2　一维晶格的离子实场内传导电子的势能变化(在这个晶格内$|\psi(+)|^2\propto\cos^2(\pi x/a)$、$|\psi(-)|^2\propto\sin^2(\pi x/a)$以及行波的概率密度$\rho$的分布。波函数$\psi(+)$使电子电荷聚集在正离子实上，从而将势能降到行波所感受的平均势能以下；波函数$\psi(-)$使电荷聚集在离子之间的区域内，从而使势能升高到行波所感受的平均势能以上。这个图是理解能隙由来的关键)

图 3.7-2 给出了传导电子在一维单原子晶格正离子实电场中的静电势能的变化。离子实带有正电荷，因为在金属中每个原子已经贡献出其价电子以形成导带。电子在正离子场中的势能是负的，所以在它们之间的相互作用力是吸引力。

对于另一个驻波$\psi(-)$，其概率密度为

$$\rho(-)=|\psi(-)|^2 \propto \sin^2(\pi x/a) \quad (3.7\text{-}8)$$

它倾向于使电子分布偏离离子实。

图 3.7-2 给出了驻波 $\psi(+)$、$\psi(-)$引起的电子聚集情况。我们在由上面三种粒子(式(3.7-4)至式(3.7-6))概率分布计算势能的平均值或期望值时不难发现，$\psi(+)$的势能低于行波的势能，而 $\psi(-)$的势能高于行波的势能。如果 $\rho(-)$和 $\rho(+)$的能量相差 E_g，那么能隙的宽度便是 E_g。在图 3.7-1 中，恰好在能隙以下 A 点的波函数是 $\psi(+)$，而恰好在能隙以上 B 点的波函数是 $\psi(-)$。

3.7.2 布洛赫函数

布洛赫证明了这样一条重要定理，即对于含周期势 $U(r)$的薛定谔方程，其解必定具有如下的特殊形式：

$$\psi(r+R_n)=\exp(\mathrm{i}kR_n)\cdot\psi(r) \quad (3.7\text{-}9)$$

其中，晶格的势场具有周期性，即 $U(r)=U(r+R_n)$，R_n 为晶格平移矢量。

式(3.7-9)是布洛赫定理的一种表述形式。它说明，对于周期势场中的波动方程而言，其本征函数的形式为一个平面波 $\exp(\mathrm{i}kr)$乘以一个具有晶格周期性的函数 $\psi(r)$。形式如式(3.7-9)给出的单个电子的波函数就是一个所谓的布洛赫函数。正如后面将看到的那样，它可以表示成行波的和。布洛赫函数可以叠加为波包，从而表示在离子实势场中自由传播的电子。

现在我们讨论布洛赫定理的一个严格证明，即它适用于非简并的 ψ_k，也就是说没有别的波函数和 ψ_k 具有同样的能量和波矢。考虑长度为 Na 的环上的 N 个完全相同的格点，相邻格点的间距，也就是势能的周期为 a，所以有 $U(r)=U(r+Na)$。考虑到环的对称性，所以需要寻找这样的解，使得

$$\psi(r+a)=C\psi(r) \quad (3.7\text{-}10)$$

式中：C 为常数。

因为 $\psi(r)$必须是单值的，于是绕环一周后，有

$$\psi(r+Na)=\psi(r)=C^N\psi(r) \quad (3.7\text{-}11)$$

由此可知，C 是 1 的 N 个 N 次方根之一，或

$$C=\exp(\mathrm{i}2\pi n/N),\quad n=0,1,2,\cdots,N-1 \quad (3.7\text{-}12)$$

可见，只要 $\psi(r)$的周期为 a，即有 $\psi(r)=\psi(r+a)$成立，则

$$\psi(r+a)=\psi(r)\exp(\mathrm{i}2\pi na/N) \quad (3.7\text{-}13)$$

便能满足式(3.7-11)，这就是布洛赫的结果，即式(3.7-9)。

3.7.3 电子在周期势场中的运动

图 3.7-3 所示周期势阱有周期势场问题，势场的周期为 a。该势场可以看作由一维周期排列的 N 个原子实所产生的，a 为相邻原子的间距，其哈密顿量为

$$H=-\frac{\nabla^2}{2}+U(x) \tag{3.7-14}$$

式中：$U(x)=U(x+a)$。

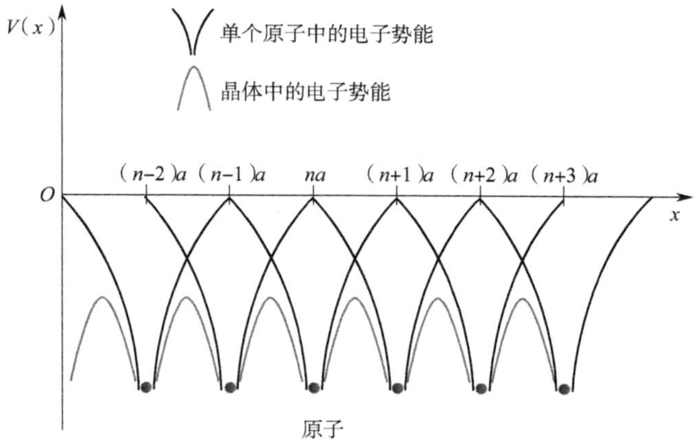

图3.7-3 周期势阱示意图

假定势场的起伏较小，可用势场平均值代替原子实产生的势场，这个势场的平均值称为零级近似。在零级近似下，有

$$H_0=-\frac{\hbar^2}{2m}\frac{\mathrm{d}^2}{\mathrm{d}x^2}+\bar{U} \tag{3.7-15}$$

薛定谔方程可以写为

$$-\frac{\hbar^2}{2m}\frac{\mathrm{d}^2\psi^0}{\mathrm{d}x^2}+\bar{U}\psi^0=E^0\psi^0 \tag{3.7-16}$$

可以解得能量本征值为

$$E_k^0=\frac{\hbar^2k^2}{2m}+\bar{U} \tag{3.7-17}$$

相应的本征函数为

$$\psi_k^0(x)=\frac{1}{\sqrt{L}}\mathrm{e}^{\mathrm{i}kx} \tag{3.7-18}$$

式中：$L=Na$ 是金属的线度，$\frac{1}{\sqrt{L}}$ 是归一化因子。

本征函数满足以下正交归一化条件：

$$\int_0^L\psi_{k'}^{0*}\psi_k^0\mathrm{d}x=\delta_{kk'} \tag{3.7-19}$$

不考虑金属的边界效应，利用周期边界条件

$$\psi_k^0(x)=\psi_k^0(x+Na) \tag{3.7-20}$$

即

$$\psi_k^0(x)=\frac{1}{\sqrt{L}}\mathrm{e}^{\mathrm{i}kx}=\frac{1}{\sqrt{L}}\mathrm{e}^{\mathrm{i}k(x+Na)} \tag{3.7-21}$$

可得

$$kNa=l2\pi \tag{3.7-22}$$

式中：k 是自由电子的波矢，其取值为

$$k=l\frac{2\pi}{Na},\quad l\text{ 是整数} \tag{3.7-23}$$

周期性势场的起伏量可以作为微扰来处理，即

$$V(x)-\bar{V}=\Delta V<<\bar{V} \tag{3.7-24}$$

在微扰作用下的哈密顿量 $H=H_0+H'$，其中

$$\begin{cases}H_0=-\dfrac{\hbar^2}{2m}\dfrac{\mathrm{d}^2}{\mathrm{d}x^2}+\bar{V}\\ H'=V(x)-\bar{V}=\Delta V\end{cases} \tag{3.7-25}$$

由第 2.8 节微扰理论可以假设电子的能量本征值为

$$E_k=E_k^{(0)}+E_k^{(1)}+E_k^{(2)}+\cdots \tag{3.7-26}$$

先看一级能量近似，即

$$\begin{aligned}E_k^{(1)}&=\int_0^L\frac{1}{\sqrt{L}}\mathrm{e}^{-\mathrm{i}kx}[V(x)-\bar{V}]\frac{1}{\sqrt{L}}\mathrm{e}^{\mathrm{i}kx}\mathrm{d}x\\&=\int_0^L\frac{1}{\sqrt{L}}\mathrm{e}^{-\mathrm{i}kx}V(x)\frac{1}{\sqrt{L}}\mathrm{e}^{\mathrm{i}kx}\mathrm{d}x-\bar{V}\end{aligned} \tag{3.7-27}$$

式中：$\int_0^L\frac{1}{\sqrt{L}}e^{-ikx}V(x)\frac{1}{\sqrt{L}}e^{ikx}dx$ 恰好是 $\bar{V}$ 的定义表达式，所以 $E_k^{(1)}=0$。

因而，必须求解精确到二级能量近似才能得到周期性势场对电子运动的影响。经过求解可得

$$E_k^{(2)}=\sum_n{}'\frac{|V_n|^2}{\dfrac{\hbar^2}{2m}\left[k^2-\left(k+\dfrac{n}{a}2\pi\right)^2\right]} \tag{3.7-28}$$

具体求解过程较为复杂，可以参考量子力学方面的专门教材，这里不再赘述。

相应地通过微扰理论，考虑一阶微扰得到的电子波函数为

$$\psi_k(x)=\frac{1}{\sqrt{L}}\mathrm{e}^{\mathrm{i}kx}+\frac{1}{\sqrt{L}}\mathrm{e}^{\mathrm{i}kx}\sum_n\frac{V_n}{\dfrac{\hbar^2}{2m}\left[k^2-\left(k+\dfrac{n}{a}2\pi\right)^2\right]}\mathrm{e}^{\mathrm{i}2\pi\frac{n}{a}x} \tag{3.7-29}$$

其中，第一项是一个前进的平面波，第二项是势场作用产生的散射波。

当 $k=-\frac{n\pi}{a}$，$k+\frac{n}{a}2\pi=\frac{n\pi}{a}$ 时，$E_k^{(2)}\to\infty$，散射波成分的振幅

$$\frac{V_n}{\frac{\hbar^2}{2m}\left[k^2-\left(k+\frac{n}{a}2\pi\right)^2\right]}\to\infty \tag{3.7-30}$$

此时，k 和 $k'=k+\frac{n}{a}2\pi$ 两个状态具有相同的能量（即 E_k=E_k），或者说 k 态和 k' 态简并，导致电子的能量是发散的，微扰理论在该 k 点处失效。

散射波相当于在零级波函数 $\psi_k^0(x)=\frac{1}{\sqrt{L}}\mathrm{e}^{ikx}$ 中掺入了其他零级波函数 $\psi_{k'}^0(x)=\frac{1}{\sqrt{L}}\mathrm{e}^{ik'x}$。能量差 $E_k-E_{k'}$ 越小，散射波振幅越大，掺入部分越大。当 $E_k-E_{k'}\to 0$，即 $k\to-\frac{n\pi}{a}$，$k'\to\frac{n\pi}{a}$ 时，需采用简并微扰理论进行处理，以避免能量和波函数的发散。

如图 3.7-4 所示，假设 $\varDelta\to 0$，当波函数满足 $k=-\frac{n\pi}{a}(1-\varDelta)$，$k'=k+\frac{2n\pi}{a}=\frac{n\pi}{a}(1+\varDelta)$ 时，波函数 $\psi_k^0(x)$ 和 $\psi_{k'}^0(x)$ 间存在较为强烈的相互作用，而其他零级波函数的影响较小，可以忽略不计。简并波函数可以写作 $\psi(x)=a\psi_k^0+b\psi_{k'}^0$，利用简并微扰理论推导可得

$$E_\pm=\begin{cases}\bar{V}+T_n+|V_n|+\varDelta^2T_n\left(\frac{2T_n}{|V_n|}+1\right)\\ \bar{V}+T_n-|V_n|-\varDelta^2T_n\left(\frac{2T_n}{|V_n|}-1\right)\end{cases} \tag{3.7-31}$$

其中，$T_n=\frac{\hbar^2}{2m}\left(\frac{n\pi}{a}\right)^2$。

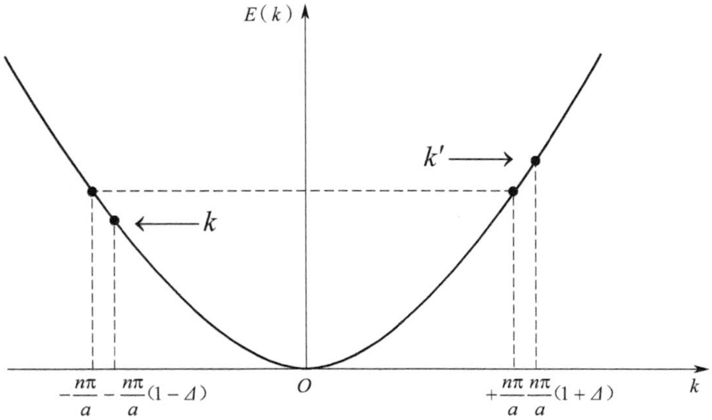

图3.7-4　自由电子的能量E对波矢k的关系曲线

这个结果表明，原本简并的两个状态 k 和 k'，在经过它们之间的相互作用以后，其能量分别变为 E_+ 和 E_-，且能量在 $k=\pm n\pi/a$ 处发生突变，突变量为 $2|V_n|$，即能量本征值在 $k=\pm n\pi/a$ 时都会出现禁带。图 3.6-1 中原本是准连续的电子能级将分裂为一系列的能带，在能带底部能量向上弯曲，在能带顶部能量向下弯曲，如图 3.7-5 所示。

综上所述，在自由电子模型中，电子的能量曲线是抛物线，即有

$$E_k^0=\frac{\hbar^2k^2}{2m}+\bar{V} \tag{3.7-32}$$

电子波矢取值为

$$k=l\frac{2\pi}{Na} \tag{3.7-33}$$

当 N 很大时，k 可以被视为是准连续的，能量也可以被视为是准连续分布的。

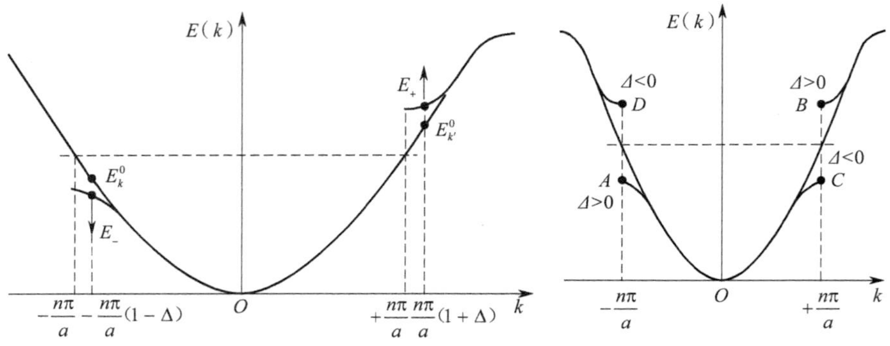

图3.7-5　原能量高的态 $\psi_{k'}^0(x)$ 能量进一步提高，原能量低的态 $\psi_k^0(x)$ 能量进一步降低（对于 $\Delta>0$ 和 $\Delta<0$ 的区域能级微扰后仍是严格对称的）

当考虑近自由电子模型中的二级能量近似修正时，如电子的波矢 k 远离 $-n\pi/a$，则根据式（3.7-28），可得 $\left|E_k^{(0)}-E_{k'}^{(0)}\right|>>|V_n|$，也就是说 $E_k^{(2)}\to 0$，电子的能量趋近于零级近似的结果 $E_k^{(0)}$。

当波矢 $k=\mp\frac{n\pi}{a}(1-\Delta)$ 时，存在另一对波矢 $k'=\pm\frac{n\pi}{a}(1+\Delta)$，这两对波矢对应的能量非常接近，波函数接近发散。在简并微扰理论下（只考虑两个态的作用），由于周期性势场的微扰，能量本征值从 $E_k^{(0)}$ 和 $E_{k'}^{(0)}\to E_\pm$，这种能量的突变称为“禁带”。禁带出现的位置 $k=\pm\frac{\pi}{a}$、$\pm\frac{2\pi}{a}$、$\pm\frac{3\pi}{a}$、… 位于各个布里渊区的边界。禁带宽度 $E_g=2|V_1|, 2|V_2|, 2|V_3|\cdots$ 的数值取决于金属中势场的形式。部分能带与波矢 k 和布里渊区对应关系见表 3.7-1。

表 3.7-1　部分能带与波矢 k 和布里渊区对应关系

能带序号	k 的范围	k 的长度	布里渊区
$E_1(k)$	$-\frac{\pi}{a}\sim\frac{\pi}{a}$	$\frac{2\pi}{a}$	第一布里渊区
$E_2(k)$	$-\frac{2\pi}{a}\sim-\frac{\pi}{a},\frac{\pi}{a}\sim\frac{2\pi}{a}$	$\frac{2\pi}{a}$	第二布里渊区
$E_3(k)$	$-\frac{3\pi}{a}\sim-\frac{2\pi}{a},\frac{2\pi}{a}\sim\frac{3\pi}{a}$	$\frac{2\pi}{a}$	第三布里渊区

第一布里渊区也称为简约布里渊区，第一布里渊区中的波矢也称为简约波矢 $\bar{k}$。

从图 3.7-6 可以看出，第一能带位于简约布里渊区，其他能带可以通过平移

$$k=\frac{2\pi}{a}n+\bar{k}=G_n+\bar{k} \tag{3.7-34}$$

与简约布里渊区相联系，其中平移矢量 G_n 是晶格的倒格矢。

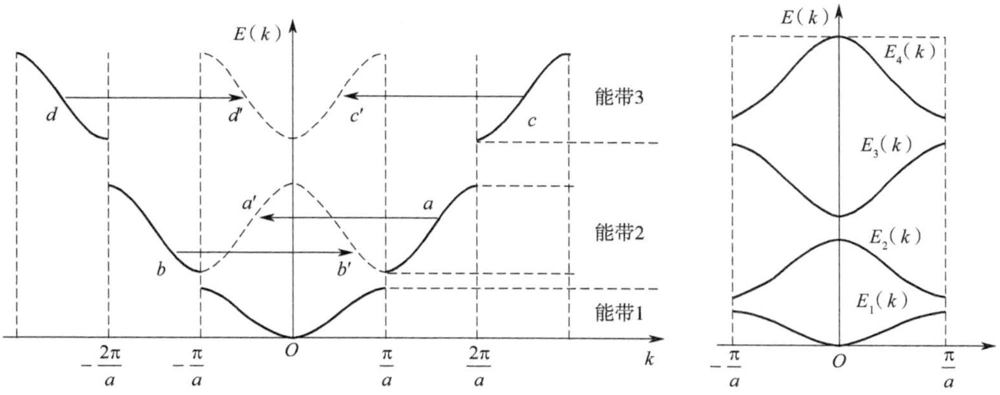

图3.7-6　近自由电子近似下的能级和平移至简约波矢后的能级

3.7.4　能带中的轨道数目

考虑一个晶格常量为 a 的偶数（N）个原胞构成的一维晶体。为了计算状态数目，将对应于整个晶体长度的周期性边界条件施加于波函数之上。在第一布里渊区内，电子波矢 k 的允许值由式（3.7-2）给出，即有

$$k=0,\pm\frac{2\pi}{L},\pm\frac{4\pi}{L},\cdots,\frac{N\pi}{L} \tag{3.7-35}$$

在 $N\pi/L=\pi/a$ 处把这个序列截断，因为该处是布里渊区边界。$-N\pi/L=-\pi/a$ 不算独立的点，因为它们通过一个倒格矢与 π/a 相联系。点的数目正好是 N，即等于原胞的数目。每个原胞恰好给每个能带贡献一个独立的 k 值。这个结果可以推广到三维情况。考虑到每个电子有两个彼此独立的自旋取向，则每个能带中存在 $2N$ 个独立的轨道。如果每个原胞中只含

有一个原子，且这个原子只贡献一个价电子，那么能带可被电子填满一半；如果每个原子给能带贡献两个价电子，那么能带刚好被填满；如果每个原胞中包含两个一价原子，那么能带也刚好被充满。

3.8 晶体的导电性

3.8.1 电子运动

首先讨论在外场作用下晶体电子的运动规律。通常电子的波矢并不是一个确定值，而是以某 k_0 为中心，并展宽至 Δk 范围内，即形成一个波包。此时，电子运动的平均速度相当于以 k_0 为中心的波包移动的速度。

波包的速度即群速度，且有

$$v(k_0)=\left(\frac{\mathrm{d}\omega}{\mathrm{d}k}\right)\bigg|_{k=k_0}=\frac{1}{\hbar}\frac{\mathrm{d}E(k)}{\mathrm{d}k}\bigg|_{k=k_0} \tag{3.8-1}$$

波包的大小如果大于许多个原胞，则晶体中电子的运动可以看成波包的运动。波包的运动规律与经典粒子一样，波包移动的速度等于粒子处于波包中心时那个状态所具有的平均速度。

对完全自由的电子，在一维运动的情形下，能量为 $E_n=\frac{\hbar^2k_x^2}{2m}=\frac{1}{2}mv_x^2$。由式(3.8-1)得到，$v_x(k_x)=\frac{1}{\hbar}\frac{\mathrm{d}E(k_x)}{\mathrm{d}k_x}=\frac{\hbar k_x}{m}$，这是我们熟悉的结果。

现在求在外力 F_x 作用下，晶体电子的加速度。按照力学的原理，在 $\mathrm{d}t$ 时间内电子获得的能量 $\mathrm{d}E$ 等于外力所做的功，即

$$\mathrm{d}E=F_xv_x\mathrm{d}t \tag{3.8-2}$$

或写成

$$\frac{\mathrm{d}E(k_x)}{\mathrm{d}t}=F_xv_x=F_x\frac{1}{\hbar}\frac{\mathrm{d}E(k_x)}{\mathrm{d}k_x} \tag{3.8-3}$$

另外，电子的加速度可由速度对时间求导得到，即

$$\frac{\mathrm{d}v_x}{\mathrm{d}t}=\frac{\mathrm{d}}{\mathrm{d}t}\left[\frac{1}{\hbar}\frac{\mathrm{d}E(k_x)}{\mathrm{d}k_x}\right]=\frac{1}{\hbar}\frac{\mathrm{d}}{\mathrm{d}k_x}\left(\frac{\mathrm{d}E(k_x)}{\mathrm{d}t}\right) \tag{3.8-4}$$

将式(3.8-3)代入式(3.8-4)，可得

$$\frac{\mathrm{d}v_x}{\mathrm{d}t}=\frac{1}{\hbar^2}\frac{\mathrm{d}^2E(k_x)}{\mathrm{d}k_x^2}F_x \tag{3.8-5}$$

与牛顿定律 $\frac{\mathrm{d}v_x}{\mathrm{d}t}=\frac{1}{m^*}F_x$ 相比，可以确定电子有效质量 m^* 的倒数，即

$$\frac{1}{m^*}=\frac{1}{\hbar^2}\frac{\mathrm{d}^2E(k_x)}{\mathrm{d}k_x^2} \tag{3.8-6}$$

这由 $E(k_x)$ 函数的二阶导数决定。

若 E 与 k_x 的关系曲线如图 3.8-1a 所示，则 v_x 与 k_x 的关系曲线如图 3.8-1b 所示，在能带底部及顶部，电子平均速度为零，因为在此处 $\frac{\mathrm{d}E(k_x)}{\mathrm{d}k_x}=0$。由图 3.8-1 还可以看出，当 $k_x=k_x^0$ 时，即在 $E(k_x)$ 曲线上的拐点处，v_x 的绝对值最大，超过此点时，v_x 随 E 的增大而减小，这是与自由电子不同的地方。图 3.8-1c 给出了图 3.8-1a 关系下的有效质量。由图可见，能带底部电子的有效质量为正，而在能带顶部电子的有效质量为负，这说明在能带顶部电子的运动好像是具有负质量的自由电子。

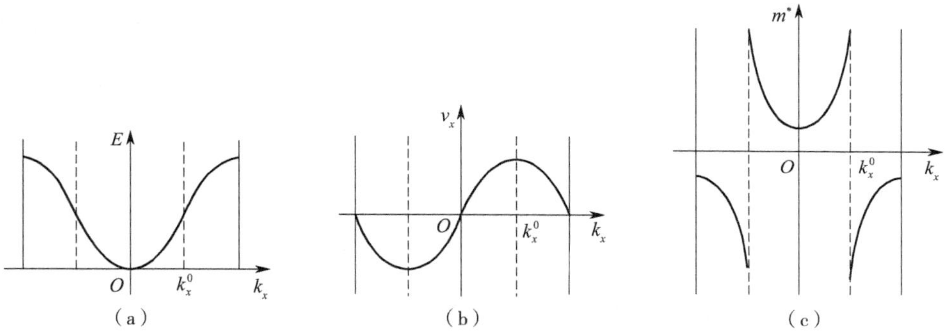

图3.8-1　能量、速度、有效质量与k_x的函数关系

（a）能量与 k_x　（b）速度与 k_x　（c）有效质量与 k_x

按牛顿定律，$m\frac{\mathrm{d}v}{\mathrm{d}t}=F_{合}=F_{外}+F_{晶}$。其中，$F_{外}$指外场对电子的作用力；$F_{晶}$指周期场即晶格对电子的作用力，称为晶格力。周期场对电子的作用力（晶格力）比较复杂，并且往往事先不能知道。实际上，晶格对电子的作用是量子效应，即使知道也不能简单地用经典的方法来处理。若引入有效质量 $m^*=\frac{F_{外}}{F_{外}+F_{晶}}m$，则牛顿定律表达式可写为

$$\frac{\mathrm{d}v}{\mathrm{d}t}=\frac{F_{外}}{m^*}$$

这样，至少可以在形式上不必考虑晶格力，而只考虑外场力对电子运动的影响。由于有效质量包含周期场的影响，所以有效质量与惯性质量是两个不同的概念。对于自由电子，$F_{晶}=0$，所以 $m^*=m$。而周期场中的电子已不再是自由电子，它在运动过程中总是受到周期场的作用，即 $F_{晶}\neq 0$。为了讨论电子运动的方便，我们在形式上把它看成一个“自由电子”，将周期场的作用归并到有效质量中，而将电子对外场的响应写成类似于经典牛顿定律的形式。引入有效质量，可以在讨论电子运动的时候，无须涉及晶体内部势场对电子的作用，而只需考虑外场的作用。在引进有效质量后，电子在晶体中的运动犹如自由空间中的电子一样。

一般来说,对应外层能带的电子有效质量较小,而对应内层能带的电子有效质量较大,这就是电子的有效质量 m^*为何与电子的真实质量 m 可以有很大差别的原因。

晶体中电子的有效质量 m^*不同于自由电子的质量 m 是由于考虑了周期场的影响,而有效质量的正负也可从电子与晶格交换动量方面来理解。在有效质量 $m^*>0$ 的情况下,电子从外场获得的动量多于电子交给晶格的动量;在有效质量 $m^*<0$ 的情况下,电子从外场获得的动量比电子交给晶格的动量少。

3.8.2 导体、半导体、绝缘体的导电性

图 3.8-2 所示为绝缘体、金属和半导体的允许能带的电子占据状况示意图。根据晶体各能带中电子的分布,能带可分为满带、空带和半满带。当电子占据了一个能带中所有的状态时,这个能带被称为满带。如果一个能带没有被任何电子占据(填充),则这个能带称为空带。半满带是指一个能带中有一些状态被电子占据,而另一些状态没有被电子占据。

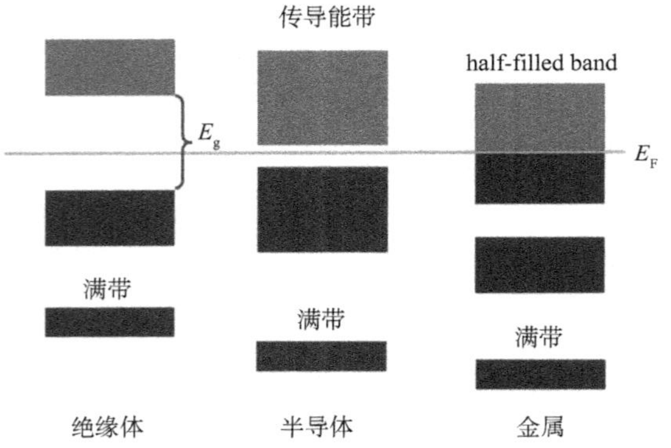

图3.8-2 绝缘体、金属和半导体的允许能带的电子占据状况示意图(方框的纵向高度是指允许的能量标度,深色部分表示电子充满的区域,浅色部分表示没有电子的区域)

前面讲到,在没有外电场时,在一定的温度下,电子占据某个状态的概率只与该状态下的能量 E 有关。既然 $E(k_x)$是 k_x 的偶函数,电子占有 k_x 状态的概率等于它占有$-k_x$ 状态的概率。由式(3.8-1)可知,电子的速度是 k_x 的奇函数。在波矢为 k_x 的状态和波矢为$-k_x$ 的状态中,电子的速度是大小相等但方向相反的。因此,在这两个状态的电子电流互相抵消时,晶体中总的电流为零,如图 3.8-3 所示(画斜线部分表示被电子填充的状态)。

若有外电场存在(设沿 x 方向,以 E_x 表示电场强度),充满电子的能带和电子不满的能带对电流的贡献有很大差别。

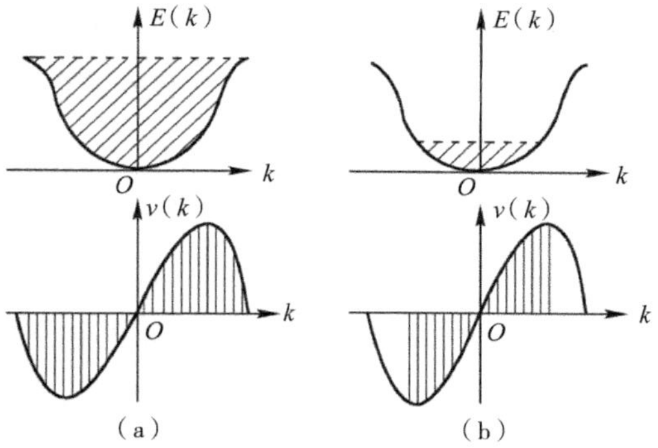

图3.8-3　无外场时，晶体电子的能量和速度分布示意图（画线部分表示被电子填充的状态）

(a)满带　(b)不满带

在满带的情况下，当有电场 E_x 存在时，电子可能由一个状态跃迁到另一个状态，但必然有其他电子回填这个状态，所有的状态仍被电子填满。就单个电子来看，其波矢是在变化的，但从整个布里渊区的范围来看，其整体与初始状态没有区别。可见，对于满带，即使有电场，晶体中也没有电流，即电子没有导电的作用。相反，对于半满带，由于电场的作用，电子在布里渊区中的分布就不再是对称的了，如图 3.8-4 所示。此时，向左运动的电子比较多，总的电流不为零。因此，在电场作用下，如果半满带存在，则将在晶体中形成电流。即在不满的能带中，由于电子的运动，可以产生电流，进而形成导体。因而，能带中所有的状态没有被电子全部占满的能带，即不满带或半满带，被称为导带。导带以下的第一个满带，也就是能量最高的满带，称为价带。通常两个能带之间不允许存在的能级宽度，称为禁带。

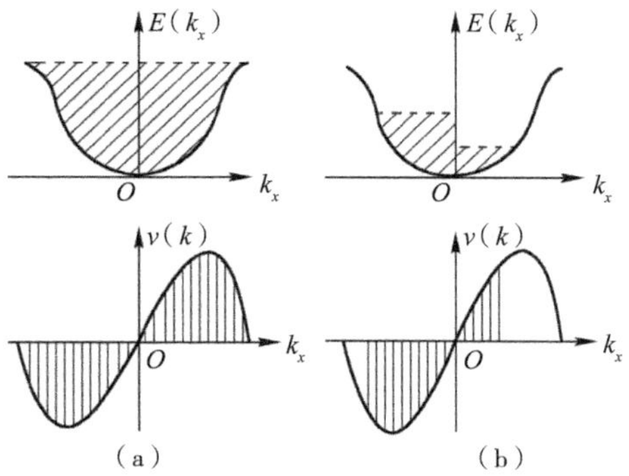

图3.8-4　有电场时，晶体电子的能量和速度分布示意图（画线部分表示被电子填充的状态）

(a)满带　(b)不满带

碱金属和贵金属的每个原胞中含有一个价电子，其费米面位于能带之中，因此它们必定是金属性的。如果一个晶体的每个原胞内有偶数个价电子，则必须考虑能带在能量上是否交叠。如果能带交叠，就可能得到给出金属性质的两个部分填充的能带，而不是一个构成绝缘体的满带。碱土金属的每个原胞中含有两个价电子，它们应该成为绝缘体，但是其能带在能量上有交叠，使它们成为金属，但不是导电性很好的金属。如 Mg：$1s^22s^22p^63s^2$ 价电子，3s

能带应该为满带，这样物质应该为绝缘体；但 3s 能带与较高的能带之间存在电子云交叠的现象，实际上价电子并未填满 3s 能带，有一部分电子占有较高的带（3p），即发生了 sp 轨道杂化（交叠）现象。

如果价电子刚好填满一个或更多的能带，而其余的能带仍然全空，那么此时这个晶体的费米面将位于带隙位置，而这个晶体将是一个非导体，如图 3.8-2 所示。外加电场不会在绝缘体中引起电流的流动（这里假定电场的强度尚不足以破坏电子结构），因为将一个能隙满带与上面较高的能带隔开，所以如果每个允许的态都已充满，就没有什么办法使这些电子的总动量连续改变，所以施加外场以后也不会有什么改变。这和自由电子的情况很不一样，因为自由电子在电场中的 k 一直是增加的（参见第 3.6 节）。

在非导体中，一些能量较低的能带完全被电子充满，而能量较高的能带完全空着，满带与空带之间被禁带分开，没有部分被填充的能带存在，由于满带不产生电流，所以尽管这类物质存在很多电子，却并不导电。半导体和绝缘体都属于上述非导体的类型，但是半导体的禁带宽度较小，一般在 2 eV 以下，而绝缘体的禁带宽度较大。在极低温度下，两者电子填充情况相同。当温度逐渐升高以后，总会有少数电子由于热激发而从满带跳到邻近的空带中去，使原来的空带也有了少数电子，并成为导带，而原来的满带，由于缺了少数电子而成为近满带，从而具有了导电性。这种现象称为本征导电。在半导体中，电子容易从满带激发到导带中去，从而形成一定程度的本征导电性；在绝缘体中，可激发的电子数目极少，以至于没有可察觉的导电性。金刚石、硅和锗的每个原胞中含有两个 4 价的原子（或 8 个价电子），能带不交叠，其纯净晶体在绝对零度时为绝缘体。

习题

1. 解释以下基本概念：

（1）基元、布喇菲晶胞和原胞；

（2）正格矢和倒格矢；

（3）晶列指数、晶面指数；

（4）倒易晶格基矢的定义；

（5）对称性操作；

（6）镜面操作；

（7）旋转轴、n 重旋转-反演轴、S_n 轴；

（8）反演对称操作；

（9）简单格子、复式格子；

（10）点群和空间群；

（11）声子；

（12）能量状态密度；

（13）费米球、费米速度和费米能量；

（14）自由电子近似。

2. 晶体具有哪些宏观特征？这些宏观特征与晶体的微观结构有何联系？

3. 如图所示为二维的晶体结构，每一个黑点代表一个化学成分相同的基团，画出原胞和布喇菲格子。

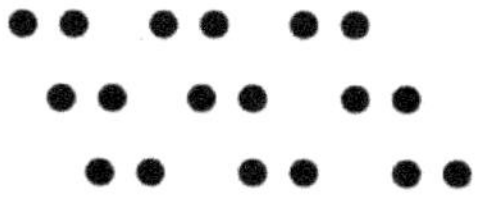

第3题图

4. 对于简单立方晶格，证明晶面指数为（$h\,k\,l$）的晶面系，其面间距 d 满足：

$$d^2 = a^2/(h^2 + k^2 + l^2)$$

5. 设立方体边长为 a，写出体心立方和面心立方晶格结构的金属中最近邻和次近邻的原子数，以及最近邻和次近邻的原子间距。

6. 画出边长为 a 的面心立方晶格的一个晶胞，选取并画出其基本原胞，写出基矢并计算原胞体积，并在此基础上进一步计算倒易晶格基矢及其倒易晶格原胞体积。

7. 指出立方晶格（1 1 1）面与（1 0 0）面，（1 1 1）面与（1 1 0）面的交线的晶向。

8. 说明晶面（密勒）指数的数学含义。

9. 如有一晶面与坐标轴的截距为 $5a$、$-2b$、$-3c$，其中 a、b、c 为晶格常数，写出该晶面的晶面（密勒）指数。

10. 已知面心立方晶格的基矢为 $a' = a(i+j)/2$，$b' = a(j+k)/2$，$c' = a(k+i)/2$，计算倒格矢、正晶格和倒易晶格晶胞体积，并指出该倒易晶格为哪类布喇菲晶胞。

11. 如图所示为简单立方体（假设晶格常数 $a = b = c$），写出晶面 AGE 和 $GDIH$ 的密勒指数（已知 I 和 H 为 BC 和 EF 的中点），并分别求出它们的晶面间距 d。

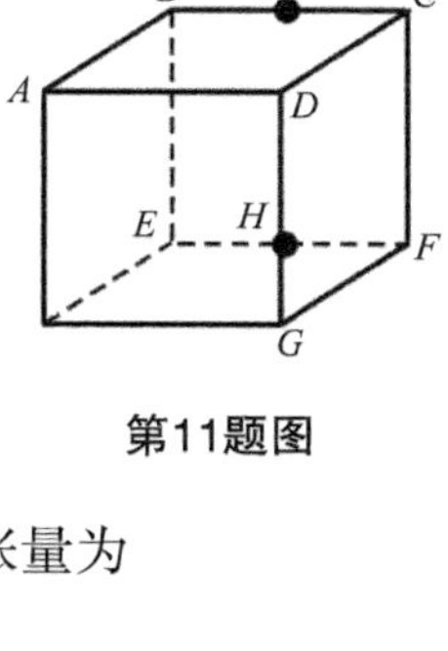

第11题图

12. 证明：六角晶体的介电常数张量为

$$\begin{pmatrix} \varepsilon_1 & 0 & 0 \\ 0 & \varepsilon_2 & 0 \\ 0 & 0 & \varepsilon_2 \end{pmatrix}$$

13. 证明:体心立方晶格的倒格子是面心立方;面心立方晶格的倒格子是体心立方。

14. 证明:倒格子原胞的体积为$(2\pi)^3/V_c$,其中 V_c 为正格子原胞的体积。

15. 证明:倒格子矢量 $G=h_1b_1+h_2b_2+h_3b_3$ 垂直于密勒指数为$(h_1\ h_2\ h_3)$的晶面系。

16. 指出 CsCl,NaCl,金刚石,闪锌矿晶体的结构特点。

17. 将原子想象成钢球,钢球占有空间的比例 q 可作为原子排列是否紧密的量度。试计算简立方、体心立方、面心立方、金刚石各对应的 q 值。

18. 指出正三角形、正四边形、四方体($a=b\neq c$)、长方体($a\neq b\neq c$)的全部对称性操作。

19. 何谓点群?自然界有多少种点群?画出 14 种布喇菲格子的草图,指出每种晶胞的参数特征、七大晶系归属及其特征对称操作元素。

20. 简述晶体结合的四种基本形式。

21. 如图所示经过 sp^3 杂化后形成的共价键,其方向沿立方体的四条对角线,求共价键之间的夹角。

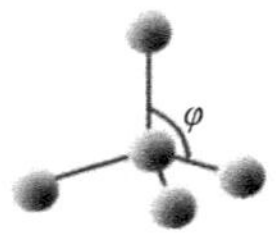

第21题图

22. 讨论 N 个原胞的一维双原子链(相邻原子间距为 a),求其 $2N$ 个格波解,并证明当 $M=m$ 时与一维单原子链的结果对应。

23. 分别求出由 7 个原子和由 8 个原子组成的一维单原子晶格的振动频率。设原子质量为 m,恢复力常数为 β(只考虑近邻原子间的相互作用)。

24. 一维复式格子 $m=5\times1.67\times10^{-24}\,\text{g},\dfrac{M}{m}=4,\beta=15\ \text{N/m}$。试求:

(1)光学波 $\omega_{\max}^{\text{O}}$ 和$\omega_{\min}^{\text{O}}$,声学波 $\omega_{\max}^{\text{A}}$;

(2)相应声子能量(eV);

(3)在 300 K 时的平均声子数;

(4)与 $\omega_{\max}^{\text{O}}$ 相对应的电磁波波长所处波段。

25. 证明在长波极限下,一维单原子链的振动可化为连续体弹性波。

(1)按周期性边界条件,一维简单格子的格波波矢 q 应取什么值?

（2）证明一维简单格子满足

$$\sum_{n=1}^{N} e^{i(q-q')na} = N\delta_{q,q'}$$

其中，N 为原胞数，q 及 q' 为波矢的可能取值。

26. 为什么说不同波矢可以对应于同一格波？

27. 对于一维单原子链，讨论原子振动总动量与波矢的关系。

28. 以一维和二维晶格为例，画出第一、第二布里渊区。

29. 关于一维无限单原子链（晶格常数为 a）晶格振动，证明波矢分别为 q 和 $q' = q+s(2\pi/a)$（其中 s 取整数）的两格波对同一原子所引起的振动（包括角频率、振幅、相位）完全相同。

30. 采用玻恩-冯·卡门周期性边界条件求解由 7 个原子组成的一维有限单原子晶格（晶格常数为 a）的所有振动频率。设原子质量为 m，恢复力常数为 β（只考虑近邻原子间的相互作用）。画出简约（或第一）布里渊区范围内的色散关系图，并与一维无限单原子链情况做比较。

31. 写出一维近自由电子近似第 n 个能带（n=1，2，3，…）中，简约波数 $k=\dfrac{\pi}{2a}$ 的零级波函数。

32. 假设电子在一维无限深势阱中自由运动，采用 Schrödinger 方程求解该自由电子运动的能量本征值和波函数的表达式。指出采用周期性边界条件的原因，并写出此时的能量和波函数的表达式。求出在 0~E_p（费米能级）能量范围内电子能量、速度和动量的平均值。

33. 在讨论三维自由电子的能态密度时，如果晶体为长方体，边长分别为 L_1，L_2，L_3，试推导其能态密度的表达式。

34. 已知一维晶体中某个能带可写成 $E(k)=A_0[4\cos(ka)+\sin^2(ka)]$，其中 $A_0>0$，$-\pi/a<k\leqslant\pi/a$。试求：

（1）能量的最大值和最小值；

（2）能带底部和顶部的电子有效质量。

35. 从能带角度解释碱金属、碱土金属、半导体和绝缘体的导电性。

36. 在准自由电子模型中，零级近似下的波函数为 $\psi_k^0(x)=\dfrac{1}{\sqrt{L}}e^{ikx}$，其中 $k=l\dfrac{2\pi}{L}$，l 为整数。证明：当 $k'-k\neq n\dfrac{2\pi}{a}$ 时，$\int_0^L \psi_{k'}^{0*}(x)H'\psi_k^0(x)dx=0$。

37. 假设质量为 m 的电子在长度为 L 的一维有限深势阱晶体中做自由运动。

（1）采用周期性边界条件求解电子的能量本征值 E_n 和波函数 $\psi_n(x)$，指出运动电子动量和能量的连续性。

（2）设电子数总数为 N_e，计算费米能量 E_F。

（3）计算电子能量在 $E \sim E+dE$ 间隔范围内电子的（能量或量子）态密度 $D(E)$ 或状态数 $D(E)dE$。

（4）计算在 $0 \sim E_F$ 能量范围内单个电子能量的平均值 $\langle E \rangle$。

38. 对于三维自由电子问题，假设电子（质量为 m）在边长为 L 的立方体（体积为 V）内自由运动。

（1）采用周期性边界条件求解该自由电子运动的能量本征值 E 和波函数 $\psi(x, y, z)$ 的表达式。

（2）设电子数总数为 N_e，计算其所对应的费米球表面处电子的波矢 k_F 和能量 E_F（费米能量）。

（3）计算电子能量在 $E \sim E+dE$ 两个等能量球面间隔范围内电子的（能量或量子）态密度 $D(E)$ 或（能量或量子）状态数 $D(E)dE$。

（4）计算在 $0 \sim E_F$ 能量范围内电子能量的平均值 $\langle E \rangle$。

第 4 章

半导体物理基础

至此，我们已经讨论了一般晶体，并运用量子力学的概念对其进行了研究，确定了单晶晶格中电子的一些特性。本章将运用这些概念来专门研究半导体材料。特别地，我们将利用导带和价带中的量子状态密度及费米-狄拉克分布函数确定导带和价带中电子及空穴的浓度。此外，我们还将把费米能级的概念引入半导体材料。

本章所涉及的半导体均处于平衡状态。平衡状态或热平衡状态是指没有外界影响（如电压、电场、磁场或者温度梯度等）作用于半导体上的状态。在这种状态下，材料的所有特性均与时间无关。

4.1　半导体物理

4.1.1　半导体中的载流子

电流实际上表征了电荷的流动。在半导体中有两种类型的载流子电荷，即电子和空穴，它们均对电流有贡献。空穴是指共价键上流失一个电子，最后在共价键上留下空位的现象。即共价键中的一些价电子由于热运动获得一些能量，从而摆脱共价键的约束成为自由电子，同时在共价键上留下空位，通常称这些空位为空穴。因为半导体中的电流在很大程度上取决于导带电子和价带空穴的数目，所以这些载流子的浓度是半导体的重要参数之一。电子和空穴的浓度与状态密度函数及费米分布函数有关。在定性讨论这些关系之后，我们将给出电子和空穴热平衡浓度的严格数学推导。

在第 3.6.3 节中，当理想电子气处于热平衡时，由费米-狄拉克分布得到的能量为 E 的轨道被占据的概率为

$$f(E)=\frac{1}{\exp\left[\dfrac{(E-\mu)}{k_{\mathrm{B}}T}\right]+1} \tag{4.1-1}$$

当材料的费米能级处于禁带时，导带中的电子能量 $E>E_{\mathrm{C}}$，其中 E_{C} 为导带底的能量。若（$E_{\mathrm{C}}-E_{\mathrm{F}}$）$\gg kT$，则（$E-E_{\mathrm{F}}$）$\gg kT$，导带电子的热平衡浓度可以表示为

$$n_0=N_{\mathrm{C}}\exp\left[\frac{-(E_{\mathrm{C}}-E_{\mathrm{F}})}{kT}\right] \tag{4.1-2}$$

式中：参数 N_{C} 称为导带有效状态密度。

若假设电子的有效质量 m_n^* 与电子质量相等，即 $m_n^*=m_0$，则 T=300 K 时有效状态密度函数值为 $N_{\mathrm{C}}=2.4\times10^{19}\ \mathrm{cm}^{-3}$，这是大多数半导体中 N_{C} 的数量级。如果电子的有效质量大于或小于 m_0，则有效状态密度函数值 N_{C} 也会相应地变化，但其数量级不变。

类似地，价带空穴热平衡浓度可以表示为

$$p_0 = N_V \exp\left[\frac{-(E_F - E_V)}{kT}\right] \tag{4.1-3}$$

式中：N_V 称为价带有效状态密度；m_p^*是空穴的有效质量；E_V 为价带顶的能量。当 T=300 K 时，对于大多数半导体，N_V 的数量级也为 10^{19} cm^{-3}。

在本征半导体中，导带中的电子浓度值等于价带中的空穴浓度值。本征半导体中的电子浓度和空穴浓度分别表示为 n_i 和 p_i，通常称它们是本征电子浓度和本征空穴浓度。因为 n_i=p_i，所以通常简单地用 n_i 表示本征载流子浓度，它是指本征电子浓度或本征空穴浓度。本征半导体的费米能级称为本征费米能级，即 E_F=E_{Fi}。若将式(4.1-2)和式(4.1-3)应用到本征半导体，就可以写出

$$n_0 = n_i = N_C \exp\left[\frac{-(E_C - E_{Fi})}{kT}\right] \tag{4.1-4}$$

和

$$p_0 = p_i = n_i = N_V \exp\left[\frac{-(E_{Fi} - E_V)}{kT}\right] \tag{4.1-5}$$

4.1.2 掺杂原子与能级

在第 3.4 节中，我们已经论述了硅的共价键结合，研究了图 4.1-1 所示的单晶硅晶格的简单二维表示方法。当单晶硅中的硅原子被 5 价元素（如磷等）或 3 价元素（如硼等）取代时，晶格结构如图 4.1-2 所示。在图 4.1-2a 中，一个磷原子占据了硅原子的位置，磷原子有 5 个价电子，其中 4 个价电子与周围的 4 个硅原子形成共价键，还剩余一个价电子；同时磷原子所在处也多余一个正电荷+q（硅原子去掉价电子有正电荷 4q，磷原子去掉价电子有正电荷 5q），称这个正电荷为正电中心磷离子（P^+）。所以，磷原子替代硅原子后，其效果是形成一个正电中心 P^+和一个多余的价电子，这个多余的价电子就束缚在正电中心 P^+的周围。但是，这种束缚作用比共价键的束缚作用弱得多，只要很少的能量就可以使它挣脱束缚，成为导电电子，进而在晶格中自由运动，而这时磷原子就成为少了一个价电子的磷离子（P^+），它是一个不能移动的正电中心。上述电子脱离杂质原子的束缚成为导电电子的过程称为杂质电离，而使这个多余的价电子挣脱束缚成为导电电子所需要的能量称为杂质电离能，用 ΔE_D 表示。

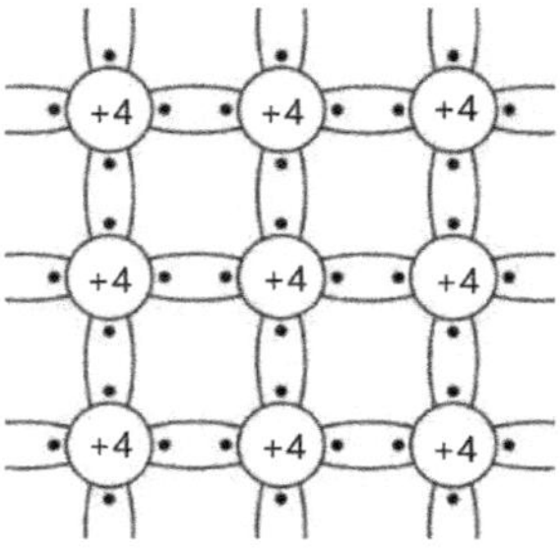

图4.1-1　单晶硅晶格的简单二维表示方法

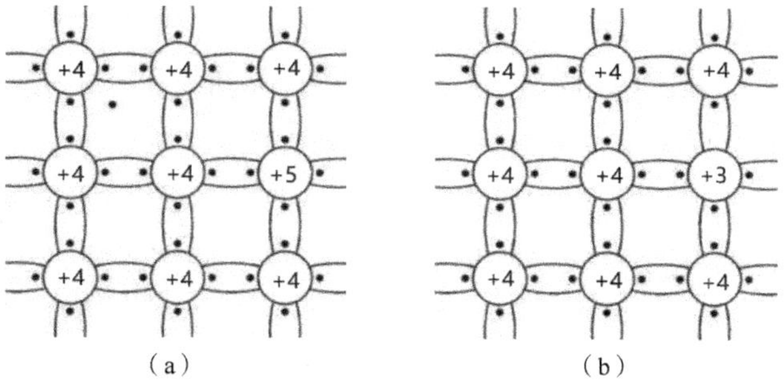

图4.1-2　单晶硅中的一个硅原子被磷或硼原子取代后的晶格结构

(a)掺有一个磷原子的硅晶格的二维表示　(b)掺有一个硼原子的硅晶格的二维表示

施主杂质未电离时是中性的，称为束缚态或中性态；电离后成为正电中心，称为施主离化态。施主杂质的电离过程可以用能带图表示，如图 4.1-3 所示。当电子得到能量 ΔE_D 后，就从施主的束缚态跃迁到导带而成为导电电子，所以电子被施主杂质束缚时的能量比导带底 E_C 低 ΔE_D。将被施主杂质束缚的电子的能量状态称为施主能级，记为 E_D。导带底 E_C 与 E_D 的差别 $\Delta E_D = E_C - E_D$，称为施主电离能。因为 ΔE_D 远小于导带与禁带之间的宽度 E_g（图 3.8-2），所以施主能级位于离导带底很近的禁带中。一般情况下，施主杂质是比较少的，杂质原子间的相互作用可以忽略。因此，某一种杂质的施主能级是一些具有相同能量的孤立能级，在能带图中施主能级用离导带底 E_C 为 ΔE_D 处的短线段表示，每一条短线段对应一个施主杂质原子。图（4.1-3b）中的箭头表示被束缚的电子得到能量 ΔE_D 后，从施主能级跃迁到导带成为导电电子的电离过程。在纯净半导体中掺入施主杂质，杂质电离以后，导带中的导电电子增多，从而增强了半导体的导电能力，而导带中的这个电子此时能在整个晶体中运动进而形成电流，而带正电的磷离子固定不动。因为这种类型的杂质原子向导带提供了电子，所以称之为施主杂质原子。由于施主杂质原子增加了导带电子，但并不产生价带空穴，所以此时的半导体称为 n 型半导体（n 表示带负电的电子）。

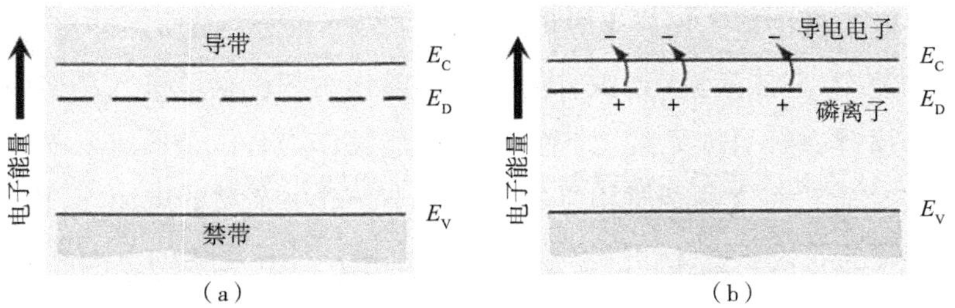

图4.1-3　施主杂质电离过程能带图表示

(a)带有分立的施主能级的能带图　(b)施主能级电离能带图

如果掺入Ⅲ族元素作为硅的替位杂质（如硼），Ⅲ族元素有 3 个价电子，并且与硅结合形成了共价键，则有一个共价键位置是空的，如图 4.1-2b 所示。

下面以硅晶体中掺入硼为例说明Ⅲ族杂质的作用。一个硼原子占据了硅原子的位置，硼原子有 3 个价电子，当它和周围的 4 个硅原子形成共价键时，还缺少 1 个电子，必须从别处的硅原子中夺取 1 个价电子，于是在硅晶体的共价键中产生了一个空穴。而硼原子接受一个电子后，成为带负电的硼离子（B^-），则称为负电中心。带负电的硼离子和带正电的空穴间有静电引力作用，所以这个空穴受到硼离子的束缚，在硼离子附近运动。不过，硼离子对这个空穴的束缚是很弱的，只需要很少的能量就可以使空穴挣脱束缚，成为在晶体的共价键中可自由运动的导电空穴，而硼原子成为多了 1 个价电子的硼离子（B^-），它是一个不能移动的负电中心。因为Ⅲ族杂质在硅、锗中能够接受电子而产生导电空穴，并形成负电中心，所以称之为受主杂质或 p 型杂质。空穴挣脱受主杂质束缚的过程称为受主电离。受主杂质未电离时是中性的，称为束缚态或中性态；电离后成为负电中心，称为受主离化态。受主杂质的电离过程也可以用能带图表示，如图 4.1-4 所示。

与施主情形类似，受主的存在也在禁带中引进能级，用 E_A 表示。不过 E_A 的位置接近于价带顶 E_V，E_A-E_V 就是使空穴挣脱受主杂质束缚成为导电空穴所需要的能量，称为受主杂质的电离能，用 ΔE_A 表示，满足 $\Delta E_A=E_A-E_V$。实验测量表明，ΔE_A 比硅晶体的禁带宽度 E_g 小得多。

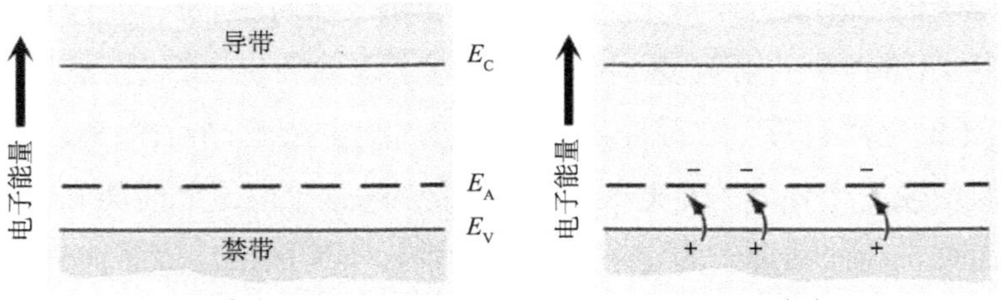

图4.1-4　受主杂质电离过程能带表示

（a）带有分立的受主能级的能带图　（b）受主能级电离能带图

前面我们以硅为例论述了Ⅳ族半导体中的施主杂质和受主杂质。砷化镓等化合物半导体的情况则更加复杂，Ⅱ族元素（如铍、锌和镉）能够作为替位杂质进入晶格中，代替Ⅲ族元素镓成为受主杂质；同样，Ⅵ族元素（如硒和碲）也能够作为替位杂质进入晶格中，代替Ⅴ族元素砷成为施主杂质。而这些杂质相应的电离能小于硅中杂质的电离能，而且由于电子的有效质量小于空穴的有效质量，因此砷化镓中施主的电离能比受主的电离能小。

Ⅳ族元素如硅和锗，也可以成为砷化镓中的杂质原子。如果一个硅原子替代了一个镓原子，则硅杂质将起施主作用；如果一个硅原子代替了一个砷原子，则硅杂质将起受主作用。锗原子作为杂质也是同样的道理，这种杂质称为双性杂质。在砷化镓的实验中发现，锗主要表现为受主杂质，而硅主要表现为施主杂质。

4.1.3 载流子浓度与费米能级

纯净的、不含有杂质原子的单晶半导体称为本征半导体。本征半导体中没有杂质、没有缺陷，是理想半导体，即半导体中不存在任何杂质原子，并且原子在空间的排列也遵循严格的周期性。在这种情形下，半导体中的载流子只能是从满带激发到导带的电子，以及在满带中留下的空穴。这种激发可借助任何能给满带电子提供能量大于禁带宽度 E_g 的物理作用实现。这些物理作用中最常见的是热激发，即在一定的温度下，由于热运动的起伏，一部分价带电子可以获得超过 E_g 的附加能量而跃迁至导带，这种过程称为本征激发。

如果用 n 和 p 分别代表导带电子和满带空穴的浓度，显然对本征激发应满足 $n=p$。不难想到，对于热激发而言，最易发生的本征激发过程是使价带顶附近的电子跃迁至导带底附近，因为这样所需的能量最低。因此，以后将总是认为导带中的电子处在导带底附近，而价带中的空穴则处在价带顶附近。

掺入定量的特定杂质原子，从而将热平衡状态电子和空穴浓度不同于本征载流子浓度的材料定义为非本征半导体。对纯净半导体掺加适当的杂质，可以提供更多载流子。将能向导带提供电子的杂质称为施主；而将能接受电子并向价带提供空穴的杂质称为受主。例如，在锗、硅这类处于周期表Ⅳ族的元素半导体中，Ⅲ族杂质硼、铝、镓、铟等是受主杂质，而Ⅴ族杂质磷、砷、锑等则是施主杂质。这些杂质都是以替位的形式存在于锗、硅晶体中的，这种含有杂质原子的半导体即称为杂质半导体。

锗和硅是使用最广的、最重要的半导体材料，其晶体结构与金刚石型结构相似，每个原子的最近邻有 4 个原子，组成正四面体。锗、硅原子最外层都具有 4 个价电子，恰好与最近邻原子形成 4 个共价键，现在设想有 1 个锗原子被ⅤA 族原子砷所取代的情形。与掺有一个磷原子的硅晶格类似，砷原子共有 5 个价电子，于是与近邻锗原子形成共价键后尚“多余”一个价电子，其晶格结构示意图同样可以用图 4.1-2a 表示。共价键是一种相当强的化学键，也就是说束缚在共价键上的电子能量是相当低的。多余的价电子不在共价键上，而仅受到砷原子实的静电吸引，这种束缚作用是相当微弱的，只要给这个电子以不大的能量就可使之脱离这种束缚而在晶体内自由运动，即成为导带电子。由此可见，束缚于砷原子上的这个“多余”价电子的能量状态在能带图上应处于导带下方的禁带中，并且十分接近导带底。锗和硅的重要施主的电离能一般都在 0.05 eV 以下，因此室温已可提供足够的热能，使施主能级上的电子跃迁至导带而使施主电离。顺便指出，在一般掺杂水平下，杂质原子之间的距离是远远大于母体晶格常数的，相邻杂质所束缚的电子波函数不发生交叠，因此它们的能量相同，表现在能带图上便是位于同一水平上的分立能级。显然，掺入施主杂质后，半导体中电子浓度增加，即 $n>p$，半导体的导电性以电子导电为主，故称为 n 型半导体施主杂质也可称为 n 型杂质。在 n 型半导体中，电子又称为多数载流子（简称多子），而空穴则称为少数载流子

（简称少子）。

在硅中掺杂硼原子，由于硼原子只有 3 个价电子，所以其与近邻锗原子组成共价键时尚缺一个电子，其晶格结构如图 4.1-2b 所示。在此情形下，附近锗原子价键上的电子不需要增加多大能量就可相当容易地来填补硼原子周围价键的空缺，而在原先的价键上留下空位，这也就是价带中缺少了一个电子而出现了一个空穴，硼原子则因接受一个电子而成为负离子。上述过程所需的能量就是受主电离能。在一般掺杂水平下，E_A 也表现为能量相同的一些能级。显然，受主能级被电子占据时对应于受主原子电离成带负电荷的离子，而空的受主能级则对应于中性受主。在掺受主杂质的半导体中，由于受主电离，使 $p>n$，空穴导电占优势，故称为 p 型半导体，受主杂质也可称为 p 型杂质。在 p 型半导体中，空穴是多子，电子是少子。

本征半导体在掺入定量杂质原子（施主原子或受主原子）后，就变为非本征半导体。掺杂工艺能明显地改变半导体的电学特性，在非本征半导体中，电子和空穴两者中的一种载流子将占据主导作用。非本征半导体具有数量占优势的电子（n 型）或者数量占优势的空穴（p 型），它是制造各种半导体器件的基础，在后面的章节中将对它进行讨论。

在半导体中加入施主或受主杂质原子将会改变材料中电子和空穴的分布状态。由于费米能级与分布函数有关，因此它也会随掺入杂质原子而改变。如果费米能级偏离了禁带中央，那么导带中电子的浓度和价带中空穴的浓度就都将会变化。

式（4.1-4）和式（4.1-5）是热平衡状态下电子和空穴浓度的表达式，它们是有关费米能级 n_0 和 p_0 的一般表达式。当半导体中掺入杂质原子后，费米能级将在禁带宽度中变化，从而导致 n_0 和 p_0 的值改变。

从另外一个角度考虑式（4.1-4），在其指数项上加上本征费米能级，再减去本征费米能级，则有

$$n_0 = N_C \exp\left[\frac{-(E_C - E_{Fi}) + (E_F - E_{Fi})}{kT}\right] \tag{4.1-6}$$

或

$$n_0 = N_C \exp\left[\frac{-(E_C - E_{Fi})}{kT}\right]\exp\left[\frac{(E_F - E_{Fi})}{kT}\right] \tag{4.1-7}$$

将本征载流子浓度表达式（4.1-4）代入后，热平衡电子浓度可以写为

$$n_0 = n_i \exp\left(\frac{E_F - E_{Fi}}{kT}\right) \tag{4.1-8}$$

同样，如果在式（4.1-5）的指数项上加上本征费米能级，再减去本征费米能级，可得

$$p_0 = n_i \exp\left[\frac{-(E_F - E_{Fi})}{kT}\right] \tag{4.1-9}$$

正如所看到的，当加入施主或受主杂质后，费米能级发生了变化，而式（4.1-8）和式

(4.1-9)表示随着费米能级偏离本征费米能级，n_0 和 p_0 也偏离了 n_i。如果 $E_F>E_{Fi}$，就有 $n_0>n_i$ 和 $p_0<n_i$。于是 $n_0>p_0$。同样，如果 $E_F<E_{Fi}$，就有 $p_0>n_i$ 和 $n_0<n_i$，于是 $n_0<p_0$。

4.2　半导体材料

4.2.1　元素半导体

锗是最早实现提纯和完美晶体生长，并最早用来制造晶体管的半导体材料。但是，由于锗的禁带较窄，锗器件的稳定工作温度远不如硅器件高，加之资源有限，其重要地位早在半导体工业发展初期就被硅所取代。

地壳中锗的含量只有大约百万分之一，且主要以分散状态存在于多种金属的硅酸盐矿、硫化物矿和各种类型的煤中，是典型的杂散型矿物资源。含锗量在 1%以上、能够被称作锗矿的矿物极为罕见，因而锗曾被称为稀有金属。从煤灰中提取锗是半导体工业中锗原料的主要来源，因而锗的富集和提纯成本都很高，半导体锗的价格十分昂贵。长期以来，锗仅由于其较高的载流子迁移率和在某些重掺杂情况下的高度红外敏感特性，而在高频小功率晶体管以及中远红外探测器和遥测温度计等方面维持着有限的应用，其中最典型的例子是工作在 3~5 μm 和 8~14 μm 波段的掺锗光电二极管。不过，随着半导体能带工程的兴起，锗硅合金因其能带结构可以通过组分控制加以改变而受到微波器件和光电子器件研究工作者的普遍重视。锗作为这种合金的主要成分而在半导体技术领域获得新的应用。由于锗是最早获得实际应用的成熟半导体材料，其半导体特性已得到充分的认识和研究。事实上，半导体的许多基本特性也是通过对锗的研究来揭示的。

硅以其优越的物理性质、成熟而相对容易的制备方法，以及丰富的资源储备，而成为当前应用最为广泛的元素半导体。硅在地壳中的含量超过 1/4，是最丰富的地球资源之一。自 20 世纪 50 年代末起，随着提纯技术和晶体生长技术以及平面工艺的发展，硅很快就在半导体工业中取代了锗的位置。到目前为止，二极管、晶体管和集成电路的制造仍然是半导体工业的核心内容，而晶体硅是制造这些器件的最主要材料。单晶硅、多晶硅和非晶硅还是光伏产业消费量最大的半导体材料。

硅在半导体工业中获得最为广泛的应用，这在很大程度上得益于二氧化硅的特殊性质。首先，二氧化硅薄层能够有效地掩蔽大多数最重要的受主和施主杂质的扩散，从而为器件制造工艺中的选择性扩散提供了最理想的掩蔽物，使器件的几何图形可以得到精确的控制。其次，有氧化膜覆盖的硅表面比自由表面具有更好的电特性，因而硅器件比较容易解决表面的钝化问题，容易使器件特性获得良好的重复性和稳定性。最后，由于二氧化硅是一种性能很稳定的绝缘介质，将它夹在硅与金属之间构成的 MOS 系统是 MOS 型场效应晶体管

（MOSFET）的基础。由于化合物半导体材料的氧化物在性质上都存在一些尚难克服的缺点（包括碳化硅，虽然它也能通过氧化生成天然的 SiO_2），因此硅 MOS-FET 仍然是目前唯一能够普遍应用的 MOS 器件，硅 CMOS 电路占现代 IC 产业的 95%。

尽管对砷化镓等化合物半导体集成电路的研究目前已受到极大重视并取得重大进展，但从总体情况来看，硅材料仍然是制造集成电路的最理想材料，至少从目前的认识水平和工艺水平来看是如此。半个多世纪的强势开发，加上硅材料本身易于加工的天性，使硅单晶生长技术成为其他任何一种晶体都难以望其项背的、最完美的人工晶体生长技术。现在，硅材料的纯度可以达到 12 个“9”，即杂质浓度提高到杂质含量低于其室温本征载流子密度（1.5×10^{10} 个/cm^3）的水平，可以说是万物中的至纯之物；而无位错硅单晶的直径也已增至 450 mm（18 英寸），长度可超过 1 m，质量近 0.5 t，无疑是世上最大、最完美无瑕的单晶体。

大直径是现代 IC 产业对芯片材料的基本要求之一，因为 IC 产品的生产成本直接与晶片的直径有关。由于生长方法的缘故，能够大量生产的人工晶体皆为圆柱形，而 IC 芯片皆为方形或矩形，因此晶片边沿总是不能被完全利用。在 IC 芯片制作过程中，大直径硅晶片利用率会更高，而且单批次的产量也要高得多，因此成本会大幅度降低。事实证明，当所使用硅片的直径从 200 mm（8 英寸）增大到 300 mm（12 英寸）时，超大规模集成电路的生产成本下降 30%~40%。因此，IC 产业不断向硅材料行业提出增大硅片直径的要求，而不管工艺线的改造需要付出多大的代价。在 20 世纪 70 年代后期，IC 芯片的制造开始采用 4 英寸硅片，不到 10 年升级到 8 英寸，又经过 10 年左右就换代为 12 英寸，现在正朝着 18 英寸的目标迈进。这种进展目标和速度，可以说只有硅才能做到。

缩小芯片面积也是降低 IC 产品生产成本的一个重要途径。但是，IC 技术的发展首先是电路规模的扩大。电路规模扩大，而芯片面积同时还要减小，这就意味着要不断缩小器件的特征尺寸。同时，反映 IC 产品主要性能的工作频率也与器件的特征尺寸有关。几十年来，IC 产品的特征尺寸按照摩尔定律不断缩小，对半导体材料的结构缺陷、纯度及其均匀性都提出了十分苛刻的要求，大小和结构缺陷的密度都必须降低到 10^{-3} 个/cm^3 的数量级，目前也只有硅工艺能满足这种要求。

电力半导体器件，包括正在快速发展的功率集成电路，要求其制作材料有相当高的纯度，相当好的纵向和径向均匀性以及相当大的尺寸。目前，尽管 SiC 和金刚石等已被证实是比硅更优越的制造电力电子器件的材料，但由于 SiC 的材料制备技术和器件工艺技术至今还不很成熟，实际应用的电力电子器件绝大多数还是采用单晶硅（主要是区熔单晶硅）来制造的，功率器件的电压承受能力首先取决于材料的电阻率，用直拉法很难获得电阻率满足 1 000 V 以上器件要求的单晶硅。同时，硅中的氧、碳杂质对大功率器件的特性也有不良影响，而直拉单晶硅恰好氧、碳含量很高，因而制造电力电子器件要用氧、碳含量较低（小于 10^{17} 原子/cm^3）的区熔单晶硅。目前，最高功率水平的晶闸管所采用的区熔单晶硅片的直径已超过 125 mm，其正反向阻断电压高达 6 000 V 以上（高压整流器的单管耐压能力可高达 10 000 V），电流容量可超过 3 000 A。不过，随着容量要求的进一步提高，要用区熔法提供更大直径的单晶硅也比较困难。于是，人们研究开发了在直拉单晶炉的热场内施加横向或纵向磁场的所谓磁场拉晶（MCZ）技术。采用这种方法可以降低直拉单晶硅的氧、碳含量，极大地改善掺杂均匀性，也容易生长大直径的单晶硅。

4.2.2　化合物半导体

硫化银（Ag_{2S}）是近年来研究较多的一类半导体量子点材料。1833 年，法拉第发现了硫化银电阻率的负温度系数特性。但是，由于化合物材料的提纯和制备比一般元素材料困难得多，故对于化合物半导体的系统研究起步较晚，且进展较慢。直到 1962 年研制成功砷化镓激光器，1963 年又发现砷化镓的负微分迁移率效应后，在砷化镓研究的活跃气氛的影响和推动下，对其他一些典型化合物半导体及其固溶体在理论和制备方法上的研究才得以迅速发展起来。

化合物半导体大多由元素周期表中间部分的某两种或两种以上的元素化合而成，而且最主要的两类化合物半导体的组成元素是关于Ⅳ族元素对称的Ⅲ、Ⅴ族和Ⅱ、Ⅵ族。不具备这种对称性的重要二元化合物半导体也总离不开这几种元素，如Ⅳ-Ⅵ族化合物 PbS、PbSe 和 PbTe，Ⅴ-Ⅵ族化合物 Bi_2S_3、Bi_2Se_3、Bi_2Te_3 等。在原子结合力方面，如前所述，大多数化合物半导体与元素半导体一样靠共价键把原子结合在一起，但含有程度不同的离子键成分，而离子键的比例则随其组成元素在周期表中距离的拉开而增大，即Ⅱ-Ⅵ族化合物的离子键成分比Ⅲ-Ⅴ族化合物大，因此化合物半导体的许多物理性质都与它们的组成元素在周期表中的位置有关，并且具有一定规律。例如，所有完全由Ⅳ族元素形成的半导体以及化合物半导体的能带结构都是间接跃迁型；晶体结构为闪锌矿型的Ⅲ-Ⅴ类化合物以砷化镓为界，平均质子序数比砷化镓小的是间接跃迁型，其余都是直接跃迁型，而Ⅱ-Ⅵ族化合物全都是直接跃迁型。

1. Ⅲ－Ⅴ族化合物半导体

化合物半导体中最重要的一组是元素周期表ⅡA 族元素中的硼（B）、铝（Al）、镓（Ga）、铟（In）和ⅤA 族元素中的氮（N）、磷（P）、砷（As）、锑（Sb）交相化合而成的 16 种Ⅲ-Ⅴ族二元化合物。自从 1952 年魏克尔开始对这些化合物的半导体性质进行研究以来，由于不断在能带结构和其他物理性质方面发现有别于锗、硅等元素半导体的优越特性，这一组化合物逐渐受到人们的高度重视，目前已在光电子器件、微波器件、霍尔器件及其他敏感元器件方面获得广泛应用。同时，由于这些化合物相互之间可以无限共溶，很容易制备出组分可以连续变化的固溶体，因而也是半导体能带工程中最常使用的材料。Ⅲ-Ⅴ族化合物半导体的某些基本物理性质大体上保持着随组成元素的平均原子序数变化的规律，即随着平均原子序数的增加，其禁带变窄、熔点降低、介电常数增大。

1）砷化镓

砷化镓（GaAs）是目前应用最广泛的化合物半导体，其重要性仅次于硅，但与硅相比，又有其自身的特点。

首先，GaAs 的室温禁带宽度为 1.43 eV，比硅宽，可用来制作需要在较高温度下工作的器件。但其热导率较低，不适用于制作电流密度较高的电力电子器件。由于禁带较宽，GaAs 器件的抗辐照能力较强。

其次，GaAs 的电子迁移率高达 8 000 $cm^2/(V \cdot s)$，是硅中电子迁移率的 5~6 倍。与硅相比，用 GaAs 制造的电子器件和集成电路具有高频、高速、低功耗、低噪声的特点，其工作频率一般在 5~10 GHz 频段。目前，在 1.2 GHz 以上的高频、高速 IC 中，以 GaAs 作为基础材料的 IC 已占到大约 70%的市场份额，除军用外，其更广泛地应用于通信、计算机、汽车电子和其他消费类电子产品中。

GaAs 的能带结构为直接跃迁型，有很高的电致发光效率，适用于制作高效激光器。其适用的禁带宽度对太阳光谱具有更好的匹配吸收作用，因而 GaAs 太阳能电池的转换效率远比硅太阳能电池高。

2）磷化镓

磷化镓（GaP）的带隙宽度在室温下宽达 2.26 eV，从本质上具备制造可见光发光二极管（LED）的条件（带隙宽度>1.72 eV 的材料即有望发射可见光）。但是，GaP 的能带结构属于间接跃迁型，其带间复合发光的效率很低，故其 LED 应用所依靠的只能是杂质发光。

GaP 还可以与 GaAs 无限共溶，形成带间复合发射可见光的 GaAsP 三元合金。历史上第一只商品 LED 就是用这种材料制成的。

3）氮化镓

氮化镓（GaN）比 GaP 的禁带更宽，室温禁带宽度为 3.4 eV，可用来制作发蓝光的器件，因此早在 20 世纪 70 年代就受到关注。但是，由于 p 型掺杂的问题长期未能得到解决，最初的氮化镓 LED 亮度很低，驱动电压却很高，而寿命很短。利用退火法激活 Mg 杂质实现 GaN 的 p 型掺杂，可制成高亮度 GaN 蓝光 LED。对 GaN 材料及其光电子学应用的研究，很快在世界范围内蓬勃开展起来，并直接引发了各科技大国半导体照明工程的实施。

GaN 也是优质的微波材料。它兼备 SiC 的高击穿电场特性和 GaAs、InP 等材料的高频率特性，在兼顾器件的功率和频率方面，比其他材料潜力更大，应用前景更好。开发 GaN 功率器件的主要方向是微波器件。2004 年，美国康奈尔大学和加州大学的 GaN 高功率器件研究小组，同时研制出在 10 GHz 频率下，功率密度达到或超过 10 W/mm 的 GaN 晶体管。与之相比，普通硅管只能有效放大最高 2~3 GHz 的信号；SiC 微波器件如果在功率密度上达到这个水平，其频率一般不会高于 3.5 GHz，如果频率能达到 10 GHz，则功率密度一般只能达到该水平的一半；GaAs 晶体管的频率也可达到 10 GHz，但其功率密度在此频率下比 SiC 微波器件还要低得多，不到 1 W/mm；使用 SiGe 可以达到更高的频率，但跟 GaAs 一样，无法得到较高的功率密度。

开关器件的工作频率通常依赖于两个因素，即电子的迁移率和饱和漂移速度。目前，GaN 在 300 K 时的电子迁移率已达到 2 000 $cm^2/(V \cdot s)$，比 GaAs 低；但其饱和漂移速度与 GaAs 相差不大，约为 1.3×10^7 cm/s；随着未来几年材料制备技术的提高，还有可能达到 2×10^7 cm/s，在电子迁移率方面也还有可以改善的空间。作为一种尚处在研发期的新材料，GaN 的电子迁移率近几年来一直在随着薄膜生长技术和衬底制备技术的改善而不断提高。

衬底是开发 GaN 器件所需解决的主要问题。GaN 器件的衬底可分为两类：一类是同质衬底，即 GaN 衬底；另一类是异质衬底，即 SiC 衬底、蓝宝石衬底或 Si 衬底等。由于目前还没有一种技术能够像硅或砷化镓甚至碳化硅那样成功生长 GaN 单晶，GaN 衬底只能利用异质外延加衬底剥离的方法获得。所以，异质外延目前是 GaN 器件产业化的有效途径。异质外延一般要使用晶格失配和热失配都不严重的衬底。在目前尝试使用的 SiC、Si 和蓝宝石（sapphire）等衬底材料中，6H-SiC 与 GaN 的晶格匹配和热匹配都比其他异质衬底更好一些，两者的晶格失配仅有 3.5%，而蓝宝石和 GaN 的晶格失配高达 13.8%。此外，SiC 的导热性比 GaN 好，这对改善大功率 GaN 器件的温度特性也有好处。

除 GaN 外，其他Ⅲ-N 化合物也在 20 世纪最后 10 年紧随 GaN 而成为化合物半导体中的研究热点。AlN 因热导率高、电阻率接近于绝缘体，而被用作大功率器件及其模块和超大规模集成电路的封装基板。BN 虽然熔点很高、难以制备，但其同质异构体中属于闪锌矿结构类型的晶体薄膜具有一系列类似于金刚石薄膜的优异性质，且比金刚石薄膜更容易实现 n 型和 p 型掺杂，是理想的高温电子材料。同时，这种薄膜的热胀系数比其他高导热材料更接近硅和砷化镓，因而也是理想的功率器件传热材料。BN 单晶的制备虽然很难，但闪锌矿结构的 BN 结晶薄膜可以用气相沉积法来制备。

GaN 和其他 3 种Ⅱ-N 化合物的热力学稳定相都是纤锌矿结构，只在一定条件下生成闪锌矿结构。纤锌矿结构的这些化合物的能带结构都是直接跃迁型，以蓝光辐射为中心，形成研究热点的也正是这些直接跃迁型材料。在这一点上，Ⅲ-N 化合物与其他Ⅲ-Ⅴ族化合物差距较大，更接近于离子性较强的Ⅱ-Ⅵ族化合物，这是由于 N 的电负性太强造成的。

4）锑化镓

锑化镓（GaSb）的禁带宽度在室温下为 0.72 eV，只略宽于锗，但属于直接跃迁型，在红外光电子领域具有独特优势。而且，其电子迁移率是锗中电子迁移率的 1.5 倍左右，其不但是制作长波光纤通信器件的理想材料，也在开发新能源方面极具潜力。

在开发利用太阳能方面，一个不大为常人所注意的事实是由于太阳光谱很宽，任何一种半导体材料都只能对其产生部分响应，因而太阳能电池其实是分为热辐射电池和光电池两类而各用一段的。热辐射电池通常采用禁带较窄的半导体，将波长在 800~2 000 nm 范围的红外热辐射转换成电能；而一般太阳能电池，即常见的硅太阳能电池或砷化镓太阳能电池，则主要利用其可见光和边沿近红外光部分，这是名副其实的光电池。GaSb 的窄禁带宽度和高电子迁移率特征，使其成为制造热辐射电池的理想材料。而且，新的设计理念是要利用叠层太阳能电池技术将光电池和热辐射电池重叠地制作在一起。例如，将 GaSb 电池和禁带比它宽约一倍的 GaAs 电池重叠在一起，让禁带较宽的 GaAs 电池在前，禁带较窄的 GaSb 电池在后，用 GaSb 吸收 GaAs 未能吸收的长波太阳辐射，以达到弥补单电池能量损失的目的。当然，在实际应用中，两者的厚度比要根据两种材料的具体情况通过计算机优化处理来做出合理设计，从而使太阳光谱得到更充分的利用。GaAs/GaSb 叠层电池的光电转换效率高达 36%，几乎达到燃煤发电的效率，因而备受关注。

GaSb 的高电子迁移率特征还使人们对其在微波器件和超高速集成电路领域的应用寄予厚望，以至于“神舟”飞船的多工位空间晶体生长设备屡屡为其安排微重力晶体生长试验。

5）磷化铟

磷化铟（InP）是除 Si 与 GaAs 外最重要的半导体材料之一。InP 的能带结构与 GaAs 类似，其中的电子在强电场下具有更高的峰值漂移速度，使得其在超高频电子器件和超高速集成电路领域受到极大关注。目前，商品化的 GaAs 高速 IC 的截止频率可达 110 GHz，只适用于 10 Gb/s 的光纤通信系统。40 Gb/s 的光纤通信系统需要截止频率超过 150 GHz 的器件，而以 InP 为基础的高电子迁移率晶体管的截止频率早已达到 340 GHz，成为毫米波高端应用的支柱产品。

InP 的直接跃迁型能带结构和 1.34 eV 的室温禁带宽度也决定了它在光电子学领域的重要地位。由于 InP 中额外载流子的表面复合速率比 GaAs 低，而热导率比 GaAs 高，跟 GaAs 一样容易制成半绝缘衬底，因而被广泛用来制造 1.3~10.6 μm 波段的异质结激光器、探测器和光电集成电路等低损耗光通信产品，对光纤通信事业的发展起到了很强的促进作用。

从应用的角度来看，InP 相对于 GaAs 还有一个优势，那就是Ⅳ族元素的原子对其晶格原子的替换有很强的选择性，因而一般不会成为双性杂质，即 Si 和 Sn 只会占据 In 的位置，起施主作用；C 和 Ge 只会替换 P，起受主作用。

InP 是最早实现人工晶体生长的Ⅲ-Ⅴ族化合物，但是其晶格缺陷的形成能较低，结构完美晶体的制备难度较大。这是它虽然在性能上有很多优势，却未能像 GaAs 那样迅速发展的主要原因。

除 InP 外，锑化铟（InSb）也是铟的 4 种化合物中比较有特色的一种。InSb 的禁带宽度只有 0.18 eV，适用于制作远红外探测器和需要在超低温下工作的半导体器件。而且，在各种实用半导体材料中，InSb 的电子迁移率最高，高达 10^5 cm/（V · s），差不多是硅电子迁移率的 70 倍，因而是制造工作性能紧密依赖于电子迁移率的半导体器件的理想材料。不仅如此，InSb 晶体管的工作频率也会因高电子迁移率而比硅晶体管高得多。因此，英特尔已着手开发 InSb 微处理器芯片，寄希望于用运算速度更快、功耗更低的 InSb 电路来实现计算机性能的最大完善。砷化铟的电子迁移率很高，也是制造这些器件的理想材料。

硼的 4 种化合物熔点普遍较高，材料制备相对困难一些。铝的 4 种化合物则多数不够稳定，锑化铝、磷化铝和砷化铝在室温下即会与空气中的水分反应而分解。其中，磷化铝和砷化铝的自然水解会生成具有剧毒的磷化氢和砷化氢气体；而砷化铝在Ⅱ-Ⅴ族固溶体的研究中使用频率较高，是 AlGaAs 固溶体的主要成分。所以，在使用这些材料的时候要十分小心。

2. Ⅱ－Ⅵ族化合物半导体

Ⅱ-Ⅵ族化合物半导体通常指的是ⅡB 族元素中的锌（Zn）、镉（Cd）、汞（Hg）和ⅥA 族元素中的硫（S）、硒（Se）、碲（Te）组成的 9 种二元化合物。HgTe 是这 9 种化合物中组成元素的电负性差最小的一个，HgSe 的电负性差也比较小且离子性较弱，其他 7 种化合物的离子性都比较强，禁带都比较宽，且皆为直接跃迁型。在这 7 种Ⅱ-Ⅵ族化合物半导体中，禁带最窄的 CdTe 也比典型Ⅲ-Ⅴ族化合物半导体 GaAs 的禁带宽。

宽禁带直接跃迁型半导体是发展光电子技术的理想材料，Ⅱ-Ⅵ族化合物半导体因普遍具有这种特点，而在阴极射线管（CRT）的荧光体涂层、平面彩色显示器、LED、太阳能电池、光探测器、直线激光器、光波导和光调制器等多个领域得到广泛应用。

人们对Ⅱ-Ⅵ族化合物半导体的研究和应用，相比于对元素半导体和Ⅲ-Ⅴ族化合物半导体的研究，都还不够深入。到目前为止，其还有很多不够清楚或未能解决的问题，如利用杂质补偿改变材料的导电类型以便制作 pn 结的问题。众所周知，大多数Ⅱ-Ⅵ族化合物的熔点都比较高，而且其组成元素又往往具有相差悬殊的蒸气压，因此制备符合化学计量比的完美单晶体十分困难。化合物材料偏离化学计量比的一个直接结果是在晶体中形成高密度的空位等晶格缺陷，这些缺陷往往作为施主或受主引起材料电阻率的变化。由于Ⅱ-Ⅵ族化合物半导体中大多数材料的禁带都比较宽，而其中某种空位的形成能又比较低，这就为掺杂时发生自补偿效应创造了条件。会发生自补偿效应的化合物半导体只能以一种导电类型存在，因此人们把这种半导体称为单极性半导体。除 CdTe 外，Ⅱ-Ⅵ族化合物基本上都是单极性材料难以利用杂质补偿的方法制作 pn 结。

作为化合物半导体典型晶体结构名称的闪锌矿和纤锌矿即是硫化锌（ZnS）的矿石形态，它们分别是 ZnS 的低温变体（β 相）和高温变体（α 相）。其中，在自然界中稳定存在的是 β-ZnS，它在 1 020 ℃时相变为 α-ZnS。但是，这个相变温度并非一成不变，而是随着晶粒尺寸的减小而降低，在粉粒径为 2.8 nm 时降为 400 ℃。事实上，随着晶粒尺寸的减小而变化的不仅是相变温度。在这样精细的物理尺度内，晶格的严重畸变已在所难免，而晶格畸变自然会导致能带结构的改变。实验表明，粒径为 3 nm 的 ZnS 粉体的禁带已展宽到 3.13 eV。这个被称为量子尺寸效应的物理变化的宏观表现就是发射光波长的缩短(蓝移)。

作为一种用途广泛的电致发光材料，ZnS 的突出特点是其发光光谱会因掺杂物的不同而发生变化,其色彩由红至蓝可以覆盖整个可见光范围。而纳米粉微晶 ZnS 的量子尺寸效应不仅表现为发射光的蓝移,更有实用价值的是可以大幅度提高电致发光的量子效率,缩短衰减时间,并使发光器件响应速度提高,阈值电压降低。这说明 ZnS 作为电子显示和发光材料,其发射光谱和发光效率都可以通过掺杂和晶粒尺寸的控制来加以调制。

ZnS 除广泛用于 CRT、平板显示等电致发光器件外,还可用于制造紫外光探测器,同时因其在 8~12 μm 红外波长范围有很高的透过率,并有很高的熔点和防潮、抗腐蚀能力,可作为红外窗口材料应用于大功率红外线激光器、卫星和导弹跟踪系统等。

硫化镉(CdS)、硒化镉(CdSe)和碲化镉(CdTe)是Ⅱ-Ⅵ族化合物中灵敏度较高的光电导材料,主要用来制造光电池和光敏电阻。

CdS 和 CdSe 光敏电阻是应用于照相机自动曝光、机电设备光电控制、光电耦合、光电检测以及光控玩具、光控照明开关等场合的光敏元件。

3. Ⅳ-Ⅵ族化合物半导体

Ⅳ-Ⅵ族化合物半导体通常是指ⅣA 族元素中比较靠后的锗(Ge)、锡(Sn)、铅(Pb)与ⅥA 族元素硫(S)、硒(Se)、碲(Te)形成的化合物。这类化合物因为两个构成元素的价电子之和为 10,导致其结合力和晶体结构很复杂。其结合力中除共价键和较强的离子键成分外,还有较强的类金属键成分。因此,其原子排列形成配位数为 6 的非四面体晶体结构,且因构成元素电负性之差的不同而分属不同晶系。其中,电负性差较小的一般属三角晶系,如 GeTe;电负性差较大的一般属立方晶系,如 PbS;此外,还有的属于斜方晶系,如 GeS 和 GeSe。其中有些还具有同素异构体,如 GeTe 在不同条件下既可结晶为三角结构(α 型),也可结晶为立方结构(β 型),还可结晶为斜方结构(γ 型);而 SnTe 有三角和立方两种同素异构体。

Ⅳ-Ⅵ族化合物半导体中比较重要的是铅的 3 种化合物 PbS、PbSe、PbTe,因为它们是截至目前真正实用化的Ⅳ-Ⅵ族化合物半导体。这 3 种材料具有类似于氯化钠的晶体结构,因而统称为铅盐。这种六配位的立方结构与大多数半导体材料的四配位基本结构相去甚远。以上 3 种铅盐在物理性质上极为相似,都具有直接跃迁型的能带结构,禁带都比较窄,室温下禁带最宽的 PbS 也只有 0.41 eV。与其他常见半导体不同的是,它们的禁带随温度的下降而变窄,且变化幅度较大。具有类似特征的还有禁带稍宽的 SbTe。

以上 3 种铅盐化合物的另一重要特征是介电常数很大,按平均原子序数递增的顺序依次为 169,210,414。介电常数大的材料对电荷的屏蔽作用强,因而这些材料中电离杂质和荷电缺陷对载流子运动的散射作用较小,低温下电离杂质作为主要散射机制时的载流子迁移率就会很高,如 PbTe 的低温电子迁移率高达 10^6 $cm^2/(V \cdot s)$。此外,按照杂质电离的类氢原子模型，杂质电离能与杂质环境介电常数的平方成反比，因而这些材料的施主或受主杂质的电离能很低，在极低温下就已全部离化，载流子密度趋于饱和而不受温度轻微变化的影响。这些材料因禁带较窄而只能作为低温器件材料，以上特点正好迎合了应用上的需要。既然电离杂质和荷电缺陷的作用可被高度屏蔽，这些材料对杂质和缺陷就不像其他半导体那样敏感，因而对晶体制备和器件加工条件的要求也就可以不那么苛刻。

以上 3 种铅盐化合物都是很好的光电材料，已广泛应用于红外探测器和激光器。截至目前，3~30 μm 波段的远红外半导体激光器几乎都是用这些材料制成的。因为这些材料的禁带宽度从室温到低温的变化幅度很大，改变工作温度就可以改变发射激光的波长，从而增强应用的灵活性。

ⅣA 族中排在最前面的两个元素 C 和 Si 按双原子分子形式构成的二元化合物碳化硅（SiC）是半导体中唯一的一种同族元素化合物，也是同族元素化合物中唯一的一种按正四面体结构结晶的固体。

正四面体结构的半导体 SiC 因 Si-C 双原子层堆垛顺序的变化而具有 200 余种同素异构体。虽然所有这些材料的晶体结构各异，但都属于宽禁带范畴。其中，禁带最宽的是 2H-SiC（纤锌矿型），其宽度为 3.33 eV；禁带最窄的是 3C-SiC（闪锌矿型），其宽度也有 2.39 eV。

这种禁带宽而变化范围也宽的特征，加上其他一些优异的理化特性，使 SiC 可在某些方面弥补 Si 的不足，从而具有广阔的应用前景。

碳化硅的禁带宽度和热导率差不多是硅的 2~3 倍，临界雪崩击穿电场强度比硅高一个数量级，电子饱和速度是硅的 2 倍。这些优势表明 SiC 有可能弥补硅材料在制造大功率器件方面不能兼顾功率与频率的不足，为发展电力电子新技术提供理想器件。同时，其宽禁带特征还可用来制造蓝色发光二极管、抗辐照晶体管和可在 500 ℃以上高温状态下稳定工作的其他器件等。

SiC 是目前所知最硬的物质之一，其莫氏硬度为 9.3，略低于金刚石（10）和碳化硼（9.36）。SiC 也是一种耐高温材料，用它制作的电子器件能在硅和砷化镓等常用半导体器件无法正常工作的高温条件下正常工作。SiC 也是一种化学性能十分稳定的材料，在常温常压下不受任何气体或溶液的腐蚀，因而特别适用于制造需要在恶劣环境下工作的器件，如在高温、高腐蚀性环境中使用的传感器等。

SiC 还是 GaN 的理想衬底材料，在半导体照明工程和微波技术领域具有广阔的应用前景。

4. 有机半导体

由于有机染料能使照相乳胶感光，而且有机物质的电子导电特性可能在生物体内的一些基本物理过程中起到重要作用，人们很早就对有机物质中的电子行为产生了兴趣。

与无机固体一样，由形形色色具有碳原子构架的复杂分子组成的有机固体也有绝缘体、半导体和导体之分。萘、蒽等芳香族化合物是人们最热悉的有机物质,它们是苯的衍生物。萘、蒽等芳香族化合物的半导体特征也出现在一些高分子聚合物中,只是后者发现稍晚一点。由于导电机制的相似性,可以将它们统称为聚合物半导体,聚合物半导体的半导体特征是由其特殊分子结构决定的。

除聚合物半导体外,还有一种类型的有机物质也具有明显的半导体特征,即由电子亲和能差别较大的两种不同分子构成的络合物,如 NMP-TCNQ(N 甲基哌嗪-四氰基醌二甲烷),其在低温下的电导率与温度之间有很好的指数函数关系。这类材料的基质本身往往并不具备半导体特性,但在络合时由于电子亲和能的差别,电子从亲和能小的分子向亲和能大的分子转移,从而使性能发生很大变化。因此,这类材料被称为电荷转移型有机半导体,或施主-受主络合物半导体。

有机半导体中载流子的迁移率比无机结晶半导体中载流子的迁移率普遍小很多,无论是电子还是空穴,其迁移率都在 1 $cm^2/(V \cdot s)$以下。因此,这类材料在以载流子迁移率作为关键参数的应用方面颇受限制。不过,大量研究工作仍然揭示出许多有趣的物理现象,预示着这类材料仍有比较乐观的应用前景。由于有机半导体薄膜的加工工艺简单、成本低廉,以及有机薄膜器件具有面积大、扭曲弯折而不改变性能的特点,因而在特殊应用领域(如折叠式电子仪器和电子设备中)具有光明的应用前景。有机半导体完全可能与无机半导体一样,在电子技术、光电子技术和传感器技术领域获得广泛应用。

4.3 半导体器件

本节我们将讨论太阳能电池、光电探测器、发光二极管和激光二极管的基本原理。太阳能电池和光电探测器可以将光能转换为电能,发光二极管和激光二极管可以将电能转换为光能。

4.3.1 光学吸收

在第 1 章中我们讨论了波粒二象性,表明光波能够被看作粒子,也就是我们所说的光子。光子的能量是 $E=h\nu$,其中 h 是普朗克常数,ν 是光子频率。光子的波长和能量有如下关系:

$$\lambda=\frac{c}{\nu}=\frac{hc}{E}=\frac{1.24}{E}\mu\text{m} \tag{4.3-1}$$

式中:E 是光子能量,单位是 eV;c 是光速。

通常有以下几种可能的光电半导体作用机理。例如,光子能够和晶格作用,并将其能量转换成焦耳热;光子也能够和杂质、施主或者受主作用,或者还可以和半导体内部的缺陷作用。但是，光子还是最容易和价电子发生作用，当光子和价电子发生碰撞时，释放的能量足够将电子激发到导带，这就产生了电子-空穴对，形成过剩载流子。

当用光照射半导体时，光子可以被半导体吸收，也有可能穿透半导体，这将取决于光子能量和半导体禁带宽度 E_g。如果光子能量小于 E_g，光子将不能够被吸收。在这种情况下，光将会透过材料，此时半导体表现为光学透明。

如果 $E=h\nu>E_g$，则光子能和价电子作用，把电子激发到导带。由于价带里有很多电子，而且导带里有很多空位，因而当 $h\nu>E_g$ 时，这种作用很可能发生。这种作用能够在导带里产生一个电子，在价带里产生一个空穴，即形成一对电子-空穴对。对于不同的 $h\nu$ 值，这个吸收过程如图 4.3-1a 所示。

当 $h\nu>E_g$ 时，产生一对电子-空穴对，额外的能量作为电子或空穴的动能，在半导体中将以焦耳热的形式散失掉。

用 $I_\nu(x)$ 表示光强度，图 4.3-1b 显示了入射光在从 x 位置处传播到 $x+dx$ 处过程中的光强变化。半导体在距离 dx 内吸收的能量为

$$\alpha I_\nu(x)dx \tag{4.3-2}$$

式中：α 是吸收系数，指单位距离所吸收的相对光子数，单位是 cm^{-1}。

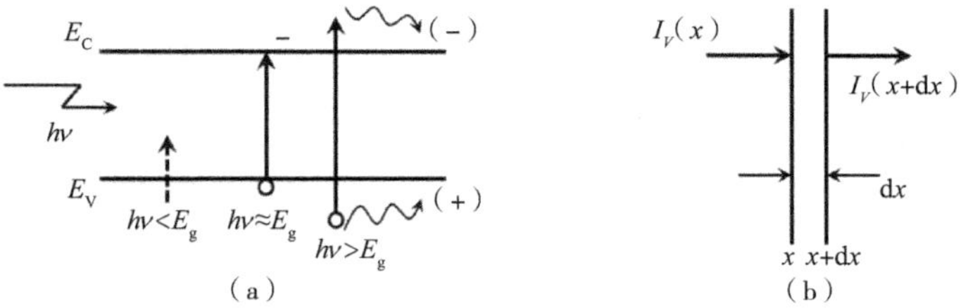

图4.3-1　半导体中的光子吸收过程

(a)半导体中因吸收光而产生的电子-空穴对　(b)dx 长度内的光学吸收

由图 4.3-1b，可得

$$I_\nu(x+dx)-I_\nu(x)=\frac{dI_\nu(x)}{dx}\cdot dx=-\alpha I_\nu(x)dx \tag{4.3-3}$$

或

$$\frac{dI_\nu(x)}{dx}=-\alpha I_\nu(x) \tag{4.3-4}$$

如果初始位置 $I_\nu(0)=I_{\nu0}$，则式(4.3-4)的解为

$$I_\nu(x)=I_{\nu0}e^{-\alpha x} \tag{4.3-5}$$

即光强度随着深入半导体材料的距离是指数衰减。如果吸收系数大，光的吸收实际上集中在晶体表面很薄的一层区域内。半导体的吸收系数是光能和禁带宽度的函数。若 $h\nu>E_g$，或者 $\lambda<1.24/E_g$，则吸收系数上升得很快。若 $h\nu<E_g$，则吸收系数就很小，在这个能量范围内的

半导体材料对光子表现为光学透明。

常见的半导体材料的禁带宽度和光谱之间的关系如图 4.3-2 所示。可以看出，硅和砷化镓可以完全吸收可见光，但是磷化镓却可以透射过红光。

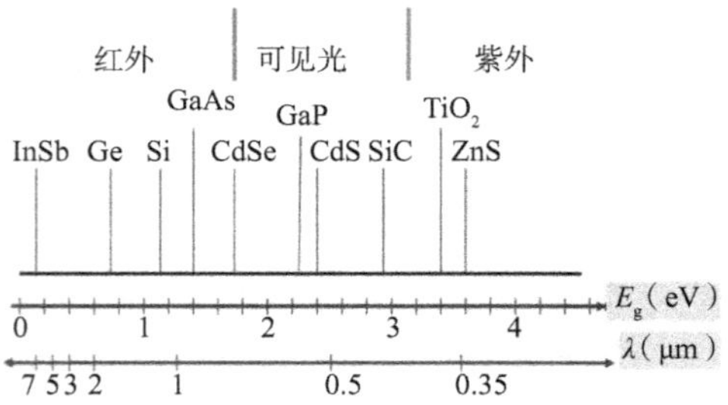

图4.3-2　一些常见半导体材料的带隙宽度及其对应的光子波长

4.3.2　pn 结

图 4.3-3a 给出了 pn 结的原理图，整个半导体材料是一块单晶材料，它的一部分掺入受主杂质原子形成 p 区，相邻的另一部分掺入施主杂质原子形成 n 区。

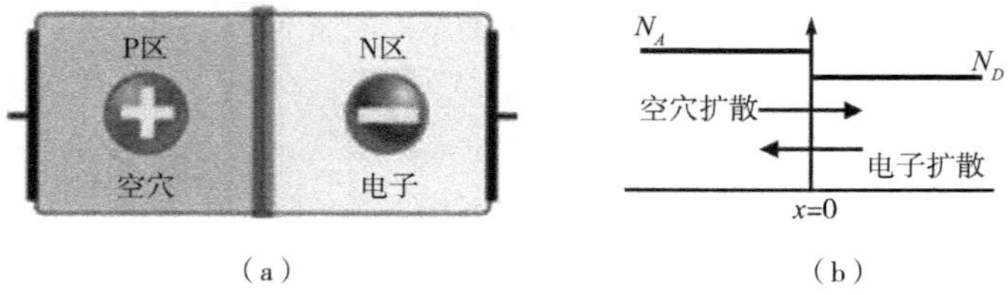

图4.3-3　pn结结构和掺杂剖面

(a)pn 结的简化结构图　(b)理想均匀掺杂 pn 结的掺杂剖面

图 4.3-3b 给出了半导体 p 区和 n 区的掺杂剖面。简便起见，我们首先讨论突变结的情况。突变结的主要特点是每个掺杂区的杂质浓度是均匀分布的，在交界面处杂质的浓度有一个突然的跃变。起初，在 pn 结所处的位置，电子与空穴的浓度都有一个很大的浓度梯度。由于两边的载流子浓度不同，n 区的多子电子向 p 区扩散，p 区的多子空穴向 n 区扩散。若半导体没有外接电路，则这种扩散过程不可能无限地延续下去。随着电子由 n 区向 p 区扩散，带正电的施主离子被留在 n 区。同样，随着空穴由 p 区向 n 区扩散，p 区由于存在带负电的受主离子而带负电。n 区与 p 区的净正电荷和净负电荷在 pn 结附近感生出一个内建电场，该电场方向是由正电荷区指向负电荷区，也就是由 n 区指向 p 区。

图 4.3-4 给出了半导体内部净正电荷与净负电荷区域。我们把这两个带电区称为空间电荷区。最重要的是，在内建电场的作用下，电子与空穴被扫出空间电荷区。正因为空间电荷区内不存在任何可移动的电荷，所以该区也称为耗尽区。上述两种称呼也可以互换使用。

在空间电荷区边缘处仍然存在多子的浓度梯度。可以这样认为,由于浓度梯度的存在,多数载流子便受到了一个“扩散力”。图 4.3-4 显示了上述作用在空间电荷区边缘电子与空穴上的“扩散力”。空间电荷区内的内建电场作用在电子与空穴上,便产生一个与上述“扩散力”方向相反的“电场力”。在热平衡条件下,每一种粒子(电子与空穴)所受的“扩散力”与“电场力”是相互平衡的。

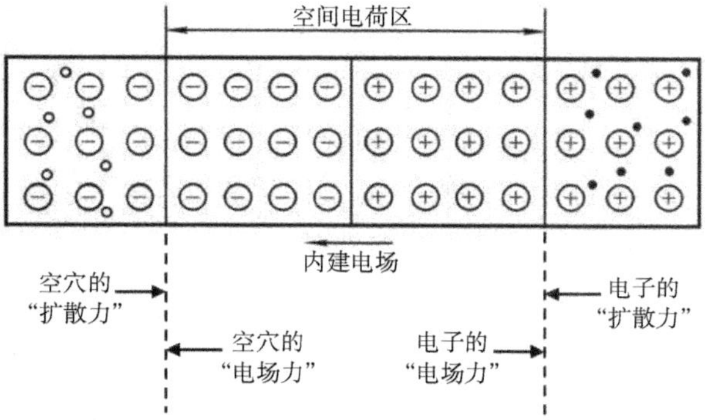

图4.3-4　空间电荷区、内建电场以及施加在载流子上的两种力

pn 结具有单向导电性,这是 pn 结最基本的性质之一。所谓单向导电性,就是当 pn 结的 p 区接电源正极,n 区接电源负极,pn 结能通过较大电流,并且电流随着电压的增加而很快地增长,称 pn 结处于正向;反之,如果 p 区接电源负极,n 区接电源正极,则电流很小,而且电压增加时电流趋于“饱和”,称 pn 结处于反向。也就是说, pn 结正向导电性能很好(正向电阻小),反向导电性能差(反向电阻大),这就是 pn 结单向导电性的含义。

4.3.3　太阳能电池

太阳能电池是一种在 pn 结处没有施加电压的半导体器件。太阳能电池将光能转换成电能并传递给负载。太阳能电池可以作为长期电源,现已在多个领域获得广泛应用。我们首先讨论过剩载流子均匀产生时的简单 pn 结太阳能电池,然后简单地讨论一下异质结太阳能电池和无定形硅太阳能电池。

太阳能电池工作的基础原理是半导体 pn 结的光生伏特效应,如图 4.3-5 所示。所谓光生伏特效应,就是当物体受到光照时,物体内的电荷分布状态发生变化而产生电动势和电流的一种效应。当太阳光或其他光照射半导体的 pn 结时,就会产生电子-空穴对,在半导体内部 pn 结附近生成的载流子没有被复合而到达空间电荷区,并受到内建电场的吸引,导致电子流入 n 区,空穴流入 p 区,结果使 n 区有过剩的电子,p 区有过剩的空穴,它们在 pn 结附近形成与势垒方向相反的光生电场。光生电场除部分抵消势垒电场的作用外,还使 p 区带正电,n 区带负电,在 n 区和 p 区之间的薄层内产生电动势,这就是光生伏特效应。

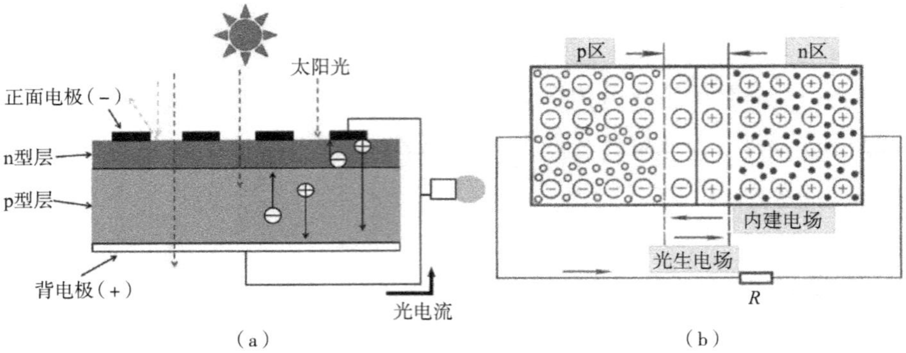

图4.3-5　光子吸收和光生伏特效应

（a）光子被吸收的位置情况　（b）光生伏特效应示意图

制作太阳能电池的理想材料既要求吸收足够多的光子，又要求光子转化热的比例较低，最大限度地保证光能转化为电能。目前，制作太阳能电池的材料主要有 Si 和 GaAs。当光子的能量小于半导体的带隙 E_g 时，电子不吸收该光子的能量，该光子透过半导体；当光子的能量等于半导体的带隙 E_g 时，电子吸收该光子的能量，并从价带顶跃迁到导带底，最终通过 pn 结内的内建电场分离，将吸收的光子的能量完全转化成电能；当光子的能量大于半导体的带隙 E_g 时，电子吸收该光子的能量，并跳跃到高于导带底的某个位置，然后再经过弛豫过程而落到导带底，同时将多余的能量以热的形式释放出来，最终被内建电场分离，将吸收的光子的部分能量转化成电能。利用太阳光谱可以算出，最佳的带隙取值为 1.5 eV 左右。

4.3.4　光电探测器

光电探测器的主要元件是光电二极管，常见的光电二极管材料包括硅、锗等半导体。下面以 PIN 硅光电二极管为例进行说明，如图 4.3-6 所示。PIN 二极管由 n 区和 p 区组成，这两个区被本征区分开，本征区的宽度要比普通 pn 结的空间电荷区大得多。如果给 PIN 二极管施加反偏电压，空间电荷区将会延伸至整个本征区。

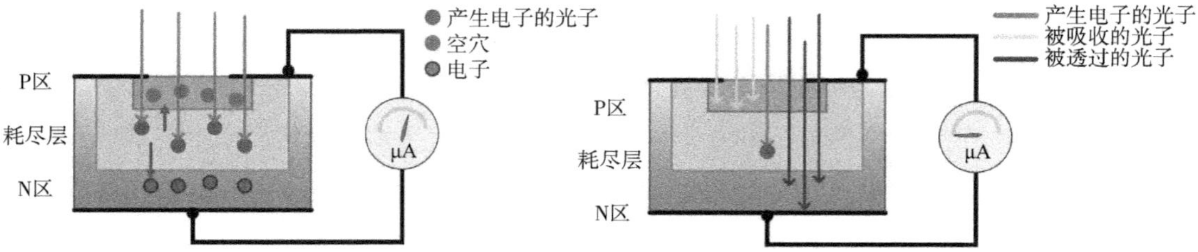

图4.3-6　PIN硅光电二极管工作原理示意图

光电二极管是在反向电压（p 区负极，n 区正极）作用下工作，由于本征层为轻掺杂层，在反偏电压作用下，该层处于完全耗尽的状态，因此通常也称为耗尽层。当没有光照时，反向电流很小，称为暗电流。当有光照时，只有光线进入耗尽层，且光子能量大于半导体材料的禁带宽度 E_g 时，价带上的电子可以吸收光子的能量并跃迁到导带，且产生一个电子-空穴对，也称为光生载流子，在电场的作用下，电子将向 n 区漂移，空穴将向 p 区漂移，从而形成光生电流；如果在外电路上接上负载，负载上就可获得电信号，而且这个电信号随着光的变化而相应变化；而波长太短或太长的光子都会被 p 区或 n 区吸收，无法产生电流。

雪崩光电二极管与 pn 结或 PIN 光电二极管相似，只是它上面所加的反偏电压必须大到能引起碰撞电离，光生电子和空穴通过碰撞电离产生电子-空穴对。雪崩光电二极管的电流增益与雪崩倍增因子有关。

4.3.5 光致发光和电致发光

光吸收产生的过剩电子-空穴对，过剩电子-空穴对将会复合，且在直接带隙材料中，这种复合过程可以发射一个光子，这种光子发射的属性称为发光。光吸收产生电子-空穴对后，复合过程产生的光子发射称为光致发光。

电致发光是由于电流激发过剩载流子，从而发射光子的过程。

我们将主要讨论注入光致发光，它是注入 pn 结载流子的结果。光电二极管和 pn 结激光二极管是这种现象的典型例子。在这些器件中，电能以电流的形式直接转换成光能。电子-空穴对产生的同时，也会伴随很多可能出现的复合过程。一些复合过程会在直接带隙材料中导致光子发射。

4.3.6 发光二极管

光电探测器和太阳能电池都可以把光能转换成电能，也就是光子产生过剩电子和空穴，从而形成电流。我们也可以给 pn 结加电压形成电流，依次产生光子和光输出。这种反转机制称为注入电致发光，也就是我们知道的发光二极管（LED）。LED 输出的光谱波长具有相对较宽的波长范围，光谱宽度一般在 30~40 nm。如果输出光是可见光，发射谱会很窄，以至于可以观察到一些特殊颜色。

发光二极管是半导体二极管的一种，它可以把电能转化成光能。发光二极管与普通二极管一样是由一个 pn 结组成，也具有单向导电性。当给发光二极管加正向电压后，由 p 区注入 n 区的空穴和由 n 区注入 p 区的电子，在 pn 结附近数微米范围内分别与 n 区的电子和 p 区的空穴复合，产生自发辐射的荧光。不同的半导体材料中，电子和空穴所处的能量状态不同。

当电子和空穴复合时，释放出的能量越多，则发出的光的波长越短。发光二极管还可分为普通单色发光二极管、高亮度发光二极管、超高亮度发光二极管、变色发光二极管、闪烁发光二极管、电压控制型发光二极管、红外发光二极管和负阻发光二极管等。

普通单色发光二极管具有体积小、工作电压低、工作电流小、发光均匀稳定、响应速度快、寿命长等优点，可用各种直流、交流、脉冲等电源驱动点亮，属于电流控制型半导体器件，使用时需串接合适的限流电阻，其发光颜色由发光的波长决定，而发光的波长又取决于制造发光二极管所用的半导体材料。红色发光二极管发光的波长一般为 650~700 nm，琥珀色发光二极管发光的波长一般为 630~650 nm，橙色发光二极管发光的波长一般为 610~630 nm，黄色发光二极管发光的波长一般为 585 nm 左右，绿色发光二极管发光的波长一般为 555~570 nm。随着氮化镓制造水平的提高，蓝光二极管的发明补齐了三原色，最终制成了应用最为广泛的白光二极管，并投入了商业化生产，从此带来了全球照明技术的革命。新型节能环保光源高亮度发光二极管技术于 2014 年获得诺贝尔物理学奖。诺贝尔物理学委员会主席在发布现场说："爱迪生的白炽灯照亮了 20 世纪，而 21 世纪将闪耀在 LED 之下。"

4.3.7 激光二极管

LED 的光子输出归因于电子从导带到价带的跃迁放出了能量。LED 的光子发射是自发的，带与带之间的跃迁是独立的。这种自发的发光过程形成了相对较宽带宽的 LED 发射光谱。一旦 LED 的结构和工作条件改变，其就可以在一个新的模式下工作，产生一致的光谱输出，其光谱宽度小于 0.1 nm。这种新型器件就是激光二极管，激光是"受激辐射的光放大"的简称。

激光二极管（图 4.3-7）是一种激光发生器，其工作物质是半导体，属于固态激光器，大部分激光二极管在结构上与一般二极管相似。由于激光二极管在工作中，电子的能量转变过程只涉及两个能级，没有间接带隙造成的能量损失，所以效率相对较高。

图4.3-7　激光二极管

技术的进步使激光器从专业技术仪器进入各类多元化的市场。激光二极管是应用最为广泛的激光技术，属于简单的半导体器件。过去 30 年间，激光二极管的平均功率显著提升，而每瓦的平均价格却呈指数下降。因此，激光二极管正在取代一些已有的激光和非激光技术，同时也使全新的光学技术成为可能。激光二极管的成熟应用领域包括数据存储、数据通信和固态激光器的光泵浦。相比之下，材料加工和光学传感是细分市场快速发展的例证，该市场中出现了许多新兴的应用。激光二极管包括单异质结、双异质结和量子阱激光二极管。量子阱激光二极管具有阈值电流低、输出功率高的优点，它是市场应用的主流产品。与激光器相比，激光二极管具有效率高、体积小、寿命长等优点，但其输出功率小、线性度差、单色性差等缺点又使其应用受到很大限制。单个激光发射器提供的功率输出范围可以从毫瓦到几瓦。每个激光发射器既可单独使用，也能组合成激光二极管阵列，用于固态激光器的光泵浦，或集成到激光二极管模组中，以满足各种应用需求。

习题

1. 什么是本征激发？为什么温度越高，本征激发的载流子越多？

2. 试指出空穴的主要特征。

3. 什么是施主？什么是施主电离？施主电离前后有何特征？试举例说明，并用能带图表征出 n 型半导体。

4. 什么是受主？什么是受主电离？受主电离前后有何特征？试举例说明，并用能带图表征出 p 型半导体。

5. 掺杂半导体与本征半导体之间有何差异？试举例说明掺杂对半导体的导电性能的影响。

6. 试分别定性定量说明：

（1）在一定的温度下，对本征材料而言，材料的禁带宽度越窄，载流子浓度越高；

（2）对一定的材料，当掺杂浓度一定时，温度越高，载流子浓度越高。

参考文献

[1] 杨福家. 原子物理学[M]. 4 版. 北京：高等教育出版社，2009.
[2] 褚圣麟. 原子物理学[M]. 北京：人民教育出版社，1979.
[3] 曾谨言. 量子力学[M]. 北京：科学出版社，1990.
[4] 周世勋. 量子力学教程[M]. 北京：人民教育出版社，1979.
[5] 黄昆. 固体物理学[M]. 北京：高等教育出版社，1988.
[6] 吴亚非. 大学物理[M]. 北京：高等教育出版社，2015.
[7] 周盛华，沈为民，胡茂海，等. 光电信息物理基础[M]. 北京：电子工业出版社，2020.
[8] 胡盘新. 大学物理总复习[M]. 上海：上海交通大学出版社，2002.
[9] 基泰尔. 固体物理导论[M]. 项金钟，吴兴惠，译. 北京：化学工业出版社，2019.
[10] 孟庆巨，胡云峰，敬守勇，等. 半导体物理学简明教程[M]. 北京：电子工业出版社，2014.
[11] 尼曼. 半导体物理与器件[M]. 赵毅强，姚素英，史再峰，等译. 北京：电子工业出版社，2018.
[12] 陈治明. 半导体概论[M]. 北京：电子工业出版社，2008.
[13] COHEN-TANNOUDJI C，DIU B，LALOË F. 量子力学[M]. 刘家谟，陈晶奎，译. 高等教育出版社，2014.
[14] 黑，沃尔特斯. 新量子世界[M]. 雷奕安，译. 长沙：湖南科学技术出版社，2021.
[15] 赖欣巴哈. 量子力学的哲学基础[M]. 北京：商务印书馆，2018.
[16] 顾樵. 量子力学[M]. 北京：科学出版社，2014.
[17] 阎守胜. 固体物理基础[M]. 北京：北京大学出版社，2003.